有色金属行业教材建设项目

CHUNENG CAILIAO

ZHIBEI JISHU

储能材料制备技术

主　编 ◎ 江名喜　吕连灏

副主编 ◎ 席　莉　梁　方　罗　燕　易文洁
　　　　　谢圣中　王梦蕾

中南大学出版社
www.csupress.com.cn
·长沙·

图书在版编目（CIP）数据

储能材料制备技术 / 江名喜，吕连灏主编. --长沙：
中南大学出版社，2024.9.
ISBN 978-7-5487-5930-0

Ⅰ. TB34

中国国家版本馆 CIP 数据核字第 2024C16B04 号

储能材料制备技术
CHUNENG CAILIAO ZHIBEI JISHU

江名喜　吕连灏　主编

□出 版 人	林绵优	
□责任编辑	胡　炜	
□责任印制	唐　曦	
□出版发行	中南大学出版社	
	社址：长沙市麓山南路	邮编：410083
	发行科电话：0731-88876770	传真：0731-88710482
□印　　装	长沙鸿和印务有限公司	

□开　　本　787 mm×1092 mm　1/16　□印张 16.5　□字数 419 千字
□互联网+图书　二维码内容　视频 12 小时 13 分钟
□版　　次　2024 年 9 月第 1 版　□印次 2024 年 9 月第 1 次印刷
□书　　号　ISBN 978-7-5487-5930-0
□定　　价　49.00 元

编 委 会

◇ **主 编**

江名喜 吕连灏

◇ **副主编**

席 莉 梁 方 罗 燕 易文洁 谢圣中
王梦蕾

◇ **参 编**

蒲兴林 陈燕彬

前 言

Foreword

"储能材料制备技术"是储能材料技术的专业核心课程。本书是根据"全国有色金属职业教育教学指导委员会"对能源动力与材料大类专业"储能材料技术"的教学要求,结合编者近年来的教学实践而编写的。

本书主要介绍了目前已经产业化的锂离子电池正极材料,如镍钴锰酸锂及其前驱体、钴酸锂、磷酸铁锂、镍钴铝酸锂、锰酸锂的生产工艺,以及新兴的钠离子电池正极材料的生产工艺,包含了材料的应用领域、生产原料、生产工艺流程和主要生产设备,以及实训室实训等内容。学生通过学习,可对储能材料生产过程有一个全面的认识,为其日后走上工作岗位打下坚实的理论和实践基础。

本书由江名喜、吕连灏任主编,席莉、梁方、罗燕、易文洁、谢圣中、王梦蕾任副主编。本书由江名喜统稿、定稿,具体分工如下:项目一由江名喜编写;项目二~九由吕连灏编写;项目十由席莉编写;项目十一由梁方、谢圣中编写;项目十二、十三由罗燕、王梦蕾编写;项目十四由易文洁编写。

本书在编写过程中参考了有关书籍和资料,在此谨向其作者表示衷心的感谢。由于时间紧迫,加之编者水平有限,书中难免有疏漏和不足之处,恳请专家、广大读者朋友批评、指正,以便不断修订和完善。

编 者
2024 年 8 月

目 录

Contents

项目一　正极材料生产工艺

任务一：认识正极材料的发展历程

✎ 学习目标

【素质目标】

1. 知道在电池材料及电池技术上，中国同技术领先国家的差距，树立技能报国的理念；
2. 从电池材料发展的角度思考科技创新的重要性，树立创新意识；
3. 树立牢固的安全意识，思考作为生产者和使用者应怎样避免电池安全隐患。

【能力目标】

1. 能口述锂离子电池及其正极材料的发展历程；
2. 能描述充放电过程中锂离子和电子的通道和走向；
3. 能解释过充和过放对两极材料造成的影响。

【知识目标】

1. 了解锂离子电池及其正极材料的发展历程；
2. 从材料角度理解锂离子电池的工作原理；
3. 理解电池过充和过放对两极材料造成的影响。

1.1.1　锂离子电池正极材料的发展历程

扫码查看资源

锂离子电池发展的第一阶段为锂电池，锂电池的发展可追溯到 20 世纪 50 年代末。因为锂是最轻的金属元素，相对原子质量为 6.94，密度为 0.534 g/cm^3，同时 Li^+/Li 电对的电极电势很低，相对标准氢电极为 -3.04 V，所以制成电池后能够带来很大的能量密度。在锂电池出现之前的所有电池体系中，电解液均为水溶液，受到水的分解电压(1.23 V)的限制，即使考虑过电位，这些电池的工作电压也都在 2 V 以下。金属锂很活泼，与水会有剧烈的反应，因此无法使用传统的水溶液体系作为电解液。

1958 年，加州大学伯克利分校的 W. S. Harris 在其博士毕业论文中指出，金属锂可稳定存在于环酯(如 PC、EC 等)和丁内酯中，同时很多锂盐在这类有机溶剂中有较高的溶解度和电导率。1962 年，在波士顿召开的 ECS 第 122 次秋季会议上，Chilton Jr. 和 Cook 首次提出了"锂非水电解质体系"的概念。但在构造实际可用的锂电池的过程中，寻找稳定的电解液和可逆的正极材料是主要的课题。早期，大量卤化物如 $AgCl$、$CuCl_2$、$CuCl$、CuF_2 和 NiF_2 作为电极材料被广泛研究，但它们的低电子电导、放电产物的可溶性和循环中体积变化大等问题无法很好解决。20 世纪 60—70 年代的石油危机加速了人们对新能源的追求，大量科研力量投入到新型高能量电池的研究。1968 年，日本松下公司和美国海军分别申请了由 $(CF_x)_n(0.5 < x < 1)$ 和 $(CF_x)_n(3.5 < x < 7.5)$ 作为正极材料组成的金属锂一次电池的专利。1973 年，松下实现 $Li/(CF)_n$ 锂一次电池的销售。1975 年，日本三洋公司首先将 Li/MnO_2 电池商品化。

为了实现锂电池的可充放电性，大量的研究集中于寻找同时具有高电导和高电化学反应活性的可嵌型化合物上。早在 20 世纪 60 年代末，贝尔实验室和斯坦福大学的两个独立的研究团队发现一些硫族化合物（如 TiS_2）能发生层间嵌脱反应。1972 年，Steel 和 Armand 正式提出了"电化学嵌入"这一概念，奠定了开发锂二次电池商业化技术的基础。1976 年，M. S. Whittingham 在 *Science* 上发表文章，介绍了 TiS_2–Li 电池，其工作电压达到了 2.2 V。此后，处于充电态的层状硫化物获得了广泛的研究。美国 Exxon 公司开发了扣式 Li/TiS_2 蓄电池，加拿大的 Moli 公司推出了圆柱形 Li/MoS_2 锂二次电池，并于 1988 年前后投入规模生产及应用。这两种电池的工作电压都在 2 V 左右。尽管在金属锂表面形成的固态电解质界面膜（SEI 膜）具有锂的透过性，但锂的不均匀沉积会导致锂枝晶，它可以穿透隔膜，引起正负极短路，从而引发严重的安全性问题，Moli 公司的爆炸事故几乎使锂二次电池的发展陷于停顿。

为了克服因使用金属锂负极带来的安全性问题，Murphy 等人建议采用插层化合物以取代金属锂负极。这种设想直接导致了在 20 世纪 80 年代末和 90 年代初出现的所谓"摇椅电池"：采用低插锂电势的嵌锂化合物代替金属锂作为负极，与具有高插锂电势的嵌锂化合物组成锂二次电池，彻底地解决锂枝晶的问题。这与后来发展的锂离子电池是同一概念。

另外，为了解决嵌锂化合物代替金属锂作为负极引起的电压升高，从而导致电池整体电压和能量密度降低的问题，Goodenough 首先提出用氧化物替代硫化物作为锂离子电池的正极材料，并展示了具有层状结构的 $LiCoO_2$ 不但可以提供接近 4 V 的工作电压，而且可在反复循环中释放约 140 $(mA \cdot h)/g$ 的比容量。1990 年，日本 Sony 公司以 $LiCoO_2$ 为正极，硬炭为负极，生产出历史上第一个锂离子电池，其工作电压达到 3.6 V，这被认为是电池发展史上的第二个里程碑。

接下来，锂离子电池的科研工作者和生产技术人员共同努力，在能量密度、功率密度、服役寿命、使用安全性、成本降低等方面做了大量工作。在正极材料方面，开发出尖晶石结构的 $LiMn_2O_4$，橄榄石结构的 $LiFePO_4$，层状结构的 $LiNi_xCo_{1-2x}Mn_xO_2$ 和 $LiNi_{0.8}Co_{0.15}Al_{0.05}O_2$ 等可实际应用的材料；在负极方面，除了各种各样的炭材料，还开发出锡基和硅基材料；在电解质方面，聚合物电解质和陶瓷电解质等固态电解质呈现出有价值的应用前景。另外，电池设计和电池管理等方面的研究也逐渐成熟起来。目前的锂离子电池已广泛应用于小型电子商品，并在电动工具，特别是电动车，以及电网储能等领域开始了应用，展现出了光明的发展前景。

1.1.2　锂离子电池的工作原理

扫码查看资源

锂离子电池从工作原理上看，是以两种不同的，但都能够可逆嵌入和脱出锂离子的嵌锂化合物作为电池正负极的二次电池体系，以客体粒子（锂离子）可逆嵌入主体晶格的嵌入化学为基础，嵌入和脱出反应不涉及旧的结构的破坏和新的结构的生成，反应过程中材料主体结构有较好的保持，这对于固态化学反应来说，可以使反应以很快的速度进行。

　　组成锂离子电池的主要部件有正极、负极、电解液和隔膜等。充放电过程中，锂离子在正负极材料中脱嵌的同时，材料的晶体结构和电子结构以及材料中锂离子的周围环境不断变化。电池处于放电态时，正极处于富锂态；电池处于充电态时，正极处于贫锂态。负极与之相反。只具有离子电导性的电解液体系为锂离子在正负极之间的传输提供通路，同时与隔膜共同起到隔离正负极以防止电池内部短路的作用。与一般的化学电源体系一样，锂离子电池中电子导电通路与离子导电通路是分开的，即锂离子在电池内部迁移的同时，电子在外电路中传递形成充放电电流，保证了总的电荷的平衡。

　　锂离子电池和其他电池一样，是通过电极材料的氧化还原化学反应来进行能量的储存和释放的，只不过在锂离子电池内部是利用锂离子在电场的作用下的定向运动来完成电荷的传递的，其正负极均为化学势随着锂离子含量变化的化合物。一般可采用诸如图1-1的示意图来表示锂离子电池的工作原理，其中正极材料为层状过渡金属氧化物，负极材料为石墨，在充放电过程中发生的电化学反应如下。

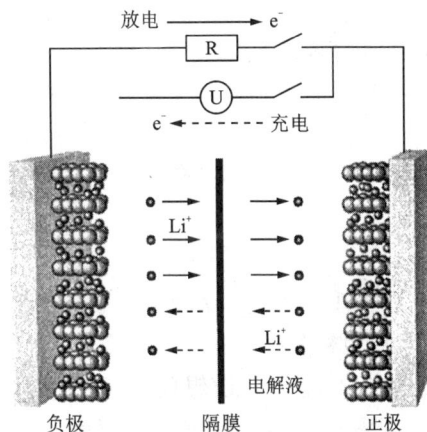

图 1-1　锂离子电池工作原理示意图

　　负极反应：

$$\mathrm{Li}_x\mathrm{C} \longrightarrow x\mathrm{Li}^+ + x\mathrm{e}^- + \mathrm{C} \qquad (1-1)$$

　　正极反应：

$$\mathrm{MO}_2 + x\mathrm{Li}^+ + x\mathrm{e}^- \longrightarrow \mathrm{Li}_x\mathrm{MO}_2 \qquad (1-2)$$

　　总反应：

$$\mathrm{Li}_x\mathrm{C} + \mathrm{MO}_2 \longleftrightarrow \mathrm{C} + \mathrm{Li}_x\mathrm{MO}_2 \qquad (1-3)$$

　　在充电过程中，锂离子和电子从层状过渡金属氧化物晶格中脱出，产生一个电子空穴和一个锂空穴。产生的锂离子经由电解液，通过隔膜到达负极，嵌入到石墨层中。同时，电子通过外电路到达负极，与锂离子结合。在充放电过程中，锂离子反复在正极和负极之间嵌入和脱出。

　　锂离子在正负极之间并不是简单地发生浓差极化，正负极也不是简单地存储和释放锂离子，因为锂离子在正负极材料中嵌入和脱出的同时会引起材料中其他元素的氧化还原反应，正是这种氧化还原反应完成了化学能和电能之间的转变，通过氧化还原电势差提供了正负极之间的电压。

✎ 随堂练习

一、多选题

1.锂离子电池的基本结构有哪几部分？（　　　）

A.正极　　　　　　　　B.负极　　　　　　　　C.隔膜　　　　　　　　D.电解液

2.充电过程中，关于锂离子电池中离子的运动，说法正确的是（　　　）。

A.在电池内部，锂离子由正极运动到负极

B.在电池内部，锂离子由负极运动到正极

C. 电子经外电路由正极运动到负极

D. 电子在电池内部由正极运动到负极

3. 放电过程中，关于锂离子电池中离子的运动方向，说法正确的是(　　)。

A. 外电路中，电流从正极流到负极

B. 外电路中，电子从负极流到正极

C. 电池内部，锂离子从负极脱出，运动到正极

D. 电池内部，锂离子从正极脱出，运动到负极

二、判断题

1. 电子可以在电池内部运动。(　　　)

2. 正极材料中的锂离子是可以无限脱出的。(　　　)

任务二：认识相关术语

✎ 学习目标

【素质目标】

1. 从电极材料角度理解快充技术中蕴含的科技创新，提升民族自豪感；

2. 理解锂离子电池在能量储存方面的巨大优势，增强专业认同感。

【能力目标】

1. 能区分电池的电压、容量、能量、功率等基本术语；

2. 能从容量和能量角度诠释几种主流正极材料的区别。

【知识目标】

1. 理解电池的电压、容量、能量、功率等基本术语的含义；

2. 理解锂离子电池在能量方面的优势。

为加强对锂离子电池正极材料的了解，下面介绍一些锂离子电池中涉及的常用术语。

1.2.1　电池的电压

扫码查看资源

(1)电池电动势

电化学电池充放电过程实际上是通过化学反应实现的，Gibbs 自由能的变化与电池体系的电势之间存在如下关系：

$$\Delta G^{\ominus} = -nFE^{\ominus}（标准状态下） \tag{1-4}$$

式中：n 为电极反应中转移电子的物质的量；F 为法拉第常数，$F = 96500$ C/mol（或 $F = 26.8$ A·h/mol）；E 为标准电势，当放电电流趋于零时，输出电压等于电池电势 $E^{\ominus}$。

式(1-4)为化学能转变为电能的最高限度，为改善电池的性能提供了理论依据。

非标准状态下：

$$\Delta G = -nFE（E < E^{\ominus}） \tag{1-5}$$

（2）理论电压 $E^{\ominus}$

$$\Delta G^{\ominus} = -nFE^{\ominus} \tag{1-6}$$

正极（还原电位）+负极（氧化电位）=标准电池电动势。

理论电压是电池电压的最高限度，不同材料组成的电池的理论电压是不同的。

（3）开路电压 E_{ocv}

开路电压是指电池没有负荷时正负极两端的电压，开路电压小于电池电动势。

（4）工作电压 E_{cc}

工作电压是指电池有负荷时正负极两端的电压，它是电池工作时实际输出的电压，其大小随电流大小和放电程度不同而变化。工作电压低于开路电压，因为电流流过电池内部时，必须克服极化电阻和欧姆电阻所造成的阻力。$E_{cc} = E_{ocv} - IR_i$。电池工作电压会受放电制度、环境温度的影响。

（5）终止电压

终止电压是指电池充电或放电时，所规定的最高充电电压或最低放电电压。终止电压的设定与不同材料组成的电池有关，如 $C/LiFePO_4$ 电池的工作电压在 3.4 V 左右，所以它的充放电终止电压一般定为 4 V 和 2.7 V。而 $C/LiMn_2O_4$ 电池的工作电压一般在 4 V 左右，所以它的充放电终止电压一般定为 4.3 V 和 3.3 V。

1.2.2　电池的容量和比容量

扫码查看资源

1.2.2.1　容量

电池的容量是指在一定的放电条件下可以从电池中获得的电量，单位常用安培小时（A·h）表示。电池的容量又有理论容量、实际容量和额定容量之分。

（1）理论容量（C_0）

理论容量是假设活性物质全部参加电池的反应所给出的电量。它是根据活性物质的量，按照法拉第定律计算求得的。实际电池放出的容量只是理论容量的一部分。

法拉第定律指出：电极上参加反应的物质的量与通过的电量成正比，即 1 mol 的活性物质参加电池的成流反应，所释放出的电量为 1 F（96500 C 或 26.8 A·h）。因此，活性材料的理论容量计算公式为：

$$C_0 = \frac{m}{M} \times n_e \times 26.8 \text{ A·h} = \frac{m}{K} \tag{1-7}$$

式中：m 为活性物质完全反应时的质量；M 为活性物质的摩尔质量；n_e 为电极反应时的得失电子数；K 为活性物质的电化当量。对于 $LiCoO_2$、$LiMn_2O_4$、$LiFePO_4$，其理论容量都为 26.8 A·h/mol。

（2）实际容量（C）

实际容量是指在一定的放电条件（如 $0.2C$）下，电池实际放出的电量。电池在不同放电制度下所给出的电量也不相同，这种未标明放电制度下的电池实际容量通常用标称容量来表示。标称容量只能是实际容量的一种近似表示方法。电池的放电电流强度、温度和终止电压，称为电池的放电制度。放电制度不同，容量不同。

其近似计算公式为：

$$C = \frac{V_{平}}{R}t \qquad (1-8)$$

式中：R 为放电电阻；t 为放电至终止电压的时间，h；$V_{平}$ 为电池的平均放电电压。

（3）额定容量（$C_{额}$）

额定容量是指设计和制造电池时，规定或保证电池在一定的放电条件下应该放出的最低限度的电量。额定容量是制造厂标明的安时容量，可作为验收电池质量的重要技术指标的依据。对于不同电池系列，其所规定的额定容量技术标准也有所不同，它是根据电池的性能和用途来规定的。通常情况下，实际的容量比厂家保证的容量高出 5%~15%。

1.2.2.2 比容量

为了对不同的电池进行比较，常常引入比容量这个概念。比容量是指单位质量或单位体积的电池（或活性材料）所给出的容量，分别称为质量比容量（A·h/kg）或体积比容量（A·h/m³）。

例如：计算 $LiCoO_2$ 材料理论比容量。

可根据公式（1-7）来计算。

式（1-7）中：$n_e = 1$；$M_{LiCoO_2} = 98 \text{ g/mol}$；$C_0 = 26.8 \times 1000/98 = 274 \text{ mA·h/g}$。

1.2.3 电池的能量和比能量

扫码查看资源

电池的能量是指电池在一定放电条件下对外做功所输出的电能，其单位通常用瓦时（W·h）表示。

1.2.3.1 理论能量

假设电池在放电过程中始终处于平衡状态，其放电电压保持电动势（$E^{\ominus}$）的数值，而且活性物质的利用率为 100%，即放电容量为理论容量，则在此条件下电池所输出的能量为理论能量 W_0，即

$$W_0 = C_0 E^{\ominus} \qquad (1-9)$$

也就是，可逆电池在恒温恒压下所做的最大功：

$$W_0 = -\Delta G^{\ominus} = nFE^{\ominus} \qquad (1-10)$$

1.2.3.2 理论比能量

理论比能量是指单位质量或单位体积的电池所给出的能量，也称为能量密度，常用 W·h/kg 或 W·h/L 表示。比能量分为理论比能量和实际比能量。

电池的理论质量比能量可以根据正、负极两种活性物质的理论质量比容量和电池的电动势计算出来。如果电解质参与了电池的成流反应，则需要加上电解质的理论用量。设正负极活性物质的电化当量分别为 K_+、K_- [g/(A·h)]，电池的电动势为 $E^{\ominus}$，则电池的理论质量比能量（W·h/kg）为：

$$W_0' = E^{\ominus} / (K_+ + K_-) \qquad (1-11)$$

实际能量是电池放电时实际输出的能量。它在数值上等于电池实际容量与电池平均工作电压的乘积：

$$W = CV_{平} \qquad (1-12)$$

由于活性物质不可能完全被利用，而且电池的工作电压永远小于电动势，所以电池的实

际能量总是小于理论能量。

电池的实际比能量远低于理论比能量,因为电池中还包含有电解质、隔膜、外包装等,另外对于层状化合物,由于 Li 全部从正极材料中脱出会使结构完全塌陷,所以得失电子数只能在 0.5 和 0.7 之间,这样实际比容量和比能量都低于理论值。

1.2.4 电池的功率和比功率

电池的功率是指在一定的放电制度下,单位时间内电池输出的能量,单位为瓦(W)或千瓦(kW)。而单位质量或单位体积的电池输出的功率为比功率,单位为 W/kg 或 W/L。

理论上,电池的功率可以表示为:

$$P_0 = \frac{W_0}{t} = \frac{C_0 E^{\ominus}}{t} = \frac{It E^{\ominus}}{t} = I E^{\ominus} \tag{1-13}$$

式中:t 为放电时间;C_0 为电池的理论容量;I 为恒定的电流;$E^{\ominus}$ 为电动势。

而电池的实际功率可表示为:

$$P = IV = I(E^{\ominus} - IR_{内}) = I E^{\ominus} - I^2 R_{内} \tag{1-14}$$

式中:$I^2 R_{内}$ 为消耗于电池全内阻的功率,这部分功率对负载是无用的。

1.2.5 充放电速率

充放电速率一般用小时率或倍率表示。小时率是指电池以一定的电流放完其额定容量所需要的小时数。而倍率是指电池在规定的时间内放出其额定容量时所需要的电流值。倍率通常以字母 C 表示,如果是 0.2 倍率,也叫 0.2C。小时率(用 h 表示)和倍率互为倒数,$C = 1/h$,例如,对于额定容量为 5 A·h 的电池,以 0.1C 放电,则 10 h 可以放完 5 A·h 的额定容量,因此也叫 10 小时率放电。对于额定容量为 5 A·h 的电池,以 0.5 A 电流放电,则放电倍率是 0.1C。

但在材料的测试过程中,如何规定倍率并不十分统一。有人以材料的理论比容量为基准,例如,$LiCoO_2$ 的理论比容量是 274 mA·h/g,那么,1C 倍率放电的电流就是 274 mA/g。但也有人根据材料实际释放的比容量进行计算,例如 $LiCoO_2$ 的 1C 倍率放电的电流可能设为 135 mA/g。因此电流的设定不是很统一。所以在写出倍率后,一定要给出实际的充放电电流值。

1.2.6 放电深度

放电深度常用 DOD(depth of discharge)表示,是放电程度的一种度量,它体现参与反应的活性材料所占的比例。

1.2.7 库仑效率

在一定的充放电条件下,放电释放出来的电荷与充电时充入的电荷的百分比,称为库仑效率,也称为充放电效率。影响库仑效率的因素很多,如电解质的分解,电极界面的钝化,电极活性材料的结构、形态、导电性。

1.2.8　电池内阻

电池内阻包括欧姆电阻（R_Ω）和极化电阻（R_f）两部分。欧姆电阻由电极材料、电解液、隔膜、集流体的电阻以及各部件之间的接触电阻组成。极化电阻是指进行电化学反应时由极化引起的电阻。极化电阻包括由电化学极化和浓差极化引起的电阻。

为比较相同系列不同型号的电池的内阻，引入比电阻 R_i'，即单位容量下的电池内阻可用式（1-15）表示：

$$R_i' = R_i / C \tag{1-15}$$

式中：C 为电池容量，单位为 $A \cdot h$。

1.2.9　电池寿命

对于二次锂离子电池来说，电池寿命包括循环寿命和搁置寿命。循环寿命是指电池在一定条件下（如某一电压范围、充放电倍率、环境温度）进行充放电，当放电比容量达到一个规定值时（如初始值的80%）的循环次数。搁置寿命是指在某一特定环境下，没有负载时电池放置后达到规定指标所需的时间。搁置寿命常用来评价一次电池，对于二次电池，常测试其在高温条件下的存储性能。测量电池在开路状态，某温度（如80 ℃）、湿度条件下存放一定时间后的电池性能时，主要是测试其容量保持率和容量恢复率，检测其气涨情况等。存储时发生的容量下降的现象叫电池的自放电。自放电速率是单位时间内容量降低的百分数。

✎　随堂练习

一、单选题

1. 以放电时间表示的放电速率称为（　　）。

A. 倍率　　　　　　　　B. 时率　　　　　　　　C. 功率　　　　　　　　D. 效率

2. 锂离子电池的容量和电池的活性材料有关系吗？（　　）

A. 没有　　　　　　　　B. 有　　　　　　　　C. 不确定　　　　　　　　D. 关系不大

3. 以下哪种正极材料的理论比容量最高？（　　）

A. 锰酸锂（$LiMn_2O_4$）　　　　　　　　　　B. 钴酸锂（$LiCoO_2$）

C. 磷酸铁锂（$LiFePO_4$）　　　　　　　　　　D. 无法计算

4. 以下电池中，哪个能量最大？（　　）

A. 锂离子电池3.7 V，1200 mA·h　　　　　　　　B. 锂离子电池3.2 V，2000 mA·h

C. 镍氢电池1.2 V，2500 mA·h　　　　　　　　D. 镍氢电池1.2 V，2000 mA·h

二、多选题

手机快充考验的是手机电池哪些方面的性能？（　　）

A. 高电压性能　　　　B. 高容量性能　　　　C. 倍率性能　　　　D. 大功率充电性能

三、判断题

1. 电池的电动势和电压是同一个物理量。（　　）

2.电池的电动势只和参与化学反应的物质本性、电池的反应条件(即温度)及反应物与产物的活度有关,而与电池的几何结构、尺寸大小无关。( )

3.电池的实际容量总是低于理论容量。( )

4.锂离子电池在安全性方面没有铅酸蓄电池好。( )

5.相较于铅酸蓄电池,锂离子电池的比能量大。( )

四、填空题

1.电池的电动势是从_____计算得出的。

2.电池放电的三种方式:_____、_____和_____。

3.电池的能量等于电池容量乘以_____。

五、计算题

试计算磷酸铁锂($LiFePO_4$)的理论比容量。

任务三：认识正极材料的生产工艺

📝 学习目标

【素质目标】

1.有理论联系实际的精神,对于日常工作,要知其然还要知其所以然;

2.时刻保持推陈出新的意识,理解材料更新换代的依据;

3.树立学以致用的理念,理性看待行业发展趋势。

【能力目标】

1.能详述 NCM 三元材料的应用领域,会讲解三元材料的命名方法;

2.能详述高温固相法生产 NCM 三元材料的工艺流程,会书写高温固相法生产 NCM 的反应方程式;

3.能详述 Ni、Co、Mn 三种过渡金属元素在 NCM 三元材料中的作用。

【知识目标】

1.熟悉 NCM 三元材料的应用领域及三元材料的命名方法;

2.掌握高温固相法生产 NCM 三元材料的工艺流程,识记高温固相法生产 NCM 的反应方程式;

3.掌握 Ni、Co、Mn 三种过渡金属元素在 NCM 三元材料中的作用。

1.3.1　正极材料的高温固相法生产工艺流程

扫码查看资源

锂离子电池正极材料的工业化合成主要使用高温固相法,其生产工艺流程大致如下:原料准备→称重计量→配料→混合→干燥→烧结→粉碎分级→合批→除铁→包装。

三元材料是动力电池用主要正极材料之一,这里重点介绍三元材料的生产工艺。其他正极材料的生产工艺将在项目十之后逐个介绍。三元材料的高温固相法生产流程如下：将前驱体与锂源按一定比例在混合机中混合均匀，放入匣钵中进入窑炉，在一定的温度、时间、气氛下进行预煅烧、煅烧处理，将冷却后的物料进行破碎、粉碎、分级，得到一定粒度的物料，将其批混干燥，即得到三元材料成品，流程如图 1-2 所示。

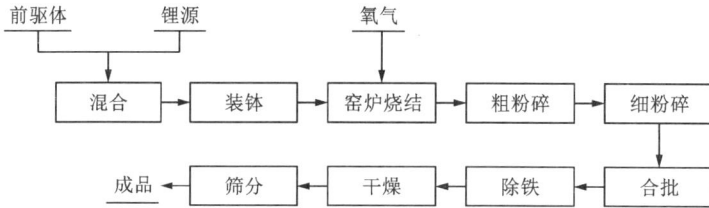

图 1-2　三元材料生产工艺流程图

工业化生产三元材料时，先将锂源和前驱体输送到计量设备，按设定好的工艺配方进行计量后输送至混合机，在混合机中将两种物料混合均匀。将混合均匀的物料装入匣钵，然后整平、切小块，进入窑炉煅烧。煅烧出来的物料一般会板结，需要破碎和粉碎，常见工艺是先用颚式破碎机，然后用对辊破碎机，最后使用气流粉碎分级。分级后粒度合格的产品进入批混设备批混后，再经过除铁设备、振动筛过筛，测试合格后，便可包装入库。

如上所述，三元材料成品的制备过程包括锂化混合、装钵、窑炉煅烧、破碎、粉碎/分级、批混、除铁、筛分、包装入库九大工序。各个工序的控制项目见表 1-1。

表 1-1　三元材料成品制备过程控制

工序	控制项目
锂化混合	锂与金属的物质的量之比；投料数量与配比，混合均匀，颜色均一
装钵	批次、数量
窑炉煅烧	煅烧温度、传送速率、气体流量
破碎	颗粒大小
粉碎/分级	粒度分布
批混	混料批次、数量
除铁	无磁性杂质
筛分	过标准筛网、物理化学指标
包装入库	重量，外观整洁，包装完好，标志无误

1.3.2　三元材料中 Ni、Co、Mn 的作用

扫码查看资源

层状镍钴锰复合正极材料是一种极具发展前景的材料，与 $LiCoO_2$、$LiNiO_2$ 和 $LiMnO_2$ 相比，具有成本低、放电容量大、循环性能好、热稳定性好、结构比较稳定等优点。1999 年，Liu 等人首先提出不同组分的三元层状 Li（Ni，Co，Mn）O_2 材料，NCM 比分别为 721、622 和 523。2001 年，Ohzuku 和 Makimura 提出 Ni 和 Mn 等量的 Li（$Ni_{1/3}Co_{1/3}Mn_{1/3}$）O_2 材料。三元材料通过 Ni-Co-Mn 的协同效用，结合

了三种材料的优点，即 $LiCoO_2$ 的良好循环性能、$LiNiO_2$ 的高比容量和 $LiMnO_2$ 的高安全性及低成本等，已成为目前具有发展前景的新型锂离子电池正极材料之一。

三元材料随着 Ni-Co-Mn 三种元素比例的变化显示出不同的性能，衍生出了多种正极材料。三元材料大致可以分为两类：

一类是 Ni∶Mn 等量型，如 $Li(Ni_{0.33}Co_{0.33}Mn_{0.33})O_2$（111 型）、$Li(Ni_{0.4}Co_{0.2}Mn_{0.4})O_2$（424 型）。这类材料中 Co 为+3 价，Ni 为+2 价，Mn 为+4 价，在充放电过程中+4 价的 Mn 不变价，在材料中起着稳定结构的作用，充电过程中 Ni^{2+} 会被氧化成失去 2 个电子，保持了材料的高容量特性。还有一类为富镍类型，如 $Li(Ni_{0.5}Co_{0.2}Mn_{0.3})O_2$（523 型）、$Li(Ni_{0.6}Co_{0.2}Mn_{0.2})O_2$（622 型）、$Li(Ni_{0.8}Co_{0.1}Mn_{0.1})O_2$（811 型）等，这类材料中 Co 为+3 价，Ni 为+2 或 3 价，Mn 为+4 价。充放电过程中，Ni^{2+}（或 Ni^{3+}）、Co^{3+} 发生氧化，Mn^{4+} 不发生变化，在材料中起着稳定结构的作用。3 种元素在材料中起不同的作用。充电电压低于 4.4 V（相对于 Li^+/Li）时，一般认为主要是 Ni^{2+}（或 Ni^{3+}）参与电化学反应，形成 Ni^{4+}；继续充电，在较高电压下，Co^{3+} 参与反应，材料中出现 Co^{4+}。因此，在 4.4 V 以下充放电时，Ni 含量越高，材料可逆比容量越大。Co 含量显著影响材料的离子导电性，Co 含量越高，材料离子导电性越好，充放电倍率性越好。NCA[典型分子式为 $Li(Ni_{0.8}Co_{0.15}Al_{0.05})O_2$]也属于高镍三元材料，只不过在 NCA 中，$Al^{3+}$ 替代了 Mn^{4+}，在 NCA 中 Co、Ni、Al 均为+3 价，充放电过程中 Al^{3+} 不变价，也起到稳定结构的作用。

不同组分的三元材料的理论比容量有差异，大致为 280 mA·h/g，不同组分的三元材料在 2.7~4.2 V（相对于 Li^+/Li）时的放电比容量不同。Ni 含量高，实际放电比容量会高。由图 1-3 可知，随着三元材料中 Ni 含量的增加，放电比容量由 160 mA·h/g 增加到 200 mA·h/g，但热稳定性和容量保持率都有所降低。

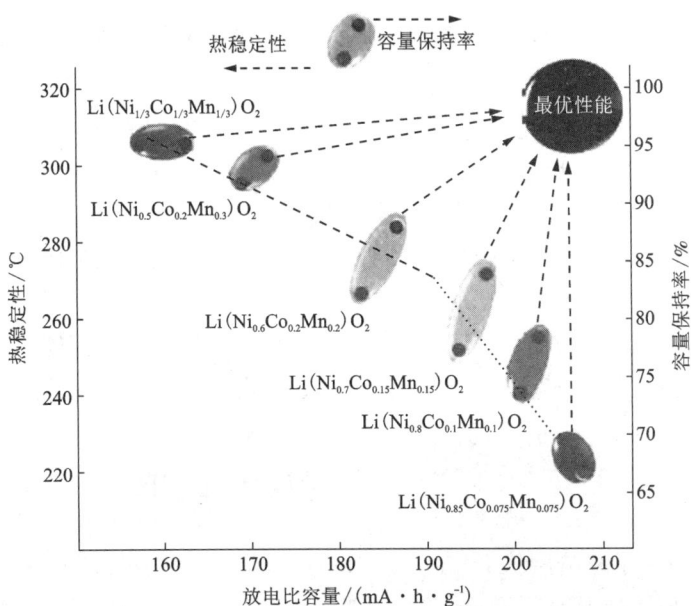

图1-3　不同组分三元材料放电比容量、热稳定性和容量保持率的关系

1.3.2.1 容量-循环性能

容量-循环性能是衡量锂离子电池性能好坏的基本因素之一，由此也可以判断正极材料的优劣。Li(Ni, Co, Mn)O$_2$系列正极材料的组分不同，容量也不同，在2.7~4.2 V(相对于Li$^+$/Li)时，随着Ni含量的增加，比容量增加。由于其中Ni和Co的氧化还原电压不同，所以没有很平坦的电压平台。某课题组用半电池(Li作为负极)研究了在3~4.3 V，25 ℃，20 mA/g (0.1C)条件下，不同Ni、Co、Mn含量Li(Ni$_x$Co$_y$Mn$_z$)O$_2$(x = 1/3、0.5、0.6、0.7、0.8和0.85)的比容量。研究结果表明，随着Ni含量的增加，比容量增加，x = 0.85、0.8、0.7、0.6、0.5和1/3的材料首次放电比容量分别为206 mA·h/g、203 mA·h/g、194 mA·h/g、187 mA·h/g、175 mA·h/g和163 mA·h/g。但随着Ni含量的增加，循环性能有所下降，如图1-4所示。

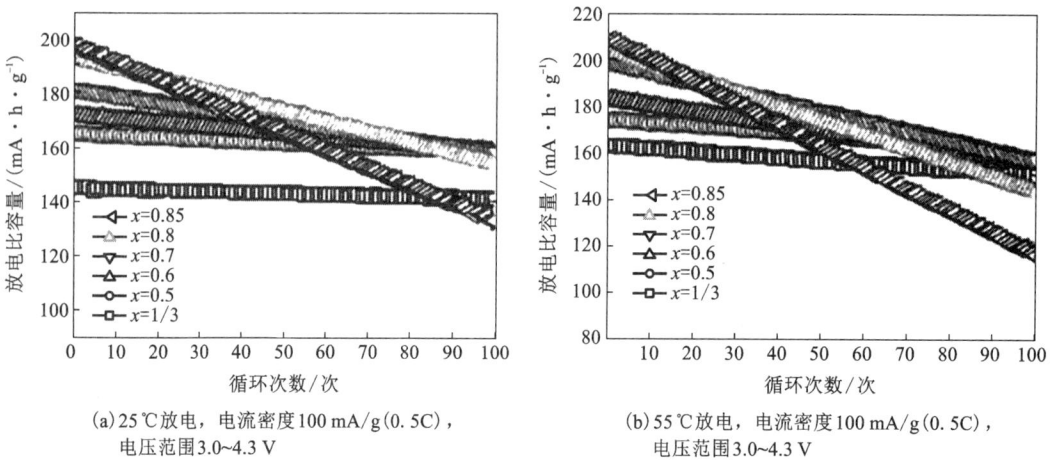

(a) 25 ℃放电，电流密度100 mA/g(0.5C)，
电压范围3.0~4.3 V

(b) 55 ℃放电，电流密度100 mA/g(0.5C)，
电压范围3.0~4.3 V

图1-4 Li/Li(Ni$_x$Co$_y$Mn$_z$)O$_2$(x = 1/3、0.5、0.6、0.7、0.8和0.85)电池放电比容量-循环次数

对于常规NCM523材料，微调Co、Mn含量也可以改进材料的循环性能。Hyoung-GeunKim的研究结果表明，在NCM523材料的基础上，Ni含量保持不变，Co的原子数减少0.04，Mn的原子数增加0.04，可以有效改进材料高温高电压条件下的循环性能和热稳定性，如图1-5所示。这主要是由于增加非活性的Mn^{4+}稳定了材料的层状结构。

1.3.2.2 倍率性能

不同NCM比例的三元材料，其倍率性能不同。Co含量高，则倍率性能好。倍率放电性能主要受电荷传递和锂离子扩散速率的影响。三元材料虽然与LiCoO$_2$具有同样的层状结构，但是Ni^{2+}半径较大，Mn^{4+}、Ni^{2+}的极化力分别小于Mn^{3+}、Ni^{3+}，使得O—M—O层共价性比LiCoO$_2$弱，导致M—O键减弱，而M—O键减弱使Li—O键增强，从而导致锂离子的扩散活化能增大。

Venkatraman分析了影响层状LiNi$_{1-y-z}$Co$_y$Mn$_z$O$_2$材料锂脱出速率的因素。随着Ni含量的增加，锂离子完全脱出所需时间延长；在Li$_{1-x}$Ni$_{0.5-0.5y}$Mn$_{0.5-0.5y}$Co$_y$O$_2$中，随着钴含量的增加，锂脱出速率加快。造成这一现象的原因有两点：①"阳离子混排"现象导致一部分Ni离子分布在Li层，会阻碍Li$^+$的扩散通道，从而减缓锂离子的脱出速率；②锂-氧层的厚度也会影响

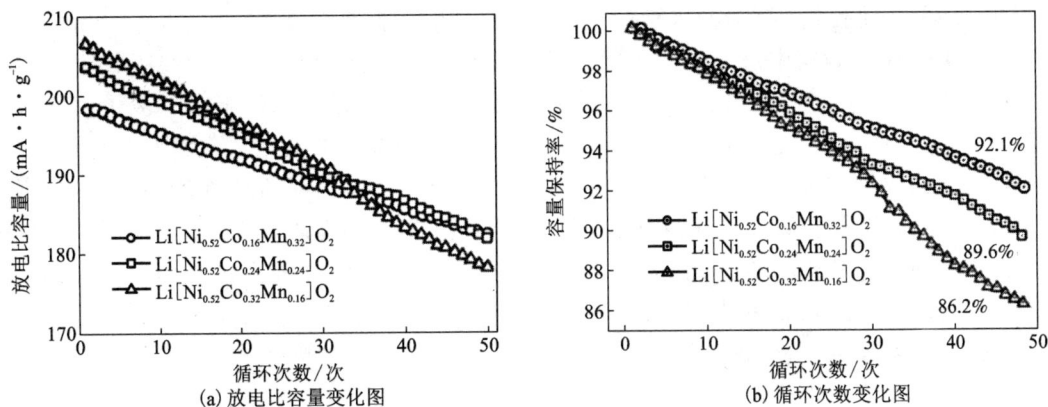

图1-5 采用0.5C(93 mA/g),

在2.7~4.5 V电压范围55 ℃条件下,50次循环的放电比容量和容量保持率

锂离子的脱出速率,较大的锂-氧层厚度可以加快锂的嵌入-脱出速率。

1.3.2.3 热稳定性

与$LiCoO_2$相比,三元材料有高的比容量和好的热稳定性。T. Ohzuku 小组采用质谱对$Li_{1-x}CoO_2$(充电容量 140 mA·h/g)与$Li_{1-x}Co_{1/3}Ni_{1/3}Mn_{1/3}O_2$(充电容量 185 mA·h/g)的热分解气体进行对比,结果表明,三元材料释放氧气的起始温度要比$Li_{1-x}CoO_2$高(图1-6),因此认为三元材料有更好的热稳定性。高温 XRD 测量$LiCo_{1/3}Ni_{1/3}Mn_{1/3}O_2$充电至 4.45 V 的产物为含有 Ni、Co、Mn 的立方尖晶石相,由层状结构转变成尖晶石结构有效地抑制了氧从材料基体结构中析出。具有高能量密度的三元材料显示了更好的高倍率性能、循环性能和安全性能。

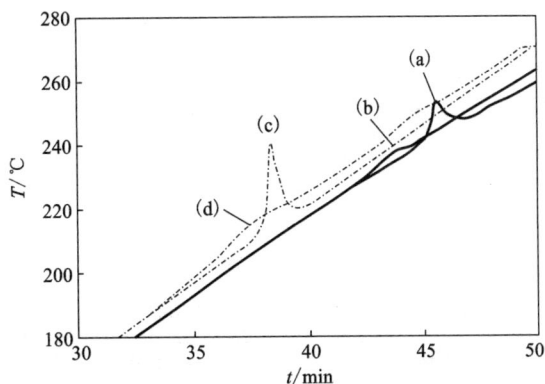

(a) $Li_{1-x}Co_{1/3}Ni_{1/3}Mn_{1/3}O_2$ 充电至 4.4 V;(b) $Li_{1-x}Co_{1/3}Ni_{1/3}Mn_{1/3}O_2$ 充电至 4.7 V;
(c) $Li_{1-x}CoO_2$ 充电至 4.2 V;(d) $Li_{1-x}CoO_2$ 充电至 4.7 V。

图1-6 C/$LiCo_{1/3}Ni_{1/3}Mn_{1/3}O_2$ 和 C/$LiCoO_2$ 电池充电至不同电压的 hot-pot 实验结果

但对于不同 Ni 含量的三元材料,热稳定性不同,各元素对材料热稳定性起到的作用不同。

文献研究了 Co 和 Mn 对 $Li_{0.2}Ni_xMn_{(1-x)2}Co_{(1-x)/2}O_2$($x=1/3$、0.6、0.8)材料热稳定性的影响。他们使用 X 射线吸收精细结构（XAFS）光谱，表明在高温条件下 $Li_{0.2}Ni_xMn_{(1-x)2}Co_{(1-x)/2}O_2$($x=1/3$、0.6、0.8)材料中每个过渡金属的氧化态的变化和局部结构。X 射线吸收边缘结构（XANES）光谱表明，由于加热，镍和 Co 的氧化态发生了变化，在高温下，Co 离子由八面体位置迁移到四面体位置，Mn 离子仍保持在八面体位置，扩展 X 射线吸收精细结构（EXAFS）结果支持这一结论。在镍基三元材料中，Co 和 Mn 对材料的热稳定性的影响是不同的，Co 离子由八面体位置迁移到四面体位置，并且稳定占据四面体位置，因此抑制了材料由尖晶石结构向盐岩结构的转变，但是如果 Co 原子分数低于 10%，这种抑制相转变的影响就会变小。在高温下，Mn 的氧化态是稳定的，占位不变，Mn 可以防止层状结构向尖晶石结构转变。这个结果表明，在镍基三元材料中，替代元素可以改进其热稳定性，但不同元素的影响是不同的。

随堂练习

一、单选题

1. 目前，工业化的锂离子电池正极材料生产，用得最多的方法是（　　　）。

A. 水热法　　　　　　B. 溶胶凝胶法　　　　　C. 高温固相法　　　　　D. 喷雾热解法

2. 锂离子电池正极材料高温固相法的生产流程是什么？（　　　）

A. 原料—溶液—溶胶—凝胶

B. 原料准备—计量称重—配料—混合—干燥—烧结—粉碎分级—合批—除铁—包装

C. 原料—配液—沉淀—过滤—洗涤—干燥—分级—除铁—包装

D. 原料—溶液—喷雾干燥—高温处理

3. 镍钴锰酸锂三元正极材料中，过渡金属镍（Ni）的作用是什么？（　　　）

A. 稳定材料的结构　　　　　　　　　　B. 提高材料的容量

C. 提高材料的安全性　　　　　　　　　D. 提高材料的循环性能

4. 镍钴锰酸锂三元正极材料中，过渡金属钴（Co）的作用是什么？（　　　）

A. 提高材料的容量　　B. 降低成本　　　　　C. 提高电导率　　　　　D. 增加销量

5. 镍钴锰酸锂三元正极材料中，过渡金属锰（Mn）的作用是什么？（　　　）

A. 降低材料成本　　　　　　　　　　　B. 提高材料的安全性和稳定性

C. 提高材料的容量　　　　　　　　　　D. 提高电导率

二、判断题

为了获得高容量的三元正极材料，镍的含量可以无限增加。（　　　）

项目二　准备原料

三元材料的原料为锂源和三元前驱体。目前，常用的锂源有碳酸锂和氢氧化锂。三元前驱体可以是镍钴锰氢氧化物、氧化物或碳酸盐，目前最常用的三元前驱体为氢氧化物。本章将分别介绍锂源和三元前驱体的制备工艺。

任务一：准备锂源

📝 **学习目标**

【素质目标】

1. 培养科学的资源意识；
2. 树立牢固的品质精神。

【能力目标】

1. 能识记电池用碳酸锂、氢氧化锂的材料标准及适用领域；
2. 能详述碳酸锂、氢氧化锂的生产工艺流程。

【知识目标】

1. 掌握电池用碳酸锂、氢氧化锂的材料标准及适用领域；
2. 知道碳酸锂、氢氧化锂的生产工艺流程。

常见的锂源有碳酸锂（Li_2CO_3）、单水氢氧化锂（$LiOH \cdot H_2O$）、硝酸锂（$LiNO_3$）等。硝酸锂因使用中会产生有害气体，一般不作为锂源。三元材料制备过程中常用的锂源是碳酸锂，其次是单水氢氧化锂。虽然从反应活性和反应温度来看，单水氢氧化锂优于碳酸锂，但是由于单水氢氧化锂的锂含量波动比碳酸锂大，且氢氧化锂腐蚀性强于碳酸锂，若无特殊情况，三元材料生产厂家都倾向于使用含量稳定且腐蚀性弱的碳酸锂。

2.1.1　碳酸锂

扫码查看资源

碳酸锂是一种白色疏松的粉末，流动性较差，松装密度在 0.5 g/cm^3 左右。其熔点为 700 ℃ 左右，分解温度为 1300 ℃ 左右。

2.1.1.1 碳酸锂的制备工艺

最常见的含锂矿物是锂辉石和卤水。下面分别介绍一下锂辉石和卤水制备碳酸锂的工艺。图 2-1 所示为常见的锂辉石制备碳酸锂的流程。从图中可以看出，锂辉石采用硫酸浸出工艺，主要工序为中和、碱化除杂和离子交换除杂。在中和工序中可以将硅、铝杂质去除，在碱化除杂工序中去除镁、锰、铜、锌等杂质，通过离子交换除杂工序去除钙离子。而产品中的 Na^+、SO_4^{2-} 杂质主要在沉锂离心分离、洗涤工序中控制。

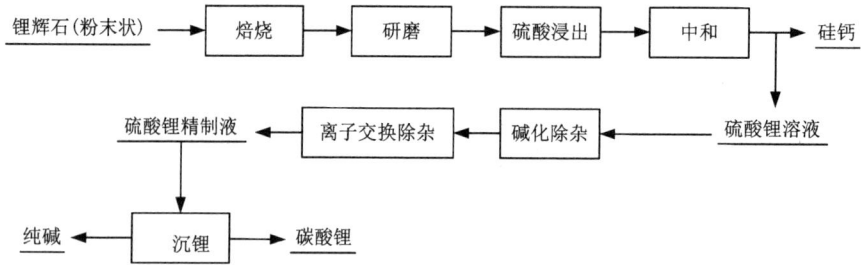

图 2-1 锂辉石制备碳酸锂的流程图

常见卤水制备碳酸锂的流程如图 2-2 所示。卤水中主要的成分为 LiCl、$MgCl_2$、KCl、Na^+ 以及少量的 Ca^{2+}、SO_4^{2-}，常见工艺是通过液碱调节 pH 以去除镁杂质，用二氧化碳去除钙杂质；Na^+、K^+、SO_4^{2-} 则通过沉锂过程中的离心分离和洗涤来控制。

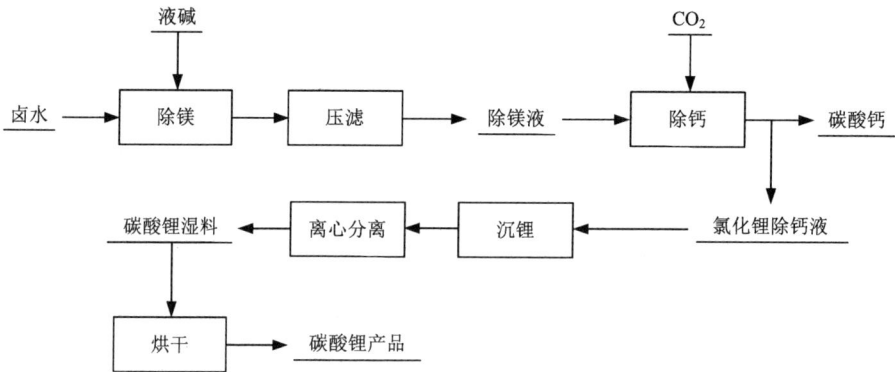

图 2-2 卤水制备碳酸锂的流程图

2.1.1.2 碳酸锂的品质要求和检测方法

用于制备三元材料的碳酸锂的关键品质点是锂含量、杂质含量、粒度分布。《电池级碳酸锂》（YS/T 582—2013）对电池级碳酸锂的品质要求和检测方法规定见表 2-1。

但在实际生产过程中，不同厂家生产的碳酸锂品质各不相同，主要表现在杂质含量和粒度上。表 2-2 为三个厂家生产的电池级碳酸锂的性能指标对比。

表 2-1　行业标准对电池级碳酸锂的品质要求和检测方法规定

项目		含量指标(质量分数)/%	标准中规定的检测方法
$w(Li_2CO_3)$		≥99.5	按 GB/T 11064《碳酸锂、单水氢氧化锂、氯化锂化学分析方法》中规定方法测试
$w(Na)$		≤0.025	
$w(Mg)$		≤0.008	
$w(Ca)$		≤0.005	
$w(K)$		≤0.001	
$w(Fe)$		≤0.001	
$w(Zn)$		≤0.0003	
$w(Cu)$		≤0.0003	
$w(Pb)$		≤0.0003	
$w(Si)$		≤0.003	
$w(Al)$		≤0.001	
$w(Mn)$		≤0.0003	
$w(Ni)$		≤0.001	
$w(SO_4^{2-})$		≤0.08	
$w(Cl^-)$		≤0.003	
$w(磁性物质)$		≤0.0003	电感耦合等离子体发射光谱法测铁、锌、铬三元素含量
$w(水分)$		≤0.25	按 GB/T 6284 中规定方法测试
粒度/μm	D_{10}	≥1	按 GB/T 19077—2016 中规定方法测试
	D_{50}	3~8	
	D_{90}	9~15	
外观质量		白色粉末,无杂物	目视法

表 2-2　不同厂家电池级碳酸锂的性能指标对比

项目	A 厂家	B 厂家	C 厂家
$w(Li_2CO_3)/\%$, ≥	99.9	99.5	99.5
$w(Na)/\%$, ≤	0.020	0.025	0.025
$w(Mg)/\%$, ≤	0.010	0.010	0.010
$w(Ca)/\%$, ≤	0.003	0.005	0.010
$w(K)/\%$, ≤	0.001	—	0.001
$w(Fe)/\%$, ≤	0.0002	0.002	0.002

续表2-2

项目	A厂家	B厂家	C厂家
$w(Zn)/\%$，$\leqslant$	—	0.001	0.001
$w(Cu)/\%$，$\leqslant$	0.0002	0.001	0.001
$w(Pb)/\%$，$\leqslant$	0.005	0.001	0.001
$w(Si)/\%$，$\leqslant$	0.004	0.005	0.005
$w(Al)/\%$，$\leqslant$	0.0002	0.005	0.005
$w(Mn)/\%$，$\leqslant$	0.0005	0.001	0.001
$w(Ni)/\%$，$\leqslant$	—	0.003	0.003
$w(SO_4^{2-})/\%$，$\leqslant$	0.003	0.08	0.08
$w(Cl^-)/\%$，$\leqslant$	0.002	0.005	0.005
$w(水分)/\%$	—	0.4	0.4
平均粒度 $D_{50}/\mu m$	3~5	$\leqslant 6$	$\leqslant 6$

2.1.2 氢氧化锂

扫码查看资源

这里所指的氢氧化锂为单水氢氧化锂，其分子式为 $LiOH \cdot H_2O$。单水氢氧化锂是白色单斜细小结晶，强碱性，有腐蚀性，在空气中能吸收二氧化碳和水分；溶于水，微溶于乙醇；1 mol/L 溶液的 pH 约为14；相对密度 1.51 g/cm^3；熔点 500 ℃左右。

2.1.2.1 氢氧化锂的制备工艺

锂辉石制备单水氢氧化锂的流程图如图2-3所示。锂辉石硫酸浸出工艺的杂质去除环节如下：在中和过滤工序中去除硅、铝杂质，在碱化除杂工序中去除镁、锰、铜、锌杂质，在离子交换除杂工序中去除钙离子。Na^+、SO_4^{2-} 通过析钠、精制、结晶分离工序去除，Cl^- 主要是通过原材料来控制；采用封闭体系保证产品中 CO_3^{2-} 杂质的含量。

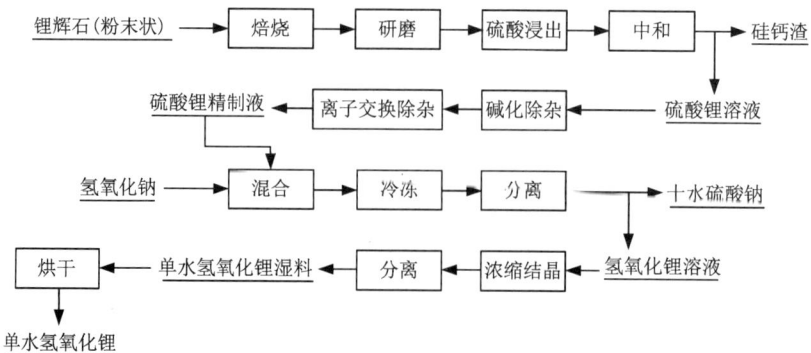

图2-3 锂辉石制备单水氢氧化锂生产流程图

2.1.2.2 氢氧化锂的品质要求和检测方法

制备三元材料用氢氧化锂的关键品质点和碳酸锂相同,包含锂含量、杂质含量和粒度分布。《电池级单水氢氧化锂》(GB/T 26008—2020)对电池级单水氢氧化锂的品质要求和检测方法规定见表2-3,标准中将电池级氢氧化锂分为 LiOH·H$_2$O-D1、LiOH·H$_2$O-D2、LiOH·H$_2$O-D3 三个牌号。

表2-3 国标对电池级单水氢氧化锂的品质要求和检测方法规定

项目	牌号			检测方法
	LiOH·H$_2$O-D1	LiOH·H$_2$O-D2	LiOH·H$_2$O-D3	
$w(\text{LiOH})/\%$	56.5~57.5	56.5~57.5	56.5~57.5	
$w(\text{Fe})/\%$,≤	0.0007	0.0007	0.0007	
$w(\text{K})/\%$,≤	0.003	0.003	0.005	
$w(\text{Na})/\%$,≤	0.005	0.005	0.010	
$w(\text{Ca})/\%$,≤	0.002	0.005	0.010	
$w(\text{Cu})/\%$,≤	0.0001	0.0001	0.0001	
$w(\text{Mg})/\%$,≤	0.001	0.001	0.001	按 GB/T 11064 中规定进行测试
$w(\text{Mn})/\%$,≤	0.001	0.001	0.001	
$w(\text{Si})/\%$,≤	0.005	0.005	0.005	
$w(\text{CO}_3^{2-})/\%$,≤	0.40	0.50	0.50	
$w(\text{Cl}^-)/\%$,≤	0.002	0.002	0.002	
$w(\text{SO}_4^{2-})/\%$,≤	0.008	0.010	0.010	
$w(\text{盐酸不溶物})/\%$,≤	0.005	0.005	0.005	
外观	白色单晶,不得有可视杂物			目视法

不同厂家生产的氢氧化锂的品质不相同,表2-4中列出了国内外几家锂盐供应商电池级单水氢氧化锂产品指标。

表2-4 不同厂家单水氢氧化锂产品品质对比表

项目	A厂家	B厂家	C厂家
$w(\text{LiOH·H}_2\text{O})/\%$,≥	99.0	98.9	99.0
$w(\text{Fe})/\%$,≤	0.0007	0.0005	0.0005
$w(\text{K})/\%$,≤	0.005	0.001	0.001
$w(\text{Na})/\%$,≤	0.005	0.002	0.002
$w(\text{Ca})/\%$,≤	0.002	0.0015	0.001

续表2-4

项目	A厂家	B厂家	C厂家
$w(Cu)/\%$, $\leq$	—	0.0005	—
$w(Mg)/\%$, $\leq$	—	0.001	—
$w(Mn)/\%$, $\leq$	—	0.0005	—
$w(Si)/\%$, $\leq$	—	0.003	—
$w(CO_3^{2-})/\%$, $\leq$	—	0.5	0.2
$w(Cl^-)/\%$, $\leq$	0.003	0.002	0.0015
$w(SO_4^{2-})/\%$, $\leq$	0.01	0.01	0.005
$w(盐酸不溶物)/\%$, $\leq$	0.005	0.01	0.1

随堂练习

一、单选题

1. 生产低镍三元正极材料使用的锂源是(　　　)。

A. 碳酸锂　　　　　B. 氢氧化锂　　　　　C. 金属锂　　　　　D. 硝酸锂

2. 生产高镍三元正极材料使用的锂源是(　　　)。

A. 碳酸锂　　　　　B. 氢氧化锂　　　　　C. 硝酸锂　　　　　D. 金属锂

二、多选题

最常见的含锂矿物是(　　　)。

A. 闪锌矿　　　　　B. 锂辉石　　　　　C. 红土镍矿　　　　　D. 卤水

三、判断题

1. 生产各种成分的三元正极材料都可以使用碳酸锂做锂源。(　　　)

2. 碳酸锂的分解温度在1300 ℃左右。(　　　)

3. 碳酸锂是黑色粉末。(　　　)

4. 单水氢氧化锂没有腐蚀性。(　　　)

5. 单水氢氧化锂中的锂含量非常稳定。(　　　)

6. 氢氧化锂的熔点比碳酸锂高。(　　　)

7. 从反应活性和反应温度来看，单水氢氧化锂优于碳酸锂。(　　　)

任务二：了解三元前驱体的生产工艺

扫码查看资源

📝 学习目标

【素质目标】

1. 增强行业自信，对新能源行业的发展表示乐观；
2. 有顾全大局的理念，理解任何岗位都对单位的发展至关重要。

【能力目标】

1. 能分析三元前驱体的工艺流程、书写三元前驱体合成反应的方程式；
2. 能说出三元前驱体生产中的关键控制点。

【知识目标】

1. 掌握共沉淀法生产三元前驱体的工艺流程，识记合成反应方程式；
2. 理解反应中的关键控制点。

以硫酸镍（或氯化镍）、硫酸钴（或氯化钴）、硫酸锰（或氯化锰）、氢氧化钠为原料生产三元前驱体的流程，如图 2-4 所示。

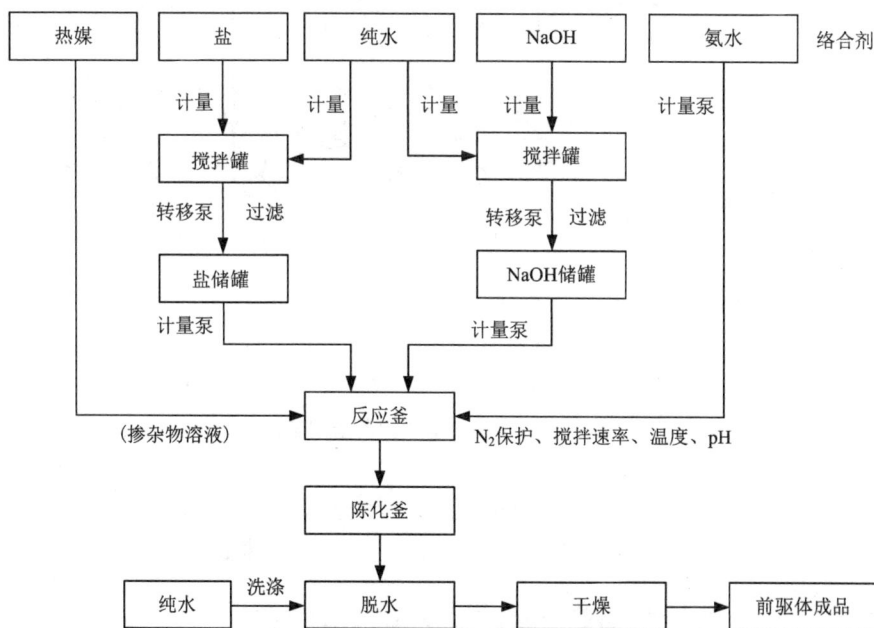

图 2-4　三元前驱体制备流程图

因 Co^{2+}、Mn^{2+} 极易氧化，若想制备出镍钴锰氢氧化物，则在三元前驱体反应的整个过程中应避免接触空气，包括液体中的溶解氧。一般选用氮气作为反应保护气体。纯水中溶解氧的去除，可采用加热或用惰性气体鼓泡的方法。

　　将硫酸镍(或氯化镍)、硫酸钴(或氯化钴)、硫酸锰(或氯化锰)配制成一定物质的量浓度的混合盐溶液,将氢氧化钠配制成一定物质的量浓度的碱溶液,用一定浓度的氨水作为络合剂。所有配制好的溶液都要先经过过滤,去除固体杂质后才能进入下一个环节。将过滤后的盐溶液、碱溶液、络合剂以一定的流量加入反应釜,控制反应釜的搅拌速率、反应浆料的温度和pH,使盐、碱发生中和反应生成三元前驱体晶核,晶核逐渐长大,当粒度达到预定值后,将反应浆料过滤、洗涤、干燥,得到三元前驱体。以上过程中,也有生产厂家将氢氧化钠和氨水混合后同时加入反应釜,以简化生产线。若需要制备掺杂型三元前驱体,则可将掺杂物溶液在反应过程中加入反应釜,反应完成后即得到掺杂型三元前驱体。

　　其中,硫酸盐的溶解在盐溶解釜中进行,氢氧化钠的溶解在碱溶解釜中进行,配置好的盐溶液和碱溶液通过盐转移泵和碱转移泵输送到反应釜中进行反应。反应好的浆料通过浆料泵输送至陈化釜中暂存,陈化后的浆料经浆料泵输送至过滤洗涤设备,进行浆料的过滤和滤饼的洗涤。洗涤干净的滤饼输送至干燥设备进行干燥,水分合格后即得到前驱体产品。工艺如图2-5所示,图中所用过滤洗涤设备为板框压滤机,干燥设备为双锥干燥机。

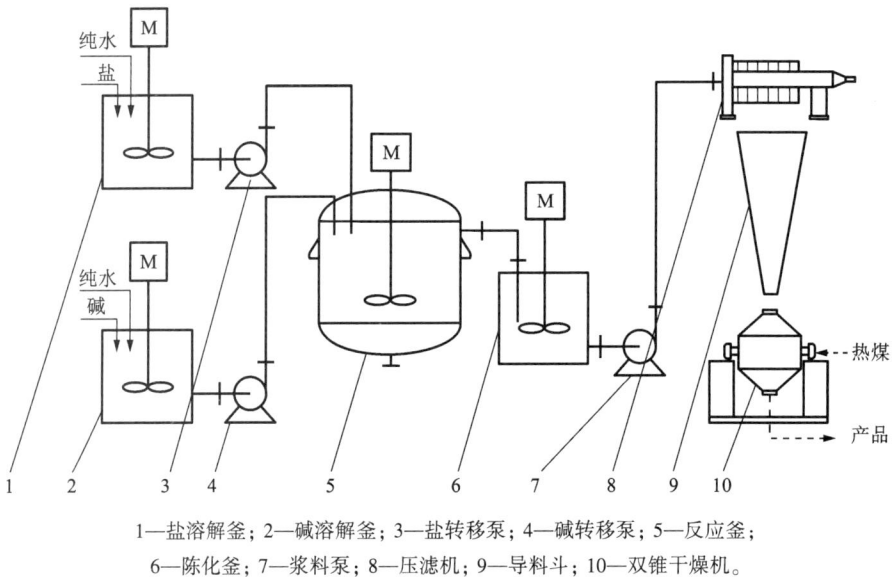

1—盐溶解釜;2—碱溶解釜;3—盐转移泵;4—碱转移泵;5—反应釜;
6—陈化釜;7—浆料泵;8—压滤机;9—导料斗;10—双锥干燥机。

图2-5　氢氧化物前驱体制备工艺图

　　三元前驱体的制备过程包括生产准备、配料、湿法反应、物料清洗、物料干燥、产品测试六大部分,每个部分都有关键控制点,各个工序的控制项目见表2-5。

表2-5　三元前驱体制备过程控制

工序	控制项目
	作业文件齐全
生产准备	反应釜及配套设备情况确认
	物料名称、规格、数量准确

续表2-5

工序	控制项目
配料	纯水溶解氧的去除、投料数量、纯水量、搅拌时间
湿法反应	氮气、温度、pH、粒度
物料清洗	滤液 pH、滤饼硫酸根、钠含量
物料干燥	干燥温度、干燥时间
产品测试	杂质、水分、粒度、振实密度、成分含量等

随堂练习

一、单选题

生产 NCM 正极材料最常用的前驱体是什么？（ 　　）

A.氢氧化镍钴锰　　　 B.镍钴锰酸锂　　　 C.硫酸镍　　　 D.硫酸钴

二、判断题

1.三元前驱体氢氧化镍钴锰最常见的合成方式是共沉淀法。（ 　　）

2.三元前驱体属于晶体颗粒。（ 　　）

3.共沉淀法生产三元前驱体的工艺过程中，氨水是络合剂。（ 　　）

4.络合剂的量越多，生产出的三元前驱体质量越好。（ 　　）

5.反应过程的 pH 直接影响三元前驱体的形貌和粒度分布。（ 　　）

6.pH 适中才能得到理想的三元前驱体。（ 　　）

7.共沉淀法生产三元前驱体的过程中，随着三元前驱体镍含量的增加，所需的氨水和反应 pH 都相应降低。（ 　　）

任务三：三元前驱体生产——准备原料

学习目标

【素质目标】

1.树立科学的水资源保护意识；

2.树立优良的品质精神。

【能力目标】

1.能详述三种硫酸盐的基本性状、材料标准以及三种硫酸盐的生产方法；

2.能详述纯水、氮气的制备流程。

【知识目标】

1.识记三种硫酸盐的基本性状和材料标准，了解三种硫酸盐的生产方法；

2.知道辅助原料纯水、氮气的制备工艺。

镍钴锰酸锂（NCM）正极材料制备过程中的金属盐消耗主要是镍盐、钴盐、锰盐和锂盐的消耗。能量密度较高的镍钴锰酸锂（NCM）正极材料，对材料的形貌特征提出了较高的要求。目前，市场上生产镍钴锰酸锂（NCM）正极材料普遍采用的方法是将镍钴锰氢氧化物前驱体和碳酸锂或氢氧化锂混合，经高温煅烧后得到镍钴锰酸锂（NCM）正极材料。除此之外，在镍钴锰氢氧化物前驱体的生产过程中，常用的原料有沉淀剂（如氢氧化钠）和络合剂（如氨水）等。

2.3.1　金属盐原料

2.3.1.1　六水硫酸镍（$NiSO_4 \cdot 6H_2O$）

目前，在前驱体制备中最常用的镍盐为硫酸镍。从理论上来说，前驱体制备使用的镍盐可以是硫酸镍、氯化镍或硝酸镍，但氯化镍由于 Cl^- 的存在，对前驱体反应设备要求较高，容易腐蚀不锈钢设备。若 Cl^- 残留于前驱体中，带入后续烧结工序，也很容易腐蚀窑炉。而硝酸镍则由于价格高，且 NO_3^- 残留于前驱体中，在烧结工序会产生 NO、NO_2 等有害气体，故几乎没有厂家使用其制备前驱体。

硫酸镍能生成 $NiSO_4 \cdot 7H_2O$、$NiSO_4 \cdot H_2O$ 等七种水合物，在一般工业生产条件下生产出的硫酸镍实际上是七水硫酸镍和六水合物的混合晶体，其中六水合物较多，七水合物在潮湿气候影响下容易淌水。温度为 4.15～31.5 ℃时，从硫酸镍水溶液中结晶析出的七水硫酸镍为绿色透明结晶体，其相对分子质量为 280.88，镍质量分数为 20.9%，晶体密度为 1.95 g/cm³，较易风化。结晶温度为 31.5～53.3 ℃时，结晶析出青色的 $\alpha-NiSO_4 \cdot H_2O$；结晶温度为 53.6～99 ℃时，结晶析出绿色的 $\beta-NiSO_4 \cdot H_2O$。六个结晶水的硫酸镍，其相对分子质量为 262.85，镍质量分数为 23.2%，晶体密度为 2.07 g/cm³，溶于水，易溶于乙醇和氨水。含水硫酸镍在干燥空气中易风化失去水分，加热到 280 ℃时全部脱去结晶水，得到无水硫酸镍，无水硫酸镍为黄绿色结晶体，密度为 3.68 g/cm³，溶于水，不溶于乙醇、乙醚。图 2-6 为市售六水硫酸镍。

图 2-6　市售六水硫酸镍

1）硫酸镍的制备工艺

为了了解硫酸盐材料杂质来源，我们需要了解硫酸盐的制备工艺。因含镍原料的不同，硫酸镍的生产方法也不尽相同。其主要方法如下：

①采用电镍熔化-水淬或羰基镍粉经硫酸溶解，得到高纯镍液蒸发结晶，得到硫酸镍。

②以低铜高镍锍过高锍磨浮镍精矿及废镍合金为原料，用加压浸出-净化除杂质的方法生产硫酸镍。

③以电铜生产过程中产生的粗硫酸镍或镍电解生产过程中的废碳酸镍等为原料，经硫酸溶解、净化、除杂过程生产硫酸镍。

④以转炉水淬高镍锍为原料，采用硫酸常压-加压选择性氧化浸出生产硫酸镍。

⑤以镍钴废料为原料，采用湿法流程及火法和湿法联合流程处理，加工成硫酸镍产品。

硫酸镍和硫酸钴常见制备流程如图 2-7 所示。

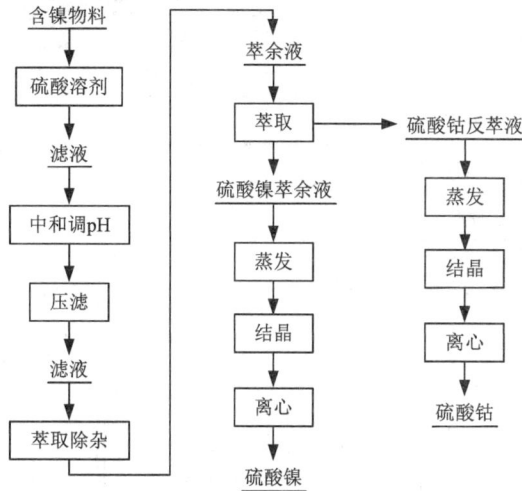

图 2-7　硫酸镍和硫酸钴常见制备流程图

2）硫酸镍的品质要求和检测方法

《精制硫酸镍》（GB/T 26524—2023）中将精制硫酸镍分为两种类型，第一类主要为电池工业用，第二类主要为电镀及其他工业用，见表 2-6。这两类的差别主要在钴含量上，因为钴是三元材料的成分之一，所以电池行业对硫酸镍中钴含量的要求并不严格，但对于钴含量较高的硫酸镍，在工艺计算时应注意将硫酸镍中的钴计算在内。检测方法方面，金属杂质含量的检测也可以用电感耦合等离子体原子发射光谱法检测。

对于镍盐原料，国内主要的镍盐生产厂家主要有金川集团股份有限公司、吉林吉恩镍业股份有限公司、新疆新鑫矿业股份有限公司、江西江锂科技有限公司、云锡元江镍业有限责任公司等，金川集团股份有限公司和吉林吉恩镍业股份有限公司是国内最大的镍盐生产厂商。表 2-7 为国内某镍钴锰氢氧化物前驱体生产厂家硫酸镍入库标准。

表 2-6　硫酸镍产品国家标准

项目	指标		检测方法	
	Ⅰ类	Ⅱ类	仲裁法	其他适用方法
$w(Ni)/\%$，≥	22.08	22.20	重量法	络合滴定法
$w(Co)/\%$，≤	0.05	0.0010	分光光度法	
$w(Fe)/\%$，≤	0.0005	0.0005	邻菲罗啉分光光度法	
$w(Cu)/\%$，≤	0.0005	0.0005	—	电感耦合等离子体发射光谱法
$w(Na)/\%$，≤	0.01	0.02	—	
$w(Zn)/\%$，≤	0.0005	0.0005	—	

续表2-6

项目	指标		检测方法	
	Ⅰ类	Ⅱ类	仲裁法	其他适用方法
$w(Ca)/\%$，$\leq$	0.003	0.002	—	电感耦合等离子体发射光谱法
$w(Mg)/\%$，$\leq$	0.003	0.002	—	
$w(Mn)/\%$，$\leq$	0.001	0.001	—	
$w(Cd)/\%$，$\leq$	0.0002	0.0002	—	
$w(Hg)/\%$，$\leq$	—	0.0002	—	冷原子荧光法
$w(总\ Cr)/\%$，$\leq$	0.0005	0.0003	—	电感耦合等离子体原子发射光谱法
$w(Pb)/\%$，$\leq$	0.001	0.001	石墨炉原子吸收分光光度法	电感耦合等离子体原子发射光谱法
$w(水不溶物)/\%$，$\leq$	0.005	0.005	—	重量法

表 2-7　国内某镍钴锰氢氧化物前驱体生产厂家硫酸镍入库标准

项目	标准	检测方法	取样要求
化学式	$NiSO_4 \cdot 6H_2O$	参考质保书	
外观	翠绿色，略带白点的颗粒状结晶，允许有可碎性结块	目测	
$w(Ni+Co)/\%$	≥ 22.2	化学滴定法	
$w(Ni)/\%$	≥ 22.0		
pH	>5.0	pH 计	
$w(Fe)/10^{-9}$	≤ 100		
$w(Co)/\%$	≤ 0.31		
$w(Fe^{2+}+Fe^{3+})/10^{-6}$	≤ 20		随机抽样（≥ 6 个）
$w(Ca)/\%$	≤ 0.004		
$w(Mg)/\%$	≤ 0.004	ICP	
$w(Cu)/\%$	≤ 0.0005		
$w(Zn)/\%$	≤ 0.002		
$w(Pb)/\%$	≤ 0.002		
$w(Cd)/\%$	≤ 0.0005		

2.3.1.2　七水硫酸钴($CoSO_4 \cdot 7H_2O$)

在前驱体制备中，优先选择硫酸钴作为钴源的原因和选择硫酸镍的原因相同，主要是考虑到氯化钴和硝酸钴的杂质带入及对设备的腐蚀等。

（1）硫酸钴的制备工艺

钴矿物的矿石品位低，提取工艺复杂。伴生于硫化铜镍矿中的钴是我国主要的钴矿资源。硫化铜镍矿中，钴主要以硫化物的形式存在，一般含钴量为 0.03%～0.05%，其品位很低，无法直接从矿石中提取，而选矿方法也不能将其中的钴单独分离出来。因此，在生产中，钴是作为提炼镍矿的副产品而被提取的。常见的工艺流程图如图 2-7 所示。市售七水硫酸钴如图 2-8 所示。

需要重点指出的是，镍钴冶金中的有机溶剂萃取过程。萃取是利用有机溶剂从不相混溶的液相中把某种物质提取出来的方法。溶剂萃取的关键点是选择合适的萃取剂。常用的工业萃取剂有四类，即中性萃取剂、酸性萃取剂（阳离子萃取剂）、碱性萃取剂（阴离子萃取剂、胺型萃取剂）、螯合萃取剂。镍钴冶金中常用的萃取剂有 P_{204}、P_{507}、N_{235}、N_{263}、N_{509}、N_{510} 等。

图 2-8　市售七水硫酸钴

（2）硫酸钴的品质要求和检测方法

《精制硫酸钴》（GB/T 26523—2022）对精制硫酸钴的品质要求和检测方法规定见表 2-8，表中要求优等品的镍含量小于 10 mg/kg，一等品的镍含量小于 50 mg/kg。不过对于制备三元材料的硫酸钴来说，因为镍为三元材料的组分之一，所以三元材料所用硫酸钴原料的镍含量不需要控制得非常严格，镍超标时，在合适范围可判为合格品，但在工艺计算时需要计算在内。在镍和钴的价格相差较大的情况下，镍含量较高的硫酸钴产品需要重新定价。在检测方法方面，金属杂质含量的检测也可以用电感耦合等离子体发射光谱法检测。

表 2-8　精制硫酸钴的国家标准

项目	指标		标准中规定的检测方法
	优等品	一等品	
$w(Co)/\%$，$\geqslant$	20.5	20.0	络合滴定
$w(Ni)/\%$，$\leqslant$	0.0010	0.0020	电感耦合等离子体发射光谱法
$w(Zn)/\%$，$\leqslant$	0.0005	0.0020	
$w(Cu)/\%$，$\leqslant$	0.0005	0.0020	
$w(Pb)/\%$，$\leqslant$	0.0010	0.0020	原子吸收光谱法
$w(Cd)/\%$，$\leqslant$	0.0005	0.0020	电感耦合等离子体发射光谱法
$w(Mn)/\%$，$\leqslant$	0.0005	0.0050	
$w(Fe)/\%$，$\leqslant$	0.0010	0.0020	
$w(Mg)/\%$，$\leqslant$	0.0010	0.0050	

续表2-8

项目	指标		标准中规定的检测方法
	优等品	一等品	
$w(Ca)/\%$, ≤	0.0010	0.0050	电感耦合等离子体发射光谱法
$w(Cr)/\%$, ≤	0.0005	0.0020	
$w(油分)/\%$, ≤	0.0010	0.0020	红外光度法
$w(水不溶物)/\%$, ≤	0.0050	0.0100	重量法
$w(Cl^-)/\%$, ≤	0.0050	0.0100	目视比色法
$w(As)/\%$, ≤	0.0005	0.0020	目视比色法

对于钴盐原料，由于钴和镍常常相伴而生，所以一些大型的镍生产企业也是主要的钴生产商，如金川集团股份有限公司和吉林吉恩镍业股份有限公司。表2-9为国内某镍钴锰氢氧化物前驱体生产厂家硫酸钴入库标准。

表2-9　国内某镍钴锰氢氧化物前驱体生产厂家硫酸钴入库标准

项目	入库标准	检查方法	取样要求
化学式	$CoSO_4 \cdot 7H_2O$	参考质保书	—
外观	玫瑰红色晶体，允许有可碎性结块	目测	随机抽样（≥6个）
$w(Co)/\%$	≥20.2	化学滴定法	
pH	≥4.00	pH计	
$w(Fe)/10^{-9}$	≤100	ICP	
$w(Ni)/\%$	≤0.004		
$w(Fe^{2+}+Fe^{3+})/\%$	≤0.003		
$w(Ca)/\%$	≤0.002		
$w(Mg)/\%$	≤0.002		
$w(Cu)/\%$	≤0.0008		
$w(Pb)/\%$	≤0.0005		
$w(Zn)/\%$	≤0.0005		
$w(Cd)/\%$	≤0.001		

2.3.1.3　一水硫酸锰（$MnSO_4 \cdot H_2O$）

在前驱体制备中，优先选择硫酸锰作为锰源的原因和选择硫酸镍的原因相同，主要是考虑到氯化锰和硝酸锰的杂质带入及对设备的腐蚀等。

在不同温度下，硫酸锰结晶形成不同结晶水的产品：在 9 ℃ 以下，结晶析出的是 $MnSO_4 \cdot 7H_2O$；9~27 ℃ 时，析出的是 $MnSO_4 \cdot 5H_2O$；27~200 ℃ 时，析出的是 $MnSO_4 \cdot H_2O$；200 ℃ 以上时，析出的是 $MnSO_4$。含有不同结晶水的硫酸锰，呈现不同程度的玫瑰红色，无水硫酸锰为白色。目前市面上的都是 $MnSO_4 \cdot H_2O$，如图 2-9 所示。

一水硫酸锰（$MnSO_4 \cdot H_2O$）为白色或淡粉色晶体，密度为 3.25 g/cm^3，以质量分数计，其中含锰 32.51%，SO_4^{2-} 为 56.84%，结晶水为 10.65%。一水硫酸锰在 200 ℃ 以上开始失去结晶水。

目前，还没有针对电池行业的硫酸锰标准，只有《工业硫酸锰》（HG/T 2962—2010），该标准适用于工业硫酸锰，其产品可作为油墨、涂料、涂料催干剂的合成原料、合成脂肪酸的催化剂及其他锰盐原料。工业硫酸锰行业标准见表 2-10。

图 2-9　市售一水硫酸锰

表 2-10　工业硫酸锰行业标准

项目	$w(Mn)/\%$	$w(Fe)/\%$	$w(Cl^-)/\%$	$w(水不溶物)/\%$	pH
指标	≥31.8	≤0.004	≤0.005	≤0.04	5.0~7.0
检测方法	—	邻菲罗啉分光光度法	电位滴定法(仲裁法)，目视比浊法	重量法	水溶液中 pH 测定通用方法

对于锰盐原料，国内主要的硫酸锰、氯化锰生产厂家主要有湖南汇通高新储能材料集团有限责任公司、中信大锰矿业有限责任公司、广西新发隆锰业科技有限公司等。表 2-11 为国内某镍钴锰氢氧化物前驱体生产厂家硫酸锰入库标准。

表 2-11　国内某镍钴锰氢氧化物前驱体生产厂家硫酸锰入库标准

项目	入库标准	检测方法	取样要求
化学式	$MnSO_4 \cdot H_2O$	参考质保书	—
外观	白色，略带粉红色结晶粉末，无结块	目测	随机抽样(≥6 个)
$w(Mn)/\%$	≥31.8	化学滴定法	
pH	≥4.00	pH 计	

续表2-11

项目	入库标准	检测方法	取样要求
金属Fe含量/10^{-9}	≤100		
$w(Ni)/\%$	≤0.003		
$w(Fe)/\%$	≤0.003		
$w(Ca)/\%$	≤0.05		
$w(Mg)/\%$	≤0.05		
$w(Cu)/\%$	≤0.003	ICP	随机抽样（≥6个）
$w(Pb)/\%$	≤0.0008		
$w(Zn)/\%$	≤0.003		
$w(Cr)/\%$	≤0.003		
$w(As)/\%$	≤0.003		
$w(Ba)/\%$	≤0.001		
$w(Cd)/\%$	≤0.003		

此外，氢氧化钠采用符合《工业用氢氧化钠》（GB/T 209—2018）的工业用氢氧化钠；氨水采用符合《工业氨水》（HG/T 5353—2018）的工业用氨水。

2.3.2 辅助原料

2.3.2.1 纯水

共沉淀反应制备三元前驱体的工艺中，盐溶液和碱溶液的配制工序和后期洗涤工序都需要用到大量纯水，所以纯水成为杂质的主要带入源之一，必须严格控制纯水水质以保证产品质量。

1）水中的杂质

对于水中的杂质，按照其化学结构可分为无机物、有机物和水生物；按照尺寸大小可分成悬浮物、胶体和溶解物。

（1）悬浮物和胶体

悬浮物尺寸较大，易于在水中下沉或上浮。易于下沉的一般是大颗粒泥砂及矿物废渣等；能够上浮的一般是体积较大而密度小的某些有机物。

胶体颗粒尺寸很小，在水中长期静置也难以下沉。水中的胶体杂质通常有黏土、某些细菌及病毒、腐殖质及蛋白质等。有机高分子物质通常也属于胶体一类。工业废水排入天然水体中，会引入各种各样的胶质或有机高分子物质。天然水中的胶体一般带负电荷，有时也含有少量带正电荷的金属氢氧化物胶体。

悬浮物和胶体是水处理的主要去除对象。粒径较大的悬浮物如泥砂等较易去除，通常在水中可很快自行下沉。而粒径较小的悬浮物和胶体杂质，需投入混凝剂才能去除。

（2）溶解物

溶解物包括有机溶解物和无机溶解物两类。无机溶解物是指水中所含的无机低分子和离

子。它们与水所构成的均相体系外观透明，属于真溶液。但有的无机溶解物可使水产生色、臭、味。无机溶解物是工业用水的主要去除对象。有机溶解物主要来源于水源污染，也有天然存在的，如腐殖质等。在饮用水处理中，有机溶解物是重点去除对象之一。受污染水中溶解物多种多样。这里重点介绍天然水体中原来含有的主要溶解物。

①溶解气体。

天然水中的溶解气体主要有氧气、氮气和二氧化碳，有时也含有少量硫化氢。天然水中氧的主要来源是空气中氧的溶解，部分来自藻类等水生植物的光合作用。地表水中溶解氧的量与水温、气压及水中有机物含量等有关。不受工业废水或生活污水污染的天然水体，其溶解氧含量一般为 $5\sim10$ mg/L，最高含量不超过 14 mg/L。当水体受到废水污染时，溶解氧含量降低。严重污染的水体，溶解氧含量甚至为零。

天然水中的氮主要来自空气中氮的溶解，部分是有机物分解及含氮化合物的细菌还原等生化过程的产物。

地表水中的二氧化碳主要来自有机物的分解。地下水中的二氧化碳除来自有机物的分解外，还有在地层中进行的化学反应。地表水中（除海水以外）二氧化碳含量一般小于 30 mg/L，地下水中二氧化碳含量为每升几十毫克至一百毫克，少数可高达数百毫克。海水中二氧化碳含量很少。水中二氧化碳约 99% 呈分子状态，仅 1% 左右与水作用产生碳酸。

天然水中硫化氢的存在与某些含硫矿物（如硫铁矿）的还原及水中有机物腐烂有关。由于硫化氢极易被氧化，故地表水中硫化氢含量很少。若发现地表水中硫化氢含量较高，则很有可能是被含有大量含硫物质的生活污水或工业废水污染。

②离子。

天然水中所含主要阳离子有 Ca^{2+}、Mg^{2+}、Na^+，主要阴离子有 HCO_3^-、SO_4^{2-}、Cl^-。此外还含有少量 K^+、Fe^{2+}、Mn^{2+}、Cu^{2+} 等阳离子及 $HSiO_3^-$、CO_3^{2-}、NO_3^- 等阴离子。这些离子主要来源于矿物质的溶解，也有部分可能来源于水中有机物的分解。例如当水流接触石灰石（$CaCO_3$）或菱镁矿（$MgCO_3$）且水中有足够 CO_2 时，可溶解产生 Mg^{2+} 和 HCO_3^-；Na^+ 和 K^+ 为水流接触含钠盐或钾盐的土壤或岩层溶解产生的；SO_4^{2-} 和 Cl^- 则为接触含有硫酸盐或氯化物的岩石或土壤时溶解产生的。水中 NO_3^- 一般主要来自有机物的分解，但也有可能由盐类溶解产生。天然水体中有时某些重金属含量偏高，如砷、铬、铜、铅、汞等，这是由于水源附近可能有天然重金属矿藏。

由于各种天然水源所处环境、条件及地质状况各不相同，所含离子种类及含量也有很大差别。

2）纯水水质要求

水中的溶解氧需要去除以防止三元前驱体反应过程中 Ni^{2+}、Co^{2+}、Mn^{2+} 氧化，一般采用加热或用惰性气体鼓泡的方法去除。水中的 Ca^{2+}、Mg^{2+} 进入反应体系后，会和体系中的 OH^- 生成 $Ca(OH)_2$、$Mg(OH)_2$ 等微溶于水的杂质，Cl^- 则会腐蚀不锈钢设备。若水中还含有 Fe^{2+}、Cu^{2+} 等离子，在碱性体系下进入三元前驱体中后，会对三元前驱体品质产生很大影响。

目前，我国工业和信息化部把电子级分为四个级别，分别为 18 MΩ·cm、15 MΩ·cm、12 MΩ·cm、0.5 MΩ·cm，以区分不同水质。表 2-12 为我国电子级水技术指标。

表 2-12　我国电子级水质技术指标（GB/T 11446.1—2013）

项目		技术指标			
		EW-Ⅰ	EW-Ⅱ	EW-Ⅲ	EW-Ⅳ
电阻率(25℃)/(MΩ·cm)		≥18 (5%时间 不低于17)	≥15 (5%时间 不低于13)	≥12.0	≥0.5
全硅/(μg·L^{-1})		≤2	≤10	≤50	≤1000
微粒数 /(个·L^{-1})	0.05~0.1 μm	500	—	—	—
	0.1~0.2 μm	300	—	—	—
	0.2~0.3 μm	50	—	—	—
	0.3~0.5 μm	20	—	—	—
	>0.5 μm	4	—	—	—
细菌个数/(个·mL^{-1})		≤0.01	≤0.1	≤10	≤100
铜/(μg·L^{-1})		≤0.2	≤1	≤2	≤500
锌/(μg·L^{-1})		≤0.2	≤1	≤5	≤500
镍/(μg·L^{-1})		≤0.1	≤1	≤2	≤500
钠/(μg·L^{-1})		≤0.5	≤2	≤5	≤1000
钾/(μg·L^{-1})		≤0.5	≤2	≤5	≤500
铁/(μg·L^{-1})		≤0.1	—	—	—
铅/(μg·L^{-1})		≤0.1	—	—	—
氟/(μg·L^{-1})		≤1	—	—	—
氯/(μg·L^{-1})		≤1	≤1	≤10	≤1000
亚硝酸根/(μg·L^{-1})		≤1	—	—	—
溴/(μg·L^{-1})		≤1	—	—	—
硝酸根/(μg·L^{-1})		≤1	≤1	≤5	≤500
磷酸根/(μg·L^{-1})		≤1	≤1	≤5	≤500
硫酸根/(μg·L^{-1})		≤1	≤1	≤5	≤500
总有机碳/(μg·L^{-1})		≤20	≤100	≤200	≤1000

3）纯水制备

常见的工业纯水制备流程图如图 2-10 所示。

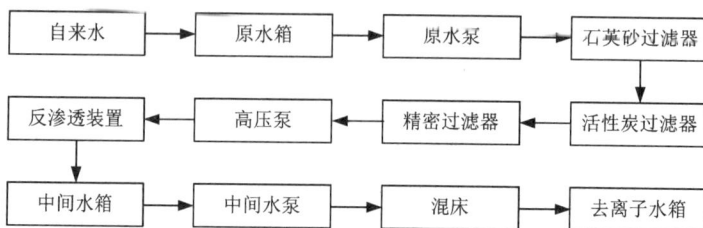

图 2-10　常见工业纯水制备流程图

从图 2-10 中可以看出,纯水制备可分为原水预处理、反渗透除盐、混床离子交换三部分。

(1)原水预处理

原水的预处理系统包括石英砂过滤器和活性炭过滤器两部分。自来水首先通过石英砂过滤器去除水中的悬浮物、凝聚后的片状物以及沉淀法不能去除的黏结胶体物质,以降低原水浊度;然后再通过活性炭过滤器去除水中有机杂质和水中分子态胶体微细颗粒杂质,并吸附水中的余氯。

(2)反渗透除盐

反渗透即 reverse osmosis,简称 RO。反渗透膜的孔径为 $0.0001 \sim 0.001 \, \mu m$,可以截留水中的全部悬浮物质、大部分溶解性盐和大分子物质。该系统的主要作用是以压力为推动力,进行膜分离脱盐,同时可去除水中溶解性有机物、微生物、细菌、热原、病毒等。影响反渗透效率的因素有进水压力、水温、水的 pH、水中的盐浓度。

(3)混床离子交换

混床的作用是将反渗透产水中留存的离子进一步去除。原水经过反渗透系统后,已将水中绝大部分的盐类离子去除,但是水质还不能达到系统产水需要的水质要求,还需要经过混床进行进一步去除后才能达到要求。混床通过交换器内均匀混合的阳、阴树脂,与水中的阳、阴离子几乎同时进行交换,类似于无数级阳、阴床串联的效果,从而获得极好的产水水质。

大多数自来水经过上述几个工序处理后,都能达到生产三元前驱体的水质要求,但是有少数地区的自来水水质较差,需要根据具体情况增加处理工序。比如自来水中盐分较高,使用一级反渗透装置无法完全去除水中的盐类离子,最好使用二级或者三级反渗透装置。有的自来水中钙镁离子较多,则最好添加一个软化水装置,以提前除去大部分的钙镁离子,减轻反渗透装置的负担。

2.3.2.2 氮气

氮气(N_2)的相对分子质量为 28,沸点为 $-195.8 \, ℃$,冷凝点为 $-210 \, ℃$。氮气在空气中的体积分数约为 78%。

目前,三元前驱体的制备技术要求反应过程在氮气保护下完成,氮气的来源可以是压缩氮气或液氮。若氮气需求量大,还可以使用大型液氮罐或制氮机。一般,市面上的压缩氮气压力为 12.5 MPa,体积为 $5 \sim 6 \, m^3$,其单价高且气量少,但占地面积小,管理方便,适合学校、研发机构或工厂研发部门使用;瓶装液氮有很多体积规格,最常见的为 $120 \, m^3/$瓶,价格适中,气量也能满足小型生产需求;大型液氮罐的供气量是小瓶液氮的几百倍,价格便宜,但需要前期投入和后期维护,适合中型生产需求;制氮机可根据实际用气量选择不同型号,制气量越大,运行成本和氮气成本越低,适合大型生产需求。几种氮气来源的关键指标对比见表 2-13。

表 2-13　不同氮气来源对比表

氮气来源	纯度	气量	价格(以压缩氮气为 1 计)	前期投入
压缩氮气	≥99.99%	6 m³/瓶	1	0
钢瓶液氮	≥99.999%	100 m³/瓶	0.4	0
大型液氮罐	≥99.999%	12800 m³/罐	0.2	较大
PSA 制氮机	≥99.99%	10 Nm³/h	0.08	大

制氮机有液氮机和 PSA 制氮机，液氮使用深冷法制得，其设备投入及运行成本较高，因此在这里只介绍 PSA 制氮机。PSA 全称 pressure swing adsorption，即变压吸附。

空气中各种气体的体积分数为：N_2 78.0840%、O_2 20.9476%、Ar 0.9364%、CO_2 0.0314%。其他还有 H_2、CH_4、N_2O、O_3、SO_2、NO_2 等，但含量极少。PSA 的核心部分是吸附剂，一般选择碳分子筛为吸附剂，它吸附空气中的氧气、二氧化碳、水分等，但不吸附氮气。碳分子筛对氧气、二氧化碳、水分的吸附量随压力的增大而升高，最终可得到高纯度、低露点的氮气。

PSA 制氮机一般由压缩空气装置、压缩空气净化装置、变压吸附制氮装置、储气罐等部分组成。如图 2-11 所示，环境空气经空压机压缩后进入缓冲罐，缓冲罐中气体经过空气净化装置除去油、水和灰尘后，进入由两个装填有碳分子筛的吸附塔组成的变压吸附制氮装置。压缩空气由下至上流经吸附塔，其间氧气分子在碳分子筛表面吸附，氮气由吸附塔上端流出，进入氮气缓冲罐，提供给氮气使用部门。

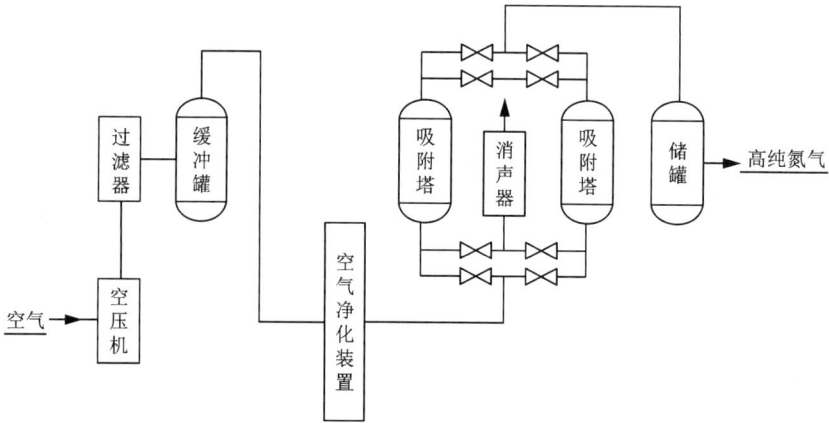

图 2-11 变压吸附制氮机工艺流程图

下面简单介绍一下 PSA 制氮机中各装置的功能。

(1)压缩空气装置

压缩空气装置由空压机和空气缓冲罐组成，提供变压吸附制氮装置所需的气源。该装置提供稳定的输出压力和足够的气量。空压机一般选用运转可靠、维护简单、低噪声的螺杆式空压机。空气缓冲罐主要作为气源的缓冲器，起稳定和储存作用，此外还可以收集和排除进入压缩空气源的大部分油水冷凝液。缓冲罐装有压力表、安全阀、排污口。空压机的排气能力需要稍大于制氧机额定产量下的空气耗量，由于其启停受到排气压力控制，当排气量大于耗气量时，排出压力上升，空压机停止；反之，则空压机启动。通过如此循环启停，使空压机排气量满足制氧机耗气量要求，并适应生产线在变工况时(低于额定产量)的运行需要。

(2)空气净化装置

该装置的主要功能是除尘、除油。从缓冲罐出来的压缩空气首先进入 C 级过滤器实现粗过滤，然后进入冷冻式干燥机，将压缩空气强制降温，使空气中的水蒸气冷凝，凝结成的液态水夹带尘、油排出机外。

（3）变压吸附制氮装置

如图 2-12 所示，PSA 制氮装置中有两个装满碳分子筛的吸附塔，洁净、干燥的压缩空气进入变压吸附制氮装置，流经装填有碳分子筛的吸附塔。压缩空气由下至上流经吸附塔，利用碳分子筛在不同压力下对氧和氮等的吸附力不同，氧气、水等组分在碳分子筛表面吸附，未被吸附的氮气在出口处被收集成为产品气，由吸附塔上端流出，进入缓冲罐。经一段时间后，吸附塔中被碳分子筛吸附的氧达到饱和，需进行再生。再生是通过停止吸附步骤，降低吸附塔的压力来实现的。已完成吸附的吸附塔短期均压后开始降压，脱除已吸附的氧气、水等组分，完成再生过程。两个吸附塔交替进行吸附和再生，从而产生流量和纯度稳定的产品氮气。

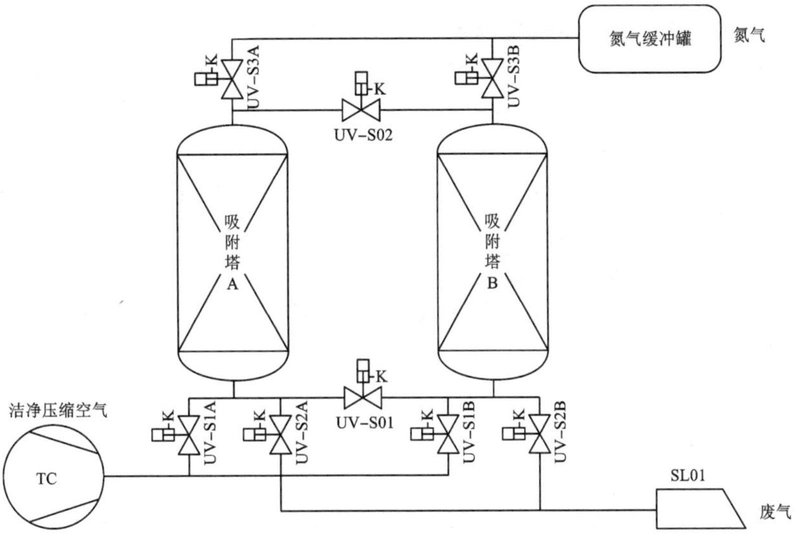

图 2-12　变压吸附制氮装置示意图

制氮机的选择需要考虑所需氮气的纯度、单位时间氮气消耗量等。空压机和吸附塔占制氮系统成本的 80% 以上，且制氮机的运行能耗主要是空压机的运行能耗，而氮气的品质则主要由吸附塔决定。所以选择合适的空压机和高品质的吸附塔是购买制氮机的关键。

✎ 随堂练习

一、单选题

1.共沉淀法生产三元前驱体可以使用以下哪种水？（　　　）

A. 山泉水　　　　　　B. 矿泉水　　　　　　C. 自来水　　　　　　D. 电子级纯水

2.三元前驱体生产用到的保护气体是（　　　）。

A. 高纯氧气　　　　　B. 高纯氢气　　　　　C. 高纯氮气　　　　　D. 高纯二氧化氮

3.空气中体积分数最大的气体是（　　　）。

A. 氧气　　　　　　　B. 氮气　　　　　　　C. 氢气　　　　　　　D. 氩气

4.水的纯度越高，电阻越（　　　）。

A. 小　　　　　　　　B. 大　　　　　　　　C. 不一定　　　　　　D. 两者没关系

二、多选题

1. 共沉淀法生产 NCM 前驱体的原料是（　　　　）。

A. 氯化镍、氯化钴、氯化锰　　　　　　　B. 硫酸钴、硫酸锰、硫酸镍

C. 氢氧化钠　　　　　　　　　　　　　　D. 硝酸镍、硝酸钴、硝酸锰

2. 共沉淀法生产三元前驱体的金属盐原料使用硫酸盐的原因是（　　　　）。

A. 硝酸根残留会在烧结过程中产生氮氧化物等有害气体

B. 硝酸盐价格高

C. 氯盐中的氯离子如果带入窑炉，会腐蚀窑炉

D. 氯盐中的氯离子会腐蚀不锈钢设备

3. 共沉淀法生产三元前驱体要使用电子级纯水，因为自来水中有哪些干扰因素会影响前驱体的生产？（　　　　）

A. 水中的溶解氧需要去除以防止前驱体反应过程中 Ni^{2+}、Co^{2+}、Mn^{2+} 氧化

B. 水中的 Ca、Mg 进入反应体系后，会和体系中的 OH^- 生成 $Ca(OH)_2$、$Mg(OH)_2$ 等微溶于水的杂质

C. Cl^- 会腐蚀不锈钢设备

D. Fe^{2+}、Cu^{2+} 等离子，在碱性体系下进入三元前驱体中后，会对三元前驱体品质产生很大影响

三、填空题

1. 市售的硫酸镍通常带_____个结晶水。

2. 市售的硫酸钴通常带_____个结晶水。

3. 市售的硫酸锰通常带_____个结晶水。

任务四：三元前驱体生产——配料工序

🖊 学习目标

【素质目标】

1. 理解理论联系实际的精神，树立牢固的品质精神；

2. 培养主人翁意识，将企业的发展和个人的发展结合在一起。

【能力目标】

1. 能配制规定浓度、规定成分的三元前驱体金属液原料；

2. 能绘制工业化原料配制设备、计量设备的简图。

【知识目标】

1. 掌握配制规定浓度、规定体积的溶液的方法；

2. 理解工业化原料配制设备、计量设备的工作原理和工作过程。

三元前驱体的配料共分为盐溶液、碱溶液、氨水溶液的配制三个部分。工业上的大规模生产一般采用自动计量和配制设备，实验室小型化的配制使用容量瓶、抽滤装置等。

扫码查看资源

2.4.1　配料计算法

三元前驱体生产的原料包含金属盐溶液、碱溶液和氨水溶液，这里分别介绍几种溶液的配制方法。

2.4.1.1　盐溶液的配料计算

三元前驱体生产所用金属盐为硫酸盐，即六水硫酸镍、七水硫酸钴和一水硫酸锰，企业生产时，配料情形通常分以下三种。一是直接购入三种金属盐原料，按照所需物质的量之比称量金属盐，配制成混合金属盐溶液。二是分别配制一定浓度的硫酸镍溶液、硫酸钴溶液和硫酸锰溶液，这些溶液既可以由晶体溶解制得，也可以用金属原料和硫酸溶解制得，由企业根据生产成本决定。三种金属盐溶液配好之后，由液态金属盐计量设备自动按所需物质的量之比配制混合盐溶液。三是企业本身拥有废旧三元正极材料的回收车间，回收得到了混合金属盐溶液，这种回收得到的盐溶液中镍、钴、锰三种金属离子比例不固定，需要经过测定后，补充相应的硫酸盐晶体，从而配制成生产所需混合金属盐溶液。下述案例即为混合盐溶液的配料计算法。

案例 1：某储能材料生产企业的正极前驱体配液车间，采用 $(Ni、Co、Mn)SO_4$ 溶液为主要原料，要求溶液中 Ni^{2+}、Co^{2+}、Mn^{2+} 的物质的量浓度之比为 $1:1:1$。$(Ni、Co、Mn)SO_4$ 浓度为 1 mol/L，请根据现场仪器设备、操作工单及化验器具、试剂配置一览，完成 250 mL 的 $(Ni、Co、Mn)SO_4$ 的配制。

$(Ni、Co、Mn)SO_4$ 成分具体要求如下：

① $(Ni、Co、Mn)SO_4$ 浓度为 1 mol/L，其中 Ni^{2+}、Co^{2+}、Mn^{2+} 的物质的量浓度之比为 $1:1:1$；

② $NiSO_4 \cdot 6H_2O$、$CoSO_4 \cdot 7H_2O$、$MnSO_4 \cdot H_2O$ 规格：均为电池级；

③水：纯水，水质电阻率不低于 15 MΩ·cm，溶解氧含量一般为 5~10 mg/L，最高含量不超过 14 mg/L。

配制混合金属盐溶液前，需要先计算出所需要三种硫酸盐晶体的质量，金属盐的质量可按式（2-1）计算。

$$m_{金属盐} = n_{金属盐} \times M_{金属盐} = c_{金属盐} \times V \times M_{金属盐} \qquad (2-1)$$

式中：$m_{金属盐}$ 为溶液中金属硫酸盐的质量，g；$n_{金属盐}$ 为溶液中金属硫酸盐的物质的量，mol；$M_{金属盐}$ 为溶液中金属硫酸盐的摩尔质量，g/mol；$c_{金属盐}$ 为溶液中金属硫酸盐的物质的量浓度，mol/L；V 为溶液的体积，L。

那案例 1 中所需的三种金属盐该如何计算呢？

案例 1 中要求 $(Ni、Co、Mn)SO_4$ 浓度为 1 mol/L，Ni^{2+}、Co^{2+}、Mn^{2+} 的物质的量浓度之比为 $1:1:1$，可知 Ni^{2+}、Co^{2+}、Mn^{2+} 的物质的量浓度都为 0.33 mol/L，即

$$c_{NiSO_4 \cdot 6H_2O} = c_{CoSO_4 \cdot 7H_2O} = c_{MnSO_4 \cdot H_2O} = 0.33 \text{ mol/L}$$

查元素周期表并计算，可得金属盐晶体的摩尔质量，即

$$M_{NiSO_4 \cdot 6H_2O} = 263 \text{ g/mol}；M_{CoSO_4 \cdot 7H_2O} = 281 \text{ g/mol}；M_{MnSO_4 \cdot H_2O} = 169 \text{ g/mol}$$

溶液的体积为 250 mL，则三种金属盐晶体的质量为：

$$m_{NiSO_4 \cdot 6H_2O} = c_{NiSO_4 \cdot 6H_2O} \times V \times M_{NiSO_4 \cdot 6H_2O} = 0.33 \text{ mol/L} \times 0.25 \text{ L} \times 263 \text{ g/mol} \approx 21.70 \text{ g}$$

$$m_{CoSO_4 \cdot 7H_2O} = c_{CoSO_4 \cdot 7H_2O} \times V \times M_{CoSO_4 \cdot 7H_2O} = 0.33 \text{ mol/L} \times 0.25 \text{ L} \times 281 \text{ g/mol} \approx 23.18 \text{ g}$$

$$m_{MnSO_4 \cdot H_2O} = c_{MnSO_4 \cdot H_2O} \times V \times M_{MnSO_4 \cdot H_2O} = 0.33 \ mol/L \times 0.25 \ L \times 169 \ g/mol \approx 13.94 \ g$$

案例1配制的是NCM111的前驱体 $Ni_{0.33}Co_{0.33}Mn_{0.33}(OH)_2$ 制备所需要的混合金属盐溶液，那么你会计算NCM424、NCM523、NCM622、NCM811前驱体制备用混合金属盐溶液所需要的金属晶体质量吗？

2.4.1.2 碱溶液的配料计算

案例2：某储能材料生产企业的正极前驱体配液车间，采用NaOH溶液为碱液。本次操作为NaOH溶液的配制，请根据现场仪器设备、操作工单及化验器具、试剂配置一览，完成250 mL的NaOH溶液的配制。

NaOH溶液成分具体要求如下：

①NaOH溶液浓度为2 mol/L；

②NaOH规格：分析纯；

③水：纯水，水质电阻率不低于15 MΩ·cm，溶解氧含量一般为5~10 mg/L，最高含量不超过14 mg/L。

案例2要求配制浓度为2 mol/L的NaOH溶液250 mL，固体NaOH的质量可按式(2-2)计算。

$$m_{NaOH} = n_{NaOH} \times M_{NaOH} = c_{NaOH(aq)} \times V \times M_{NaOH} \qquad (2-2)$$

式中：m_{NaOH} 为氢氧化钠固体的质量，g；n_{NaOH} 为溶液中NaOH的物质的量，mol；M_{NaOH} 为NaOH的摩尔质量，g/mol；$c_{NaOH(aq)}$ 为NaOH溶液的物质的量浓度，mol/L；V 为溶液的体积，L。

那案例2中所需的固体NaOH的质量该如何计算呢？

案例2中要求NaOH溶液浓度为2 mol/L，即

$$c_{NaOH} = 2 \ mol/L$$

查元素周期表并计算，可得NaOH的摩尔质量：

$$M_{NaOH} = 40 \ g/mol$$

溶液的体积为250 mL，则所需NaOH固体的质量为：

$$m_{NaOH} = c_{NaOH} \times V \times M_{NaOH} = 2 \ mol/L \times 0.25 \ L \times 40 \ g/mol = 20 \ g$$

所以配制浓度为2 mol/L的NaOH溶液250 mL，固体NaOH的质量为20 g。

2.4.1.3 络合剂的配料计算

案例3：某储能材料生产企业的正极前驱体配液车间，采用氨水溶液为络合剂。本次操作为 $(NH_4)_2SO_4$(替代氨水)溶液的配制，请根据现场仪器设备、操作工单及化验器具、试剂配置一览，完成250 mL的 $(NH_4)_2SO_4$ 溶液的配制，并填写记录单。

$(NH_4)_2SO_4$ 溶液成分具体要求如下：

① $(NH_4)_2SO_4$ 溶液浓度为2 mol/L；

② $(NII_4)_2SO_4$ 规格：分析纯；

③水：纯水，水质电阻率不低于15 MΩ·cm，溶解氧含量一般为5~10 mg/L，最高含量不超过14 mg/L。

案例3要求配制浓度为2 mol/L的 $(NH_4)_2SO_4$ 溶液250 mL，固体 $(NH_4)_2SO_4$ 的质量可按式(2-3)计算。

$$m_{(NH_4)_2SO_4} = n_{(NH_4)_2SO_4} \times M_{(NH_4)_2SO_4} = c_{(NH_4)_2SO_4} \times V \times M_{(NH_4)_2SO_4} \qquad (2-3)$$

式中：$m_{(NH_4)_2SO_4}$ 为 $(NH_4)_2SO_4$ 固体的质量，g；$n_{(NH_4)_2SO_4}$ 为溶液中 $(NH_4)_2SO_4$ 的物质的

量，mol；$M_{(NH_4)_2SO_4}$ 为 $(NH_4)_2SO_4$ 的摩尔质量，g/mol；$c_{(NH_4)_2SO_4}$ 为 $(NH_4)_2SO_4$ 溶液的物质的量浓度，mol/L；V 为溶液的体积，L。

那案例 3 中所需的固体 $(NH_4)_2SO_4$ 的质量该如何计算呢？

案例 3 中要求 $(NH_4)_2SO_4$ 溶液浓度为 2 mol/L，即

$$c_{(NH_4)_2SO_4} = 2 \text{ mol/L}$$

查元素周期表并计算，可得 $(NH_4)_2SO_4$ 的摩尔质量：

$$M_{(NH_4)_2SO_4} = 132 \text{ g/mol}$$

溶液的体积为 250 mL，则所需 $(NH_4)_2SO_4$ 固体的质量为：

$$m_{(NH_4)_2SO_4} = c_{(NH_4)_2SO_4} \times V \times M_{(NH_4)_2SO_4} = 2 \text{ mol/L} \times 0.25 \text{ L} \times 132 \text{ g/mol} = 66 \text{ g}$$

所以配制浓度为 2 mol/L 的 $(NH_4)_2SO_4$ 溶液 250 mL，固体 $(NH_4)_2SO_4$ 的质量为 66 g。

2.4.2　原料配制和计量设备

三元前驱体的配料分为盐溶液、碱溶液、氨水溶液的配制三个部分。

2.4.2.1　硫酸盐计量设备

在混合硫酸盐溶液进行配制之前，首先需要根据配制的盐溶液浓度和体积对所需的硫酸镍、硫酸钴、硫酸锰进行计量。三元前驱体采用的硫酸盐的形式有固态和液态两类。行业内各企业会根据硫酸盐的形式、特性的不同而采用不同的计量设备。

1）固态硫酸盐的计量设备

固态的硫酸镍、硫酸钴、硫酸锰都属于结晶水化合物，结晶水化合物具有易风化的特性，其中 $NiSO_4 \cdot 7H_2O$ 和 $CoSO_4 \cdot 7H_2O$ 最容易风化，$NiSO_4 \cdot 6H_2O$ 风化速率较慢。风化后的表现就是物料结块。市面上销售的硫酸镍以 $NiSO_4 \cdot 6H_2O$ 为主，含有少量 $NiSO_4 \cdot 7H_2O$ 的混合晶体，所以硫酸镍通常在储存较长时间后才有结块现象。市面上销售的硫酸钴基本为 $CoSO_4 \cdot 7H_2O$，因此硫酸钴多容易发生板结现象。这种板结的硫酸钴非常坚硬，不易破开，会给硫酸钴称量、投料带来极大不便。例如结块的硫酸钴容易堵塞投料口，投入罐体溶解时易损坏搅拌器，因此硫酸钴在计量、配制前，需要对硫酸钴进行破碎。硫酸镍、硫酸锰都有吨袋规格的产品在市面上销售，而硫酸钴鲜有吨袋规格产品，大部分为 25 kg/包的规格。行业内常常采用吨袋挤压机（图 2-13）对硫酸钴进行挤压破碎，但这种挤压不能将硫酸钴硬块完全破碎，只能将大块破碎成小块。

固体硫酸盐的计量通常采用电子衡器，如地磅、电子秤等。对于硫酸镍、硫酸钴、硫酸锰的计量精度要求一般控制在不低于 5% 即可，这和硫酸镍、硫酸钴、硫酸锰中主金属的利用率较低有关。市面上销售的硫酸镍中 Ni 的质量分数在 22% 左右，硫酸钴中 Co 的质量分数在 20% 左右，硫酸锰中 Mn 的质量分数在 32% 左右。假设对硫酸盐的计量精度控制在 5‰，实际上对 Ni、Co、Mn 三种元素的计量精度均不应低于 2‰。

在三元前驱体大规模生产环境下，固体硫酸盐的自动计量也是各企业追求的目标。因为规模化生产时，配料工作也相当繁重。例如一个 20 t/d 的中等规模三元前驱体生产工厂，以 NCM523 计，每天约需硫酸镍 30 t、硫酸钴 13 t、硫酸锰 11 t。但是硫酸镍、硫酸钴风化、结块现象是自动计量设计的一道难题。自动计量为保证物料称量的准确性，由粗给料和细给料两部分计量构成。细给料管道比较细小，结块的硫酸镍和硫酸钴易造成管路堵塞、给料不畅。因此，行业内多采用人工计量，机械或人工拆包方式投料，如图 2-14 所示。

1—设备主体；2—左压盘；3—右压盘；4—换向盘；5—左液压缸；6—右液压缸。

图 2-13　吨袋挤压机结构图

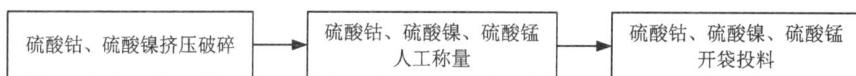

图 2-14　固体硫酸盐配料计算流程图

2）液态硫酸盐的计量设备

制备硫酸镍、硫酸钴、硫酸锰的原材料种类较多，采用的原材料品质参差不齐，而且制备过程需采用有机萃取剂。液态硫酸盐是固体硫酸盐蒸发浓缩结晶前的中间产品，因此液态硫酸盐具备两大特性：一是杂质较多，尤其残留有有机杂质；二是硫酸盐中的金属浓度含量批次不稳定。由于行业内并没有对液态硫酸盐的品质形成标准或规范，为了保证盐溶液配制浓度的准确性和减少盐溶液中的有机杂质，在对液态硫酸盐计量之前，需对液态硫酸盐进行除油、混合处理。其工艺流程简图如图 2-15 所示。

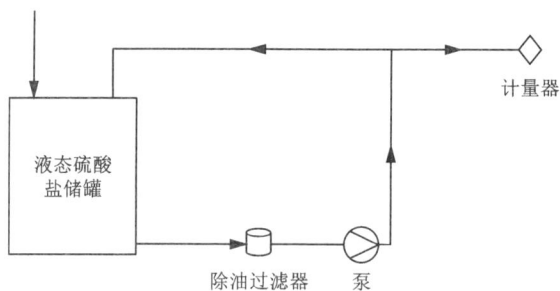

图 2-15　液态硫酸盐计量工艺流程简图

从图 2-15 可以看出，当外购的液态硫酸盐灌入储罐后，开启泵让储罐内的液态硫酸盐不断通过除油过滤器进行除油，同时让罐内液体不断循环回流，让罐内剩余的硫酸盐溶液与新购入的硫酸盐溶液混合均匀，以减小液态硫酸盐批次浓度不稳定的影响。

（1）液态硫酸盐储罐

①储罐罐体的组成：液态硫酸盐储罐用于存储液态硫酸盐，常设计成立式、圆筒形结构。它由顶盖、筒体和罐底组成。顶盖需设有进液口、呼吸阀、人孔；罐底有排放口、取样口；罐

体配备液位计。当罐体容积较大时，还需配备护栏、爬梯。罐体上各附件的作用见表2-14。

表2-14 液态硫酸盐储罐罐体附件的作用

附件名称	作用
进液口	储存介质罐体入口
呼吸阀	保持罐体压力恒定
人孔	人进入罐体内进行维修或清理的入口
排放口	罐内液体的排出口，常设置排污、排液两个排放口
取样口	罐内液体少量分析取样出口
液位计	指示罐内液体的剩余量
护栏、爬梯	用于罐体的维修

②储罐罐体的材质与结构：储罐罐体的材质常采用不锈钢和PPH。为了保证罐内的液体能够抽排干净，且液体硫酸盐储罐要经常开泵循环混合，罐体内应尽量避免出现死角，因此采用不锈钢储罐时，其罐底多制作成圆弧底形式（图2-16）。PPH罐若做成圆弧罐底，易造成底部压力过高而具有罐底开裂的风险，因此其罐底应制作成斜底形式。

相较于不锈钢储罐，PPH储罐具有成本低廉、无磁性异物杂质产生等优点，但它的结构强度、使用寿命不如不锈钢，且罐体易破裂。因此，PPH液态硫酸盐储罐（包括后面提及的其他PPH材质的罐体）应选择高品质的PPH储罐。PPH储罐的品质及寿命常和原料、加工工艺和使用条件等因素有关。

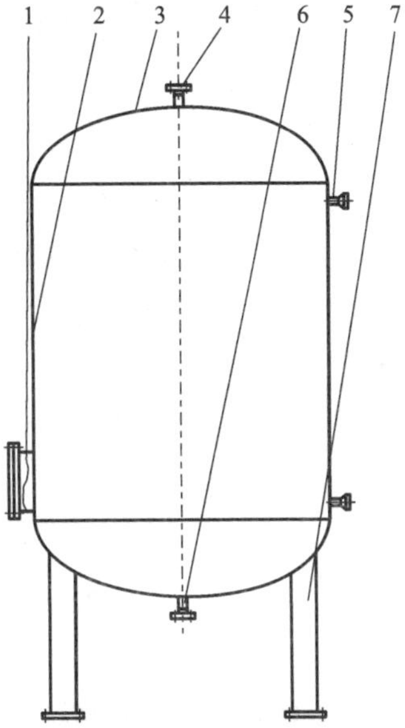

（2）液态硫酸盐的计量

液态硫酸盐的计量采用流量式计量方式。液体流量计量的传感器种类较多，例如质量流量计、涡街流量计、电磁流量计等。计量液态硫酸盐应优选质量流量计。质量流量计直接测量介质的质量流量，精度可达1‰，同时质量流量计还可检测出介质的密度和温度。液态硫酸盐浓度、密度不稳定，且温度变化会引起溶液体积的变化，因此对液体硫酸盐采用质量流量计量比体积流量计量更准确。

（3）湿法自动计量系统

当质量流量计配接PLC或DCS时，就可以实现盐溶液的自动化配料。由于采用溶液计量，也称为湿法自动计量系统，故用户在系统中输入要配制的混合盐溶液的Ni、Co、Mn的比例、配制浓度及体积，系统将通过逻辑、控制程序自动计算出所需的各硫酸盐及纯水的质量（图2-17），再通过自动控制阀门及流量计将三种硫酸盐和纯水打入盐溶液配制罐中。其配

1—人孔；2—罐体；3—上封头；4—进液口；
5—液位计口；6—出料口；7—支腿。

图2-16 不锈钢储罐结构

制精度可达 2‰。它非常适合应用于大规模、多品种的三元前驱体生产，可以在保证配料精度的前提下，大幅提高生产效率和减少劳动力操作，行业内一些大规模生产企业已经将这套系统应用于生产。

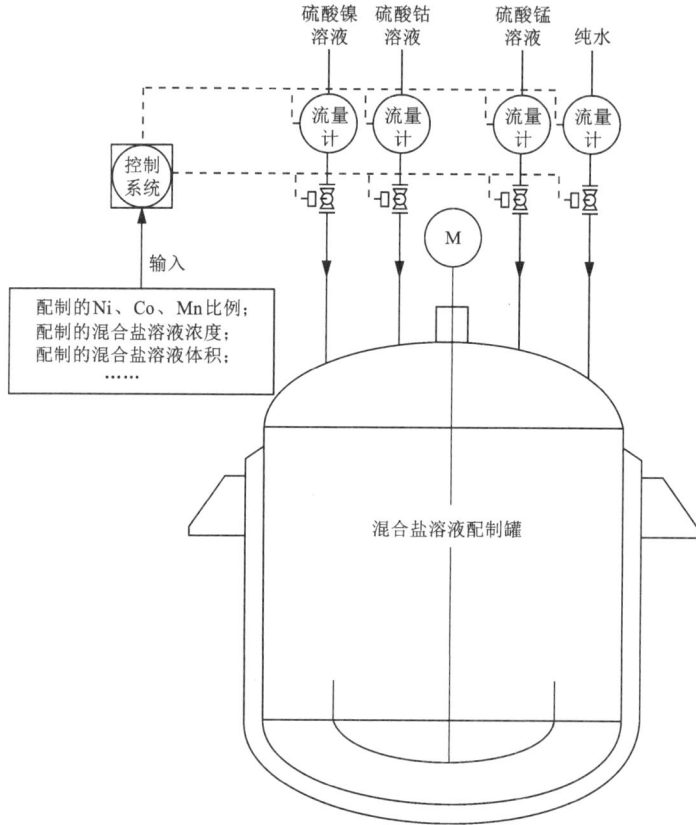

图 2-17　湿法自动计量系统控制原理简图

固体硫酸盐也可应用此系统，不过要预先将镍、钴、锰硫酸盐分别配制成相应溶液，如图 2-18 所示。

3）混合盐溶液配制设备

盐溶液的配制是指将计量好的镍、钴、锰硫酸盐和纯水投入配制罐中，通过搅拌混合、溶解得到一定浓度的混合盐溶液，再将盐溶液除杂净化、存储以待反应的过程。其工艺流程如图 2-19 所示。

液态硫酸盐和纯水通过管道输送投料，但固体硫酸盐需要采用机械化的手段来吊送至混合盐溶液配制罐的投料口上方或附近，然后再开袋投料。行业内常用的固体硫酸盐的吊送设备有行车、电动葫芦。行车属于大型起重设备，作业距离较大，可以完成整个车间的吊装任务，在设备安装、维修时十分便利。但它的投资较大，在高空使用过程中因滑轨的摩擦、滑轮与钢索的摩擦、行车部件的锈蚀等有让车间内的磁性异物增加的风险，因此选用行车作为三元前驱体车间的吊装设备应做好防磁、防锈工作。电动葫芦属于小型起重设备，"专职"进行固体硫酸盐的吊送工作，投资较小，它常常配有轨道小车来扩大其作业距离。

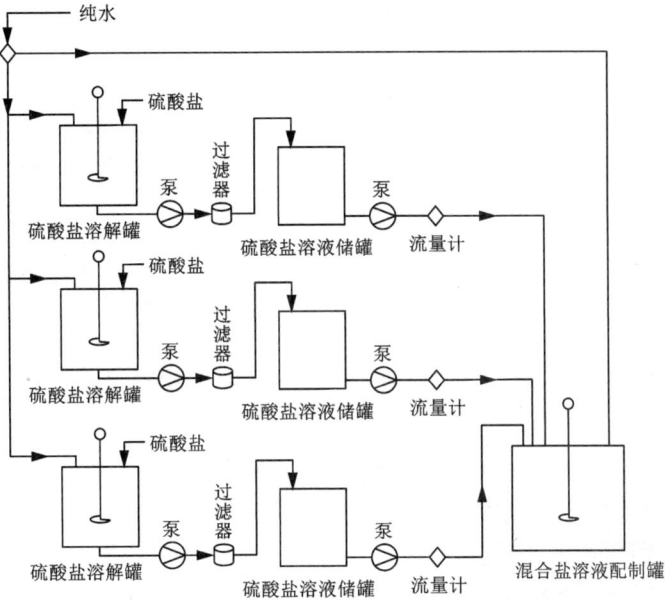

图 2-18 固体硫酸盐湿法自动计量系统工艺简图

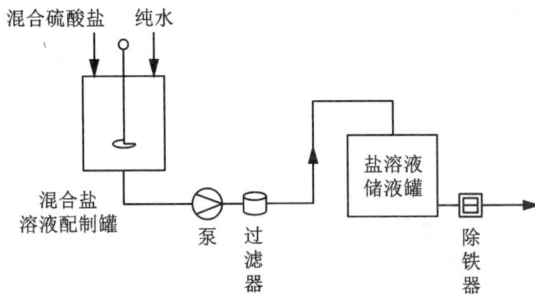

图 2-19 混合盐溶液配制工艺流程简图

硫酸盐的开袋方式常用人工开袋和机械开袋。如果硫酸盐是吨袋规格,开袋数量较少,人工开袋的工作强度不大。但如果硫酸盐为 25 kg/包的规格,尤其是配制量较大时,应考虑机械开袋方式。机械开袋设备为拆包机。在开袋过程中,硫酸锰易产生粉尘,还需配备收尘装置。

2.4.1.2 碱、氨水溶液计量设备

在行业中,三元前驱体生产所需的碱溶液原料几乎都采用液碱,氨水溶液采用外购和自身废水设备回收的稀氨水溶液。由于两者的原料形式都很单一,因此碱、氨水溶液两者的计量工艺和设备较为简单和相似,如图 2-20 所示。

1)液碱、氨水的计量设备

液碱、氨水以及盐、碱、氨水溶液配制所需纯水的计量为间歇式操作,即每次需一次性定量输入一定数量的液体,三者的计量设备常为液体化工定量计量控制仪。它由控制仪表、发讯装置、流量传感器构成。其结构原理图如图 2-21 所示。

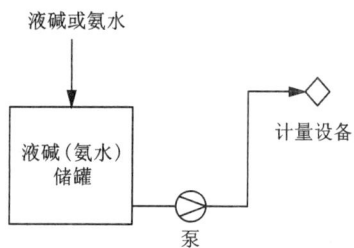

图 2-20　液碱/氨水计量工艺流程简图

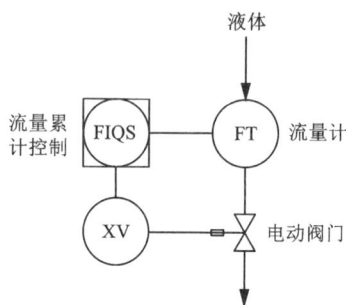

图 2-21　液体化工定量计量控制仪结构原理图

当操作者在控制仪上预设液体需要的数量(质量或体积)时，控制仪自动开启阀门开始液体输送，同时流量计上的发讯装置将实时的流量信号传到控制仪。当流量累计达到预设的数量时，控制仪自动关闭阀门，完成定量输入。液体化工定量计量控制仪的计量精度一般取决于流量传感器的类型，一般有容积式流量计和质量式流量计两种。质量式流量计精度高，可达 1‰，但是价格高；容积式流量计价格低，精度可达 5‰。一般来说，采用的液碱、氨水、纯水的密度相对比较稳定，容积式流量计也能满足工艺要求。

2)碱溶液、氨水溶液配制设备

碱溶液、氨水溶液的配制是将计量好的液碱或氨水与纯水投入配制罐中，通过搅拌、混合的方式得到一定浓度的碱溶液或氨水溶液，同时再对碱溶液或氨水溶液进行除杂净化、存储的过程。其工艺流程如图 2-22 所示。

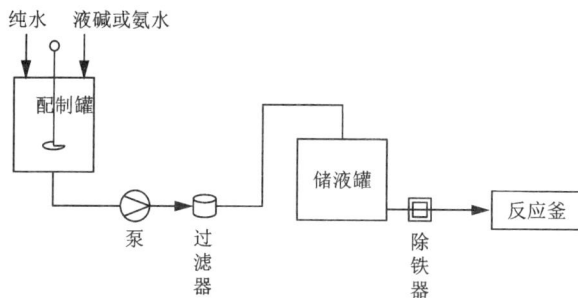

图 2-22　碱溶液、氨水溶液配制工艺流程简图

2.4.3　实训室配料操作

企业用自动化设备实现了大规模生产，而实训室的小型实验以手动操作为主。本小节以配制一定浓度的硫酸镍、硫酸钴、硫酸锰混合溶液、氢氧化钠溶液、硫酸铵溶液为例，学习实训室中生产三元前驱体的原料准备工作，再以 2.4.1 小节中的案例 1 为例展开介绍。

在 2.4.1.1 小节中，已经计算得到案例 1 中需要的金属盐晶体为六水硫酸镍 21.70 g，七水硫酸钴 23.18 g，一水硫酸锰 13.94 g，配制的溶液体积为 250 mL。实训前需要准备的试剂为电池级六水硫酸镍、七水硫酸钴、一水硫酸锰晶体，电池级纯水。

需要用到的仪器设备有分析天平、250 mL 烧杯 2 个、250 mL 容量瓶 1 个、玻璃棒、称量舟 3 个、滤纸条若干、φ70 mm 滤纸、80 mm 布氏漏斗 1 个、500 mL 抽滤瓶 1 个、抽滤橡皮塞 1 个、1 L 弯嘴壶 1 个、循环水泵 1 台，还有油性签字笔 1 支、标签纸。操作全程应佩戴实验手套和口罩。

(1)设备检查

设备检查需要完成的工作包含试剂的清点、仪器设备数量及规格的清点与核对、容量瓶的检漏、玻璃仪器的清洁度检查，电子分析天平的开机和预热。

容量瓶的检漏操作：将容量瓶装水，盖紧盖子，手扶瓶塞倒转 180°，用滤纸擦拭瓶口，如滤纸干燥，平放容量瓶 1 min，再次倒转 180°，用滤纸擦拭瓶口，若滤纸干燥，则容量瓶密封性好，可以使用。检漏后，用纯水清洗容量瓶，确保容量瓶湿润，不挂水珠。

如玻璃仪器(如烧杯等)不洁净，需要清洁后使用。检查工作完成后，才可开始实训操作。

(2)晶体称量

以六水硫酸镍晶体的称量为例，目标质量为 21.70 g，取一个洁净的称量舟，放入分析天平，合上天平的玻璃门后清零读数，称量结束前，称量舟不可再拿出。称量过程采用增量法，用药勺取六水硫酸镍晶体放入称量舟，前期加料速度可以稍快，待快接近目标质量时，要少量取料，缓慢加入，一旦取料超量，试剂不得放回试剂瓶，需放入废料烧杯，待实训结束回收处理。分析天平要求关门读数。称量全程需谨慎操作，不得将试剂撒出。称量完成后，将晶体转移到溶解用烧杯(250 mL)，注意称量舟中不得遗留试剂。称量下一种晶体时，需更换新的称量舟，并用无尘纸擦拭药勺或更换干净的药勺，操作过程相同。称量过程结束如图 2-23 所示。

图 2-23 晶体称量

(3)晶体溶解和定容

烧杯中的三种金属盐混合物需使用纯水溶解。用洗瓶将纯水加入装有混合金属盐晶体的烧杯中，初次加水建议加入 150 mL，使用玻璃棒搅拌直到所有的金属盐晶体全部溶解。此时硫酸钴、硫酸锰和硫酸镍混合盐溶液清澈，通常呈黑色；如果准备制备高镍前驱体，则溶液的颜色偏绿色。将溶解完全的混合金属盐溶液用玻璃棒引流入洁净的 250 mL 容量瓶。玻璃棒从瓶嘴伸入，尖端抵住容量瓶的颈部，上端不能碰触容量瓶的瓶口。此过程不能将溶液撒出。第一次引流结束，提起玻璃棒且直放入烧杯，用洗瓶对玻璃棒以及烧杯内壁进行吹洗，洗水引流入容量瓶，清洗的动作重复 3 次。

引流结束后，用洗瓶向容量瓶中加入纯水，加至容量瓶 3/4 容积时，盖上容量瓶玻璃塞上下翻转，溶液混匀后，打开玻璃塞继续加入纯水，距离容量瓶刻度线 1 cm 处停止，改用胶头滴管继续加纯水定容。定容结束的标志为平视刻度线，溶液的凹液面与刻度线相切，如图 2-24 所示。

定容结束，手按玻璃塞将溶液进行上下颠倒，此动作需重复 10~20 次，直至溶液完全均匀。静置容量瓶 1 min，打开玻璃塞，使溶液流下，再次合上玻璃塞，最后倒转一次，溶液配置结束。

（4）抽滤

配制好的溶液需要过滤不溶物，才能满足三元前驱体制备需求。使用的设备为循环水泵、ϕ70 mm 滤纸、80 mm 布氏漏斗、500 mL 抽滤瓶、抽滤橡皮塞。如图 2-25 所示，操作前将布氏漏斗、抽滤瓶、抽滤橡皮塞组合好，放入滤纸，连接循环水泵的软管，注意抽滤嘴要对准布氏漏斗的斜口。打开循环水泵，用玻璃棒引流溶液，将滤纸从中心向四周逐渐浸湿，以排空滤纸和布氏漏斗间的空气，提高抽滤效率。抽滤结束的标志为布氏漏斗中没有残留液体，出水斜口没有液体滴下。将抽滤后的溶液转移入干净的烧杯，贴好标签备用。清理实训现场，按照 5S 要求整理实训器材。

图 2-24　定容结束画面

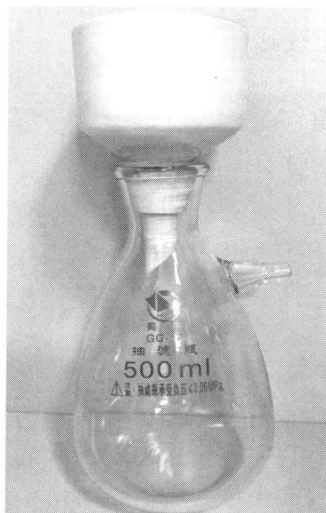

图 2-25　抽滤装置

沉淀剂氢氧化钠溶液和络合剂硫酸铵溶液的配制操作同上。

随堂练习

一、单选题

计划共沉淀法生产 NCM811 的前驱体，则配制的混合盐溶液中，镍、钴和锰的离子浓度比应该为多少？（　　）

A.1∶1∶1　　　　B.5∶2∶3　　　　C.6∶2∶2　　　　D.8∶1∶1

二、多选题

1.为什么盐溶液配好以后一定要过滤和除油？（　　）
A.硫酸盐生产过程中可能会残留有机杂质
B.硫酸盐固体中会有杂质

C. 生产三元前驱体的原料要求很高

D. 不需要过滤

2. 三元前驱体生产的硫酸盐计量设备包括哪些？（　　　　）

A. 固体硫酸盐计量设备　　　　　　　B. 液体硫酸盐计量设备

C. 搅拌设备　　　　　　　　　　　　D. 湿法自动计量系统

三、填空题

1. 要生产 NCM424 的前驱体，需要配制金属盐溶液作为原料，现要求配制的金属盐溶液浓度为 1 mol/L，体积为 250 mL，则需要的六水硫酸镍为_____g，七水硫酸钴_____g，一水硫酸锰_____g。

2. 要生产 NCM523 的前驱体，需要配制氢氧化钠溶液作为原料，现要求配制的氢氧化钠溶液浓度为 2 mol/L，体积为 250 mL，则需要的氢氧化钠晶体为_____g。

3. 要生产 NCM622 的前驱体，需要配制硫酸铵溶液作为络合剂，现要求配制的硫酸铵溶液浓度为 2 mol/L，体积为 250 mL，则需要的硫酸铵晶体为_____g。

四、判断题

1. 三元前驱体配料过程中需要有除铁工序。（　　　　）

2. 三元前驱体生产设备中，氨水和碱的计量配料设备是类似的。（　　　　）

任务五：三元前驱体生产——湿法合成工序（中控岗位）

📝 学习目标

【素质目标】

1. 树立终身学习意识，而理论学习是后续发展的强劲动力；

2. 树立理论联系实际的意识，对产品的产出状态既要知其然，也要知其所以然；

3. 深执推陈出新理念，不断总结现有工艺运行状况，为工艺改进积累经验。

【能力目标】

1. 能辨别三元前驱体颗粒中的一次颗粒和二次颗粒；

2. 能根据产品规格选择合适的三元前驱体结晶方式；

3. 能绘制反应釜的结构简图、详述三元前驱体生产用反应釜的基本结构。

【知识目标】

1. 理解前驱体形成过程中一次颗粒和二次颗粒的形成过程；

2. 掌握不同规格的前驱体产品适合的结晶方式；

3. 掌握反应釜的基本结构组成。

扫码查看资源

2.5.1 三元前驱体颗粒形成过程

在制备不同类型的三元正极材料时，往往需要采用不同粒度分布的三元前驱体。制备压实密度较大的二次颗粒三元正极材料时，需采用粒度分布较宽的大粒径三元前驱体；制备单晶型的三元正极材料时，需采用粒度分布较窄的小粒径三元前驱体；制备动力型的二次颗粒三元正极材料时，往往希望各颗粒的性质较为均一，则需采用粒度分布较窄的大粒径三元前驱体。因此，在三元前驱体制备过程中获得期望粒径及粒度分布的产品至关重要。几种典型三元前驱体产品的粒径及粒度分布见表2-15。

表2-15　三元前驱体产品的典型粒度数据

三元前驱体类型	$D_{10}/\mu m$	$D_{50}/\mu m$	$D_{90}/\mu m$	$D_{min}/\mu m$	$D_{max}/\mu m$
宽分布大粒径前驱体	6.0	12.0	18.0	2.0	33.0
窄分布大粒径前驱体	9.0	12.0	16.0	4.0	23.0
窄分布小粒径前驱体	2.8	4.0	5.0	1.6	8.0

　　三元前驱体的制备是一种结晶操作，故三元前驱体属于晶体颗粒。晶体颗粒由晶体成核、长大而成，但三元前驱体的沉淀速率较快，其晶体通常比较细小，为微、纳米级别，这些微细晶粒由于比表面较大而无法单独存在，会自发地聚结在一起形成二次颗粒，所以三元前驱体属于二次晶体颗粒，它的粒径大小和粒度分布由这些二次颗粒的大小和百分含量来表征。

　　二次颗粒的粒径及粒度分布和晶体的成核速率、生长速率、聚结速率有关。当搅拌强度一定时，晶体的成核速率与过饱和度以及固含量有关；晶体的生长速率和聚结速率也与过饱和度相关。

　　当过饱和度很高时，成核速率对过饱和度最敏感，成核速率较大，会新生成很多晶核。这时由于晶体成核消耗了过多的过饱和度，溶液的过饱和度减小，生长速率就会变小，生成的一次晶体就会变得细小，晶体表面的界面过饱和度较高，因此晶体的聚结速率就会增大。由于新生成的一次晶体数目较多，这些一次晶体不仅会在反应釜内原有的二次颗粒上聚结，使晶体的粒径变大，同时也会新聚结出许多粒径较小的二次颗粒（图2-26）。这些小粒径的二次颗粒不仅会拉低整体的粒径值，还会使粒度分布变宽。当过饱和度较为适中时，成核速率不是很高，新生成的晶核数量较少，晶体生长速率较大，生成的一次晶体较为粗大，新生成的大部分晶体在原有的二次颗粒上聚结长大，新聚结的二次颗粒生成数目较少，这样既保证了颗粒的生长，又保证了较窄的粒度分布。因此在三元前驱体的颗粒形成过程中，要保证达到要求的粒径及粒度分布，应避免成核速率过大，防止生成的晶核数目过多。

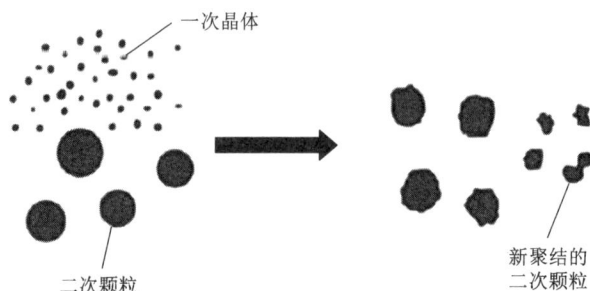

图2-26　三元前驱体的颗粒形成过程

综上所述，在进行三元前驱体的结晶操作时，要获得理想粒径及粒度分布的产品，应充分考虑晶核的生成数目和晶体的停留时间的影响。通常，三元前驱体的结晶操作流程可分为如下几步：①向反应釜内注入一定量的纯水作为反应底水，并加热到指定温度；②向反应釜内注入一定浓度的氨碱混合液，开启搅拌，再向反应釜内输入盐、碱、氨水溶液；③在反应过程中进行反应釜内浆料粒径及粒度分布、振实密度等过程检验。如果粒径及粒度分布、振实密度达到要求，则可作为产品排出，否则需继续反应，如图 2-27 所示。

在三元前驱体的工业结晶操作时，根据其产品产出方式的不同，可分为连续法、间歇法、半连续半间歇法三种，三种方式在结晶操作、结晶控制、产能及产品方面各有特点。

图 2-27　三元前驱体结晶操作流程图

2.5.2　几种典型的三元前驱体的工业结晶方式

三元前驱体的产品规格较多，按产品中镍钴锰的成分差别，可分为镍 1~镍 9 系产品；按产品的平均粒径（D_{50}）大小，可分为 3 μm、4 μm、6 μm、8 μm、10 μm、12 μm、14 μm 等多种规格；按粒度分布，可分为宽分布、窄分布；按成分分布结构，还可分为常规、核壳、梯度等规格。这些规格纵横交错，得到的产品规格多达几十种，如图 2-28 所示。

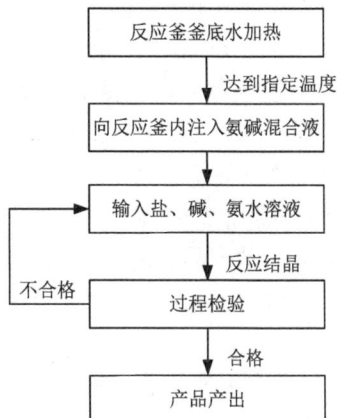

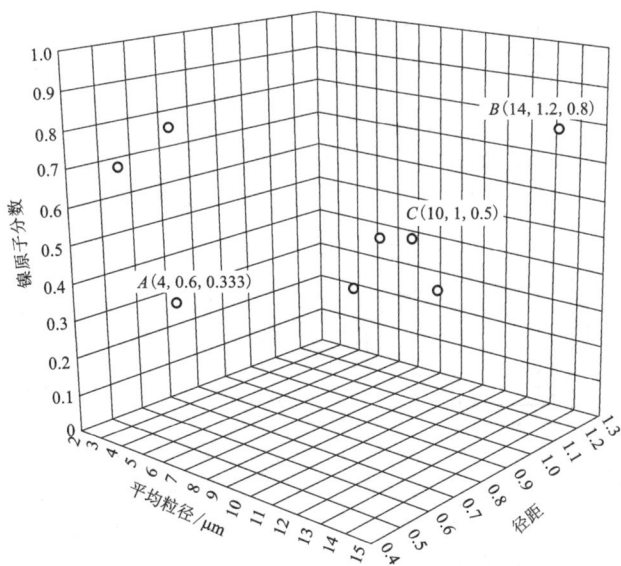

图中坐标代表的含义

坐标序号	平均粒径/μm	径距	镍原子分数	产品类型
A	4	0.6	0.333	小粒径、窄分布低镍系三元前驱体
B	10	1	0.5	大粒径、宽分布中镍系三元前驱体
C	14	1.2	0.8	大粒径、宽分布高镍系三元前驱体

图 2-28　三元前驱体产品结构三维图

在三元前驱体产品生产之前，通常要根据图2-28确定产品规格，才能决定采用何种结晶操作工艺。产品的组成成分决定了盐溶液的配制比例以及氨水浓度。例如王伟东等对不同组分三元前驱体的适宜氨水浓度做了总结，发现随着镍含量的升高，其采用的氨水浓度越来越高，详见本项目2.6.1.3小节。产品的平均粒径和径距则和晶核生成数目、晶体颗粒的停留时间有关，而这些因素又与结晶操作方式是分不开的。在进行大规模三元前驱体工业生产前，还要从生产线投资、生产效率、控制方式等几方面考虑如何在较低的投资下高效地生产出符合要求的产品。所以三元前驱体的工业结晶操作方式不仅要考虑产品的规格要求，还要考虑生产线投资与产能要求。下面介绍行业中几种典型的三元前驱体的工业结晶操作方式及特点。

2.5.2.1 多级连续溢流法

多级连续溢流法是三元前驱体行业中最早的一种生产方式，它的生产流程是将盐、碱、氨水溶液并流至反应釜内进行结晶反应，当反应釜液位满后，浆料从溢流口流出，如果溢流出的浆料合格，则可直接作为合格产品输入储料罐；若不合格，则可通过中转罐流入其他反应釜，继续反应。其生产流程如图2-29所示。

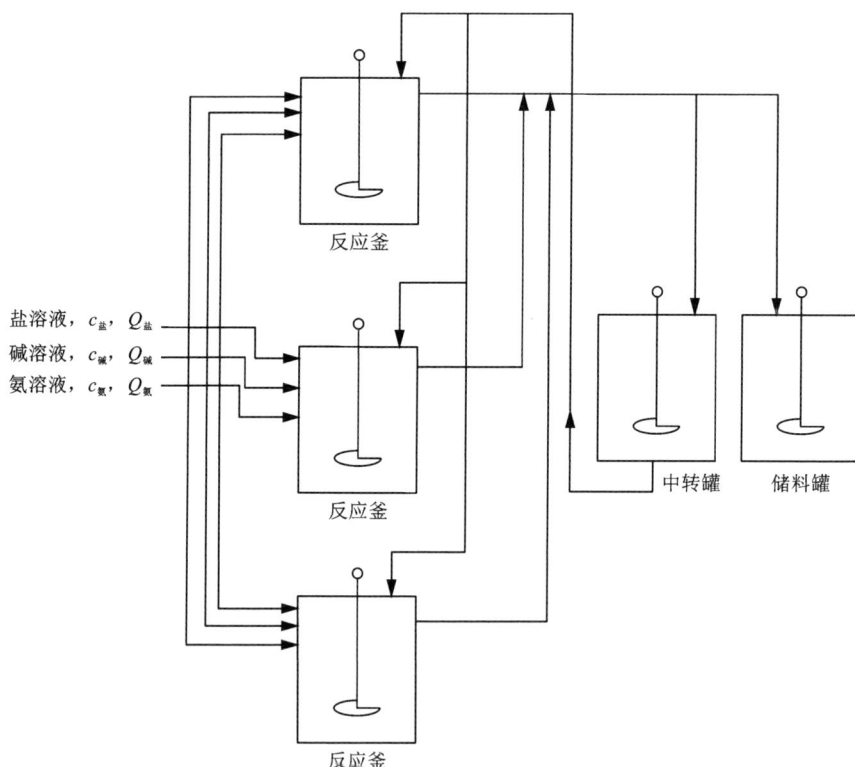

图 2-29 多级连续溢流法结晶操作流程简图

从图2-29可以看出，多级连续溢流法不仅可以单台反应釜连续生产，还可将多台连续反应釜串接在一起进行多级结晶操作。通常，由3~6个连续反应釜组成一组独立生产线。这种多级连续结晶操作模式不仅可以增加产能，同时还具备处理生产过程中产生的不合格浆料的缓冲能力。多级连续溢流法生产线设备简单，仅由反应釜、中转罐、储料罐构成，因此它的投资较少。由于采用连续法的结晶操作，操作过程中固含量为稳定状态，因此多级连续溢流法反应控制简单且生产效率较高，尤其适用于粒度分布较宽的大颗粒三元前驱体的生产。

多级连续溢流法生产过程中反应釜的固含量完全取决于配制的盐、碱溶液浓度，因此固含量较低，通常在 100 g/L 左右。有的厂家为了提高产能，还会给每台反应釜配置一台清母液溢流的装置，如沉降槽。提固后，其固含量不超过 200 g/L，且要保持固含量的稳定，以便于操作过程中稳定控制。

2.5.2.2　单釜间歇法

单釜间歇法以单台反应釜为独立系统，每台反应釜配置一台提固器。它的生产流程是将盐、碱、氨水溶液并流至反应釜进行反应，当反应釜液位满后，浆料流入提固器进行浓缩，浓缩后的浓浆返回至反应釜继续反应，母液则排出釜外。当粒径及振实密度合格后一次从釜内卸出，清洗反应釜，再重复进行下一批操作。其生产流程如图 2-30 所示。

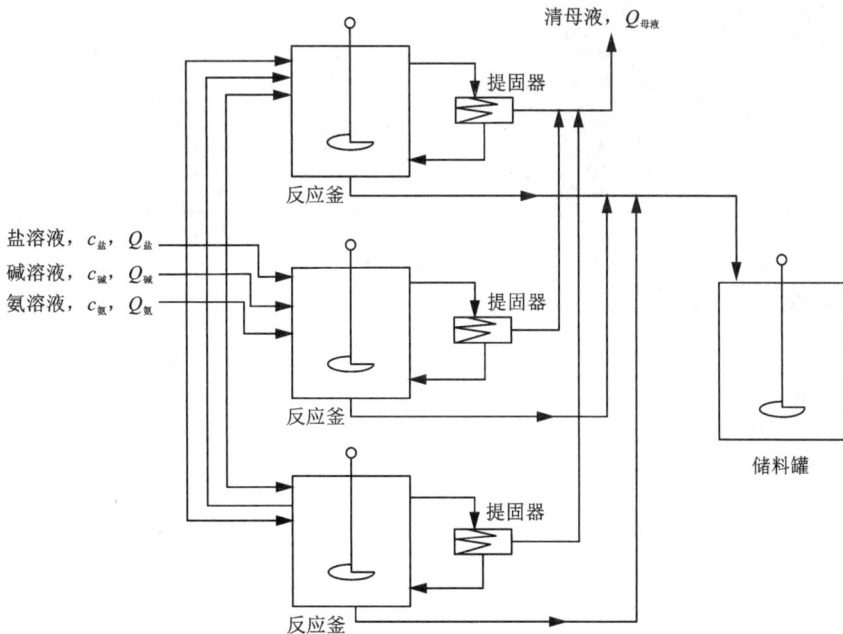

图 2-30　单釜间歇法流程简图

从图 2-30 可以看出，单釜间歇法生产线的每台反应釜都是独立的，因此可同时生产多种规格的产品。单釜间歇法生产线由反应釜、提固器、储料罐构成。提固器为反应过程的浆料提浓装置，间歇法通常要求固含量为 500~800 g/L，因此对提固器的固液分离能力要求较高，否则易造成提固器的堵塞。一台高效提固器的价格比反应釜还高，因此它的生产线投资较大，反应釜的投资一般为连续法的 2 倍以上。

单釜间歇法采用间歇法的结晶操作，操作过程中固含量逐渐升高，且有限定的结晶停留时间，其结晶控制比多级连续溢流法复杂。每批产品都要从底水加热开始至产品卸出、反应釜清洗结束。如果提固器堵塞，还需停车维修，这将使每批次产品的处理周期变长，再加上原料液流量较小，所以它的生产效率低下，其产能通常仅为多级连续溢流法的50%左右，但它适合生产粒度分布较窄、颗粒大小均匀的产品。

虽然单釜间歇法的生产效率低下，但有些特殊的三元前驱体产品（如核壳前驱体、梯度前驱体）无法采用多级连续溢流法完成，故必须采用单釜间歇法制备。核壳前驱体是指前驱体颗粒由两层不同组分的前驱体构成，其中靠里一层称为内核，通常为高镍组分，靠外一层称为外壳，通常为低镍组分，两层组分的镍、钴、锰的平均含量为该前驱体的实际组分，如图2-31所示。梯度前驱体是晶体颗粒从球体中心到沿半径方向上的镍、钴、锰的组分浓度呈梯度变化。通常，从球心到沿半径方向上，镍组分浓度逐渐降低，钴或锰组分浓度逐渐增加，整体颗粒的镍、钴、锰的平均组分为该前驱体的实际组分，如图2-32所示。为了保证制备出的前驱体中镍、钴、锰的组分与设计不发生偏离，需要采用单釜间歇法制备。

图2-31　核壳前驱体

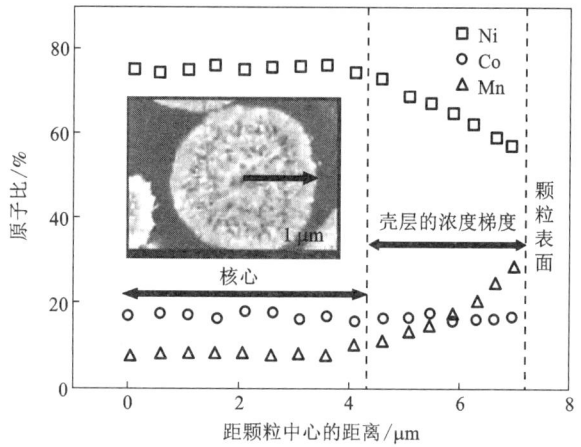

图2-32　梯度前驱体

核壳前驱体的制备流程如图2-33所示。流程图所示为两种不同浓度的镍、钴、锰混合盐溶液的配制，其中盐溶液1为高镍组分，盐溶液2为低镍组分，盐溶液1与盐溶液2中镍、钴、锰的平均含量为该核壳前驱体的实际组分。将盐溶液1、碱溶液、氨水溶液以一定流速输入反应釜，结晶出高镍组分的二次晶体颗粒，在此期间反应釜液位满后，通过提固器将母

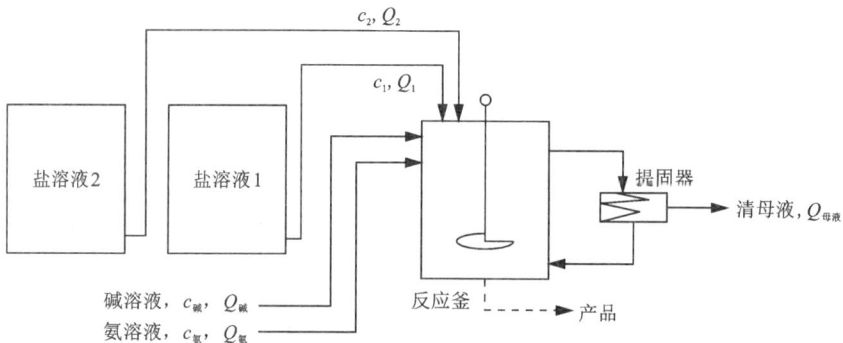

图2-33　核壳前驱体制备流程

液排出。当盐溶液 1 反应完后，继续向反应釜内输入盐溶液 2 结晶，控制成核速率，让低镍组分形成的一次晶体只在原有的高镍二次颗粒表面聚结长大。同样，待反应釜液位满后，只排出母液。当盐溶液 2 反应完毕，即得到核壳前驱体。

梯度前驱体的制备流程如图 2-34 所示。流程图所示为两种不同浓度的镍、钴、锰混合盐溶液的配制，其中盐溶液 1 为高镍组分，盐溶液 2 为低镍组分，盐溶液 1 与盐溶液 2 中镍、钴、锰的平均含量为该梯度前驱体的实际组分。将盐溶液 1、碱溶液及氨水溶液以一定流速输入反应釜内结晶，与此同时，将盐溶液 2 以一定流速输入盐溶液 1 内，反应过程中如果反应釜液位满后，通过提固器只将母液排出。随着反应的进行，盐溶液 1 中的镍浓度逐渐降低，而钴或锰的浓度逐渐升高，控制反应釜内的成核速率，尽量控制无新的聚结颗粒出现，让新生成的晶体在原有的二次颗粒上聚结长大。当盐溶液 1 与盐溶液 2 反应完毕，得到的晶体颗粒即为镍、钴、锰的浓度为梯度变化的梯度前驱体。

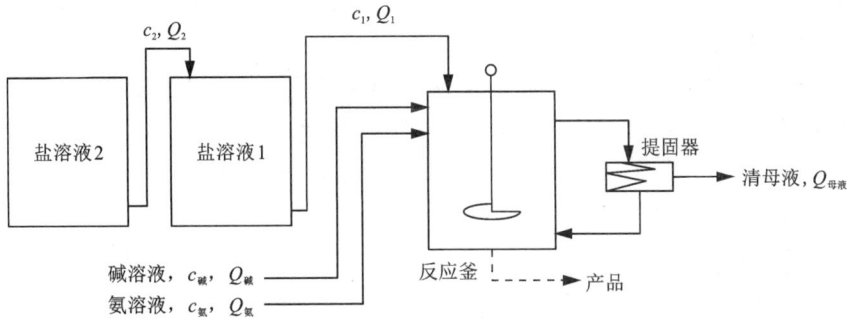

图 2-34 梯度前驱体制备流程

2.5.2.3 多级串接间歇法

单釜间歇法产能较小，在每批操作时，必须要在有限的时间内达到产品粒度要求，因此该方法较难控制，操作弹性小。多级串接间歇法是将多台间歇反应釜串接起来，当某台间歇反应釜达到规定的固含量限度，反应釜内浆料仍未达到要求时，可将其一分为二，分至另一台反应釜(俗称"分釜")，两台反应釜再继续反应；若还未达到要求，可将其再分釜，如将其二分为四，则只要釜的数量足够，可不断分釜下去。其生产操作流程如图 2-35 所示。

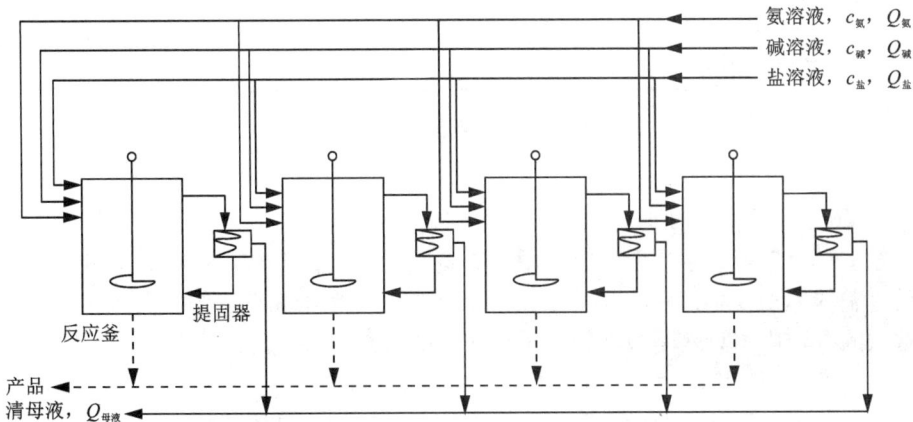

图 2-35 多级串接间歇法流程简图

从图 2-35 可以看出，多级串接间歇法的生产线配制几乎和单釜间歇法一样，只是单釜间歇法以单台反应釜为独立系统，而多级串接间歇法以多台间歇反应釜为系统。由于多级串接间歇法采用的是多级间歇操作，晶体颗粒在整个结晶过程中的停留时间得到很大提升。

每分釜一次，其晶体颗粒在釜内的停留时间均同时增加 0.5 倍，因此它特别适合需要停留时间较长且粒度分布较窄的产品的制备。例如需要通过增加停留时间来提高振实密度的小粒度(D_{50} 为 3~4 μm)、窄粒度分布三元前驱体，或者需要通过增加停留时间来增加颗粒粒径的大颗粒(D_{50} 为 12 μm 以上)、窄粒度分布前驱体。由于停留时间得到提升，故原料液的进液流量可以大大提高，从而增大产能。可见，对于同样的生产设备配置，改变结晶操作方式，可以大规模地提高生产效率。

相比于单釜，多级串接间歇法的分釜操作不仅延长了晶体颗粒的结晶时间，实际上还增加了产线"纠错"能力，对反应过程中产生的不合格产品具备较大处理能力，所以它的控制难度下降很多。由于各反应釜需要连通，故每条产线仅能同时做一种规格的产品。

2.5.2.4 母子釜半连续半间歇法

母子釜半连续半间歇法的独立产线通常由一台母反应釜和多台子反应釜构成。母反应釜通常为连续反应釜，子反应釜通常为间歇反应釜，母反应釜连续产生的浆料输至子反应釜继续反应结晶、长大，直至粒度合格再一次性卸出。其生产流程见图 2-36。

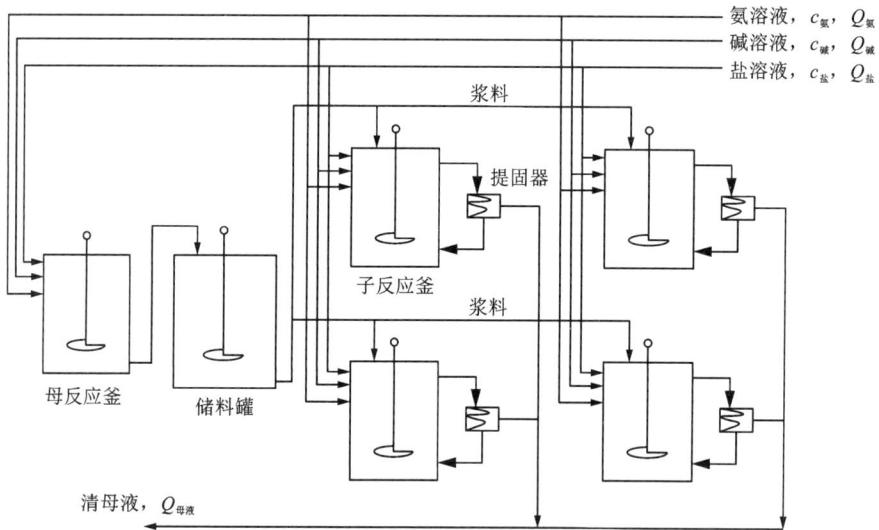

图 2-36　母子釜半连续半间歇法流程

从图 2-36 可以看出，母子釜半连续半间歇法生产线是在单釜间歇法的基础上，增加了一台小体积的母反应釜，通常母反应釜用于制备粒径较小的颗粒，以减少晶体颗粒的停留时间。母反应釜的体积较小，一般为 2~3 m^3，因此相比于单釜间歇法的投资成本，母子釜半连续半间歇法的投资成本只是略微增加。子反应釜的数量取决于母反应釜的造浆能力，一般为 4~8 台。

母子釜半连续半间歇法通过母反应釜的连续反应增加了晶体颗粒的停留时间，因此对后面子反应釜颗粒停留时间的要求较小，同时减少了子反应釜的开车时间，较大地提高了生产效率。母子釜半连续半间歇法的结晶控制包括母反应釜的连续法段控制和子反应釜的间歇法段控制两部分，母反应釜的连续法段为单变量控制，子反应釜的间歇法控制也由于母反应釜分担了一部分结晶停留时间，而使控制难度下降，因此母子釜半连续半间歇法的结晶控制难度较低。母子釜半连续半间歇法虽然有连续反应段，但晶体颗粒在连续段的停留时间较少，所以它生产出的产品具有粒度分布较窄的特点。

从上面介绍的几种结晶操作工艺来看，按母子釜半连续半间歇法工艺布置的产线具有涵盖多种结晶工艺操作的能力。所以三元前驱体生产线按母子釜半连续半间歇法工艺设计具有更多规格产品的容纳能力。

表 2-16 为几种工业结晶操作方式的比较。

表 2-16 几种工业结晶操作方式的比较

结晶操作方式	投资	结晶控制难度	生产效率	适合生产的产品
多级连续溢流法	小	低	高	大规模宽粒度分布、大颗粒产品
单釜间歇法	大	高	低	小规模窄粒度分布产品、核壳、梯度材料产品
多级串接间歇法	大	较低	较高	大规模窄粒度分布产品
母子釜半连续半间歇法	大	较低	较高	大规模窄粒度分布产品

2.5.3 合成设备(反应釜)

沉淀反应是三元前驱体生产的核心工段。它是指盐溶液、碱溶液、氨水溶液以一定的流速并流加入反应釜中，并在一定搅拌速度下控制反应温度和 pH，发生沉淀反应，并生成一定粒度分布的三元前驱体晶体颗粒浆料的过程。有时为了改变其反应结晶条件或结晶方式，会给反应釜配备固含量提浓装置，其工艺流程如图 2-37 所示。

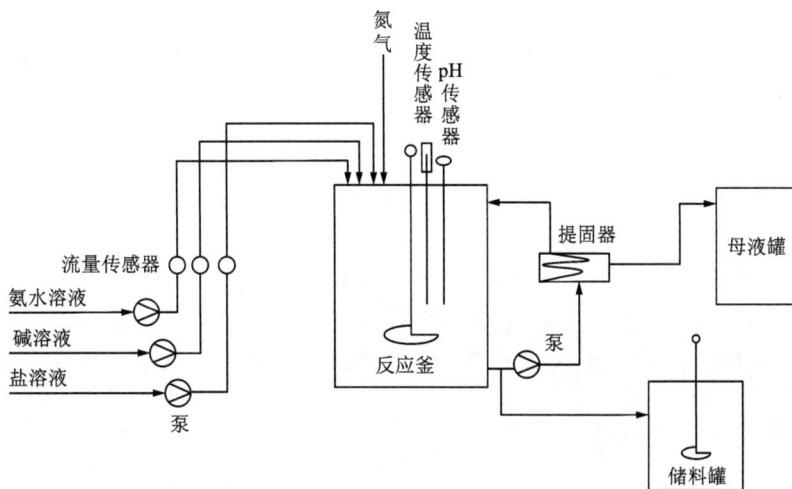

图 2-37 三元前驱体反应工艺流程简图

反应釜是用于三元前驱体反应结晶操作的装置。它和盐、碱溶液配制罐类似，属于搅拌罐的一种，多为立式、圆筒形结构，如图2-38所示。反应釜和盐、碱溶液配制罐有着一样的组成结构，也由罐体、搅拌系统、轴封三大部分构成。虽然反应釜为沉淀反应工序的核心设备，但它是一个非标设备，各厂家在其设计上的差异较大。

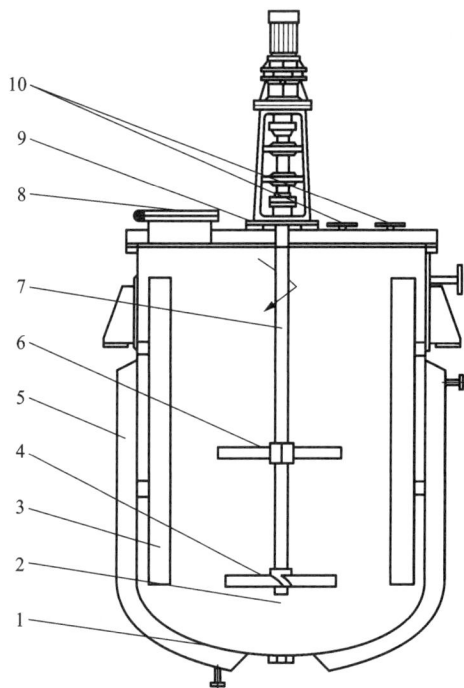

1—出料口；2—筒体；3—挡流板；4—下层搅拌器；5—夹套；
6—上层搅拌器；7—传动轴；8—人孔；9—减速机架；10—进料口。

图 2-38 反应釜罐体结构图

反应釜罐体最早为 PPH 材质，因其成本较低，且当时采用氯化盐为原料，不适宜采用不锈钢材料。在采用硫酸盐为原料后，对反应釜的搅拌强度要求提高，因此 PPH 罐体被淘汰，且逐步发展成为不锈钢 316 的罐体。不锈钢材质的反应釜因锈蚀或磨损而有产生磁性异物的风险，于是，市面上开始出现全钛材质的反应釜，但全钛反应釜的成本较高，其价格是不锈钢反应釜的 2~3 倍，所以现阶段反应釜主体材质以不锈钢为主，部分罐体配件（如进料管、挡板）采用钛材。

反应釜的罐体由顶盖、筒体、罐底及换热系统组成。顶盖上设有盐溶液进口、碱溶液进口、氨水溶液进口、氮气口、纯水口、pH 计测量口、温度测量口、浓浆返回口、人孔、排气口，筒体上部设有溢流口，罐底设有排放口。筒体内部设有挡板。反应釜各附件作用见表 2-17。

表 2-17　反应釜各附件作用

附件名称	作用
盐溶液进口	盐溶液注入釜内的入口，设置成管道伸入釜内
碱溶液进口	碱溶液注入釜内的入口，设置成管道伸入釜内
氨水溶液进口	氨水溶液注入釜内的入口，设置成管道伸入釜内
氮气口	氮气注入釜内的入口，设置成管道伸入罐底
纯水口	纯水注入釜内的入口
pH 计测量口	釜内 pH 计探头插入口
温度测量口	釜内温度探头插入口
浓浆返回口	提固器的浓缩浆料返回反应釜的入口，也有的将该口设计在筒体上
人孔	人进入釜内进行清理或维修的入口
排气口	釜内气体的排放口，以防止罐内压力过高，常配套单向阀
溢流口	釜内浆料液位满后浆料出口，常设置多个
排放口	釜内液体的排放出口，常设置排污、排液两个排放口
挡板	强化搅拌强度附件，在反应釜内均布，一般为 4~6 块

随堂练习

一、单选题

1. 以下结晶操作方式中，结晶控制难度最大的是哪种？（　　　）

A. 多级连续溢流法　　　　　　　　　　B. 单釜间歇法

C. 多级串接间歇法　　　　　　　　　　D. 母子釜半连续半间歇法

2. 目前的结晶操作方式中，生产效率最高的是哪种？（　　　）

A. 多级连续溢流法　　　　　　　　　　B. 单釜间歇法

C. 多级串接间歇法　　　　　　　　　　D. 母子釜半连续半间歇法

3. 从投资角度看，以下哪种结晶操作方式投资最小？（　　　）

A. 多级连续溢流法　　　　　　　　　　B. 单釜间歇法

C. 多级串接间歇法　　　　　　　　　　D. 母子釜半连续半间歇法

4. 三元前驱体生产的核心工段是(　　　)。

A. 干燥工序　　　　B. 洗涤工序　　　　C. 沉淀反应　　　　D. 原料准备工序

二、多选题

1. 三元前驱体为什么以二次颗粒的形式存在？（　　　）

A. 一次颗粒为微米、纳米级别，无法独立存在

B. 三元前驱体的沉淀速度快

C. 一次颗粒会自发地凝聚在一起，形成二次颗粒

D. 一次颗粒也可以单独存在

2. 以下哪些结晶方式可以生产窄粒度分布的三元前驱体产品？(　　　)

A. 多级连续溢流法   B. 单釜间歇法

C. 多级串接间歇法   D. 母子釜半连续半间歇法

3. 反应釜由(　　　)构成。

A. 罐体   B. 搅拌系统   C. 轴封   D. 支撑系统

4. 反应釜的三大系统为(　　　)。

A. 洗涤系统   B. 罐体   C. 搅拌系统   D. 轴封

三、判断题

1. 三元材料的氢氧化物前驱体属于二次颗粒。(　　　)

2. 三元前驱体的一次颗粒可以独立存在。(　　　)

3. 三元前驱体的合成反应是盐碱中和反应。(　　　)

4. 三元前驱体颗粒越小越好。(　　　)

5. 要生产动力型正极材料，选用粒度分布较窄、大粒径颗粒的三元前驱体为原料。(　　　)

6. 正极材料性能要求压实密度大，则需要选用粒度分布较宽的三元前驱体为生产原料。(　　　)

7. 反应釜的材质可以任意选择。(　　　)

8. 在三元前驱体合成过程中，pH 控制系统非常重要。(　　　)

任务六：三元前驱体生产——反应过程控制

✎ 学习目标

【素质目标】

1. 树立牢固的规则意识，工作过程中要守规矩，严格遵守岗位操作规范，切实按工艺要求操作；

2. 时刻绷紧安全红线，树立牢固的实训安全意识；

3. 树立精益求精的大国工匠精神。

【能力目标】

1. 能说出前驱体合成过程中的关键控制点(氨水浓度、pH、不同组分的反应控制、反应时间、反应气氛、固含量、反应温度、流量、杂质)；

2. 能分析前驱体典型缺陷的形成原因；

3. 能校核、使用 pH 计。

【知识目标】

1. 理解前驱体合成过程中的关键控制点(氨水浓度、pH、不同组分的反应控制、反应时间、反应气氛、固含量、反应温度、流量、杂质)；

2. 掌握关键工艺参数对前驱体质量的影响；

3. 掌握 pH 计的使用方法(校核、使用、维护)。

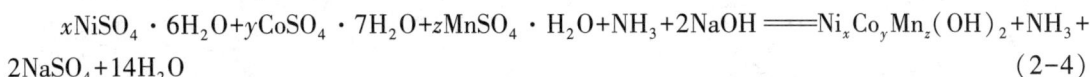

前驱体的反应是盐碱中和反应，将一定浓度的盐溶液和一定浓度的碱溶液按一定流速持续加入反应器中，在适当的反应温度、搅拌速率、pH 下，生成氢氧化物沉淀，如图 2-39 所示。

反应方程式如式（2-4）所示：

$$x\text{NiSO}_4 \cdot 6\text{H}_2\text{O} + y\text{CoSO}_4 \cdot 7\text{H}_2\text{O} + z\text{MnSO}_4 \cdot \text{H}_2\text{O} + \text{NH}_3 + 2\text{NaOH} === \text{Ni}_x\text{Co}_y\text{Mn}_z(\text{OH})_2 + \text{NH}_3 + 2\text{Na}_2\text{SO}_4 + 14\text{H}_2\text{O}$$

$$(2-4)$$

反应过程中需要控制的工艺参数有：盐和碱的浓度、氨水浓度、盐溶液和碱溶液加入反应釜的速率、反应温度、反应过程 pH、搅拌速率、反应时间、反应浆料固含量等。

盐和碱的浓度不宜过低，过低会导致产量下降，产品成本增大；但也不宜过高，过高的盐和碱浓度不利于前驱体晶核的长大。目前大多数工厂都将盐溶液浓度配制为 2 mol/L，碱溶液浓度配制为 4 mol/L。氨水是反应络合剂，主要作用是络合金属离子，所以制备不同组成的三元前驱体，所需要的氨水浓度也不相同。盐溶液和碱溶液加入反应釜的速率也和产量有关，流量越大产量越大，但不利于保证产品品质。反应温度控制为 40～60 ℃。反应过程 pH 控制为 10～13。搅拌速率与盐溶液和碱溶液的流速、反应釜大小、反应釜内部结构、搅拌器结构有关。下面就以上提到的工艺参数列举一些实例。

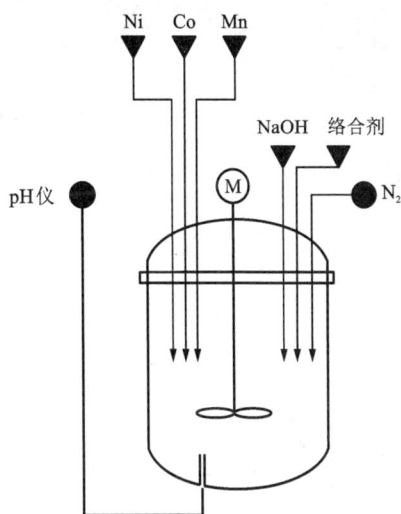

图 2-39　三元前驱体反应示意图

2.6.1　关键工艺参数

2.6.1.1　氨水浓度

硫酸盐体系下，络合剂如氨水的加入，会对产品的形貌有很大的影响。如图 2-40 所示，图 2-40（a）所示产品在制备过程中未加氨水，图 2-40（b）所示为加氨水制备出的产品，两种产品的其他制备条件完全相同，化学式都为 $\text{Ni}_{0.5}\text{Co}_{0.2}\text{Mn}_{0.3}(\text{OH})_2$。从图中可以看出，没有络合剂存在时，前驱体形貌较为疏松，振实密度较低；在有络合剂存在时，前驱体变得致密，振实密度也相应提高。在实际生产中，若想要制备振实密度高于 2.0 g/cm³ 的前驱体，必须在反应过程中加入络合剂。

扫码查看资源

但络合剂的用量也不是越多越好，当络合剂用量过多时，溶液中被络合的镍钴离子太多，会造成反应不完全，使前驱体中镍、钴、锰三元素的比例偏离设计值，且被络合的金属离子会随上清液排走，造成浪费，后续的废水处理工作量也会加大。图 2-41 所示为不同氨水加入量制备出的前驱体的振实密度和镍含量，前驱体的设计分子式为 $\text{Ni}_{0.5}\text{Co}_{0.2}\text{Mn}_{0.3}(\text{OH})_2$，此比例的前驱体中，镍的理论含量为 32.03%（质量分数，下同），钴的理论含量为 12.87%，锰的理论含量为 17.99%。从图中可以看出，氨水浓度过低或过高，产品的振实密度都比较低，并且氨水浓度越高，材料的镍含量越低，材料的比例偏离设定值。

(a) 未加氨水　　　　　　　　　　　　　　(b) 加氨水

图 2-40　不同氨水浓度产品的 SEM 图

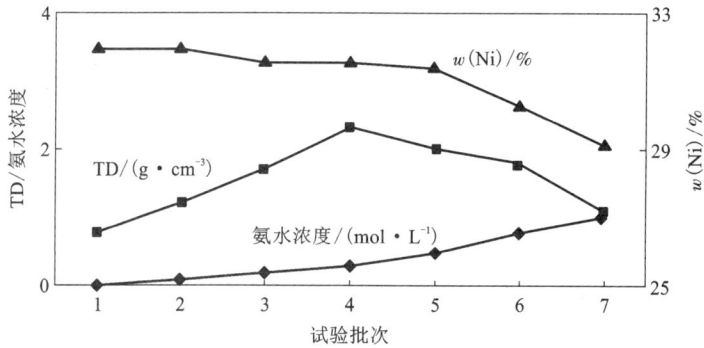

图 2-41　不同氨水浓度下样品的 TD 和镍含量(TD：振实密度)

2.6.1.2　反应过程 pH

反应过程 pH 直接影响前驱体的形貌和粒度分布。下面主要通过一些实例来具体分析前驱体形貌和粒度分布与 pH 的关系。

通过调节 pH，可以控制一次颗粒和二次颗粒的形貌。pH 偏低，利于晶核长大，一次颗粒偏厚偏大；pH 偏高，利于晶核形成，一次颗粒呈薄片状，显得很细小。对于二次颗粒的影响：pH 偏低，二次颗粒易发生团聚，导致二次球呈异形；pH 偏高，二次颗粒多呈圆球形。

图 2-42 所示为在不同 pH 下制备出的 3 个 $Ni_{0.6}Co_{0.2}Mn_{0.2}(OH)_2$ 前驱体样品 SEM 图，制备样品 1、2、3 的 pH 分别为：样品 1<样品 2<样品 3。从图中可以看出，pH 越高，二次颗粒球形度越高，一次颗粒越细小；低 pH 下反应的样品可观察到明显的团聚现象，使得二次颗粒球形度差。

pH 对前驱体的生长过程有重要影响，反应 pH 的选择以及反应过程中 pH 的稳定控制直接影响前驱体的粒度分布。若在反应过程中 pH 失控，出现 pH 过高或者过低的情况，会使产品品质急剧下降，形成不合格产品。

(a) 样品1(1000倍放大图)

(b) 样品1(10000倍放大图)

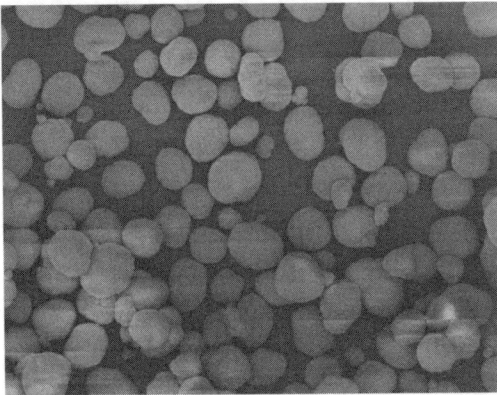

(c) 样品2(1000倍放大图)

(d) 样品2(10000倍放大图)

(e) 样品3(4000倍放大图)

(f) 样品3(10000倍放大图)

图 2-42　不同 pH 条件下制备的 3 个 $Ni_{0.6}Co_{0.2}Mn_{0.2}(OH)_2$ 前驱体不同放大倍数的 SEM 图

　　图 2-43 所示为 pH 过高、pH 适中、pH 过低三种情况下前驱体的 D_{50} 随反应时间的变化曲线，从图中可以看出，pH 过高时，前驱体的 D_{50} 随着反应的进行几乎没有增长；当 pH 适中时，前驱体的 D_{50} 匀速增长；当 pH 过低时，前驱体的 D_{50} 在反应初期快速增长，中后期趋于缓和。

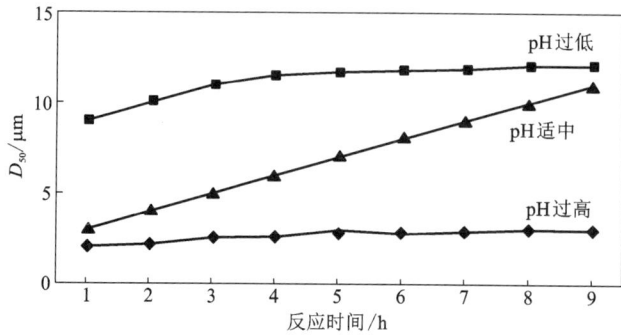

图 2-43　不同 pH 下前驱体颗粒 D_{50} 增长趋势

pH 过高或者过低引起的前驱体粒度分布、二次颗粒球体形貌和单晶形貌的差别，导致了振实密度的差别。图 2-43 中三种产品的振实密度如图 2-44 所示，图中 pH 过高[（a，b）]、pH 适中[（c，d）]、pH 过低[（e，f）]与图 2-40 的 SEM 图对应。

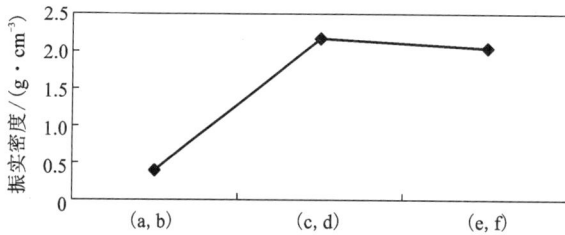

图 2-44　不同 pH 下反应出的产品的振实密度

还有一种情况是，在反应过程中 pH 控制不稳定，即 pH 上下波动。pH 的波动会造成前驱体粒度的波动，如图 2-45 所示，图 2-45(a) 为监测反应过程中不同时间点的反应 pH，图 2-45(b) 为对应时间反应釜中浆料的 D_{10}、D_{50}、D_{90}。从图中可以看出，浆料粒度变化要滞后于 pH 变化，当反应进行到 15 h 时，反应 pH 比设定值偏高很多；当反应进行到 16 h 时，浆料的粒度分布变得很宽，具体表现为 D_{10} 和 D_{50} 降低，D_{90} 显著增大。

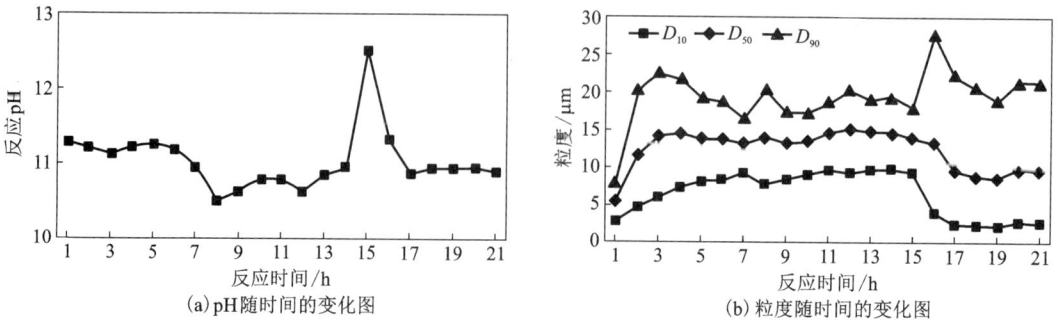

(a) pH 随时间的变化图　　　　　　　　　　(b) 粒度随时间的变化图

图 2-45　反应过程中 pH 的异常波动对材料粒度分布的影响

这种情况会使前驱体粒度分布过宽，情况严重时能在材料的粒度分布图上观察到两个峰值，如图 2-46 所示。

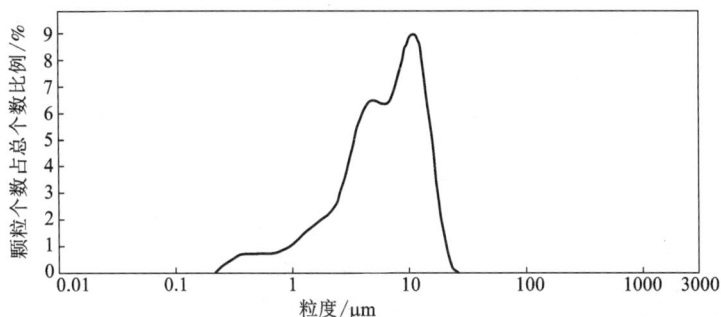

图 2-46　pH 异常波动后材料的粒度分布图

若反应 pH 选择合适，且在反应过程中保持 pH 在规定的范围内，则前驱体的粒度分布随着反应的进行逐渐达到理想值，如图 2-47 所示。从图中可以看出，材料的 D_{10}、D_{50}、D_{90}、D_{min} 都随时间的增加稳定增长，特别是 D_{min} 的稳定增长，显示了反应浆料已经没有新的晶核生成，而是进入晶粒长大的阶段。

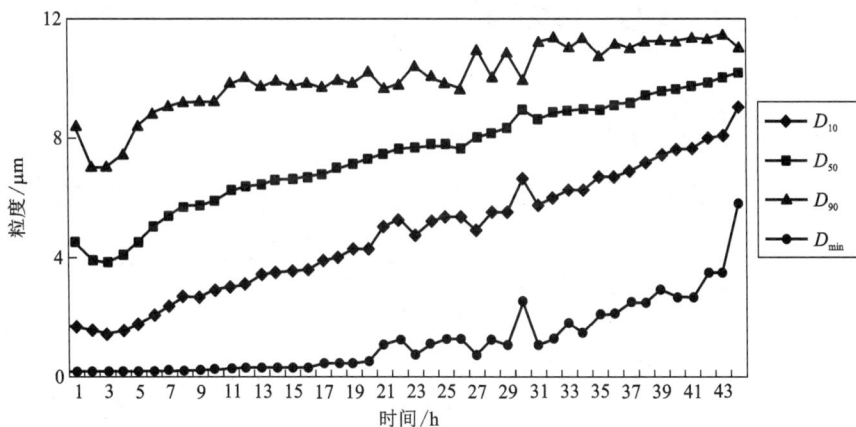

图 2-47　pH 合适时材料的粒度增长趋势

2.6.1.3　不同组分前驱体的反应控制

由于镍、钴、锰三元素的沉淀 pH 不同，故不同组分前驱体的最佳反应 pH 不同；而络合剂主要的作用是络合镍和钴，对锰的络合要低 2 个数量级，故不同组分前驱体所需络合剂浓度也不相同。

当前驱体的振实密度和粒度分布接近时，不同组分前驱体的反应 pH 和氨水浓度需要稍作调整。图 2-48 所示为镍钴锰比例分别为 111、424、523、622、701515、811 时，制备出振实密度为 $2.2\sim2.3\ \mathrm{g/cm^3}$、粒度分布相近的前驱体所需要的氨水浓度和反应 pH。从图中可以看出，随着前驱体镍含量的增加，所需的氨水和反应 pH 都相应提高。

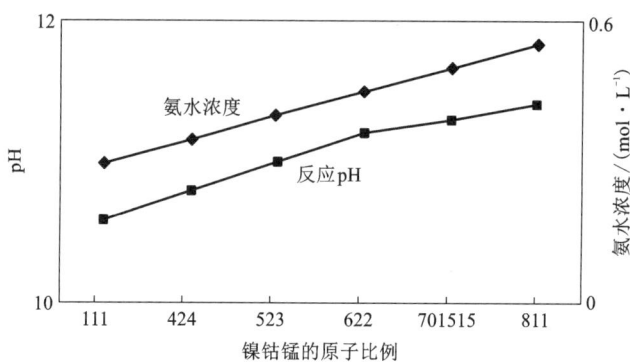

图 2-48　不同组分前驱体的适宜氨水浓度和反应 pH

　　图 2-49 所示为三元材料型号 NCM111、NCM523、NCM701515 前驱体在最佳反应 pH 和氨水浓度下反应 10 个批次产品的 D_{10}、D_{50}、D_{90} 和振实密度离散度对比，从图中可以看出，10 个批次的产品粒度分布和振实密度都很接近。

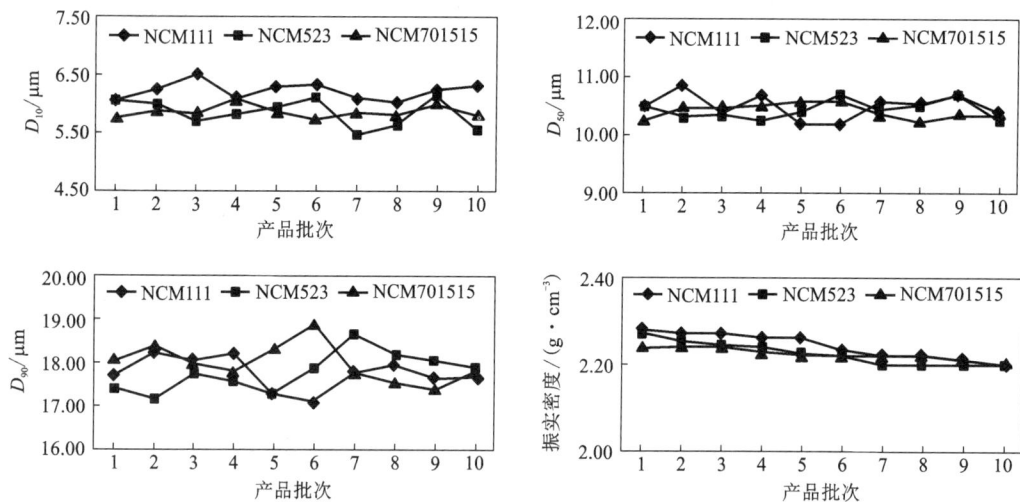

图 2-49　不同组分前驱体产品粒度和振实密度对比

2.6.1.4　反应时间

　　前驱体的粒度和振实密度达到预定值需要一定的时间，正常情况下，要得到 D_{50} 大于 10 μm 且振实密度大于 2.0 g/cm³ 的前驱体，反应时间至少需大于 20 h。在一定时间内，前驱体的粒度、振实密度和反应时间成正比关系。但反应时间也不能太长，过长的反应时间会使前驱体粒度过大，特别是 D_{max} 过大，会对前驱体的品质产生不良影响。且超过一定时间后，前驱体的振实密度增长也趋于平缓或者不增长，如图 2-50 所示。

2.6.1.5　反应气氛

　　前驱体反应气氛的控制对前驱体产品品质的影响较大，其中包括对前驱体的形貌、晶体结构、杂质含量的影响。

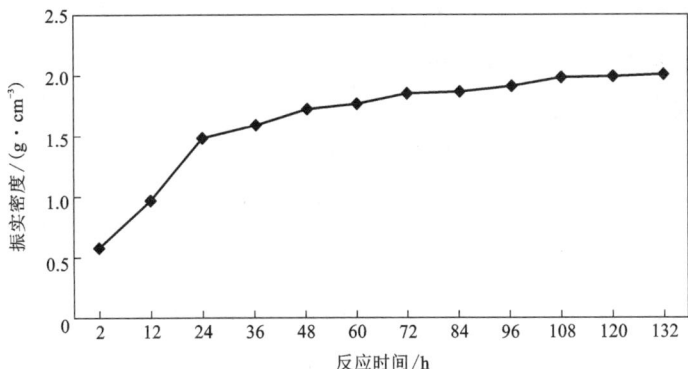

图 2-50　振实密度随时间变化曲线图

锰的化合价很多，有 +2、+3、+4、+6 和 +7 价。在酸性环境下，Mn^{2+} 可稳定存在，但在碱性环境下，Mn^{2+} 很容易被氧化成高价态的锰化合物。二价锰的氢氧化物化学式为 $Mn(OH)_2$，其为白色或浅粉色晶体。$Mn(OH)_2$ 曝置在空气中会很快被氧化成棕色的化合物，其反应式如下：

$$4Mn(OH)_2+O_2 =\!=\!=\!= 4MnO(OH)+2H_2O \qquad (2-5)$$

即便是水中溶解的微量氧，也能将 $Mn(OH)_2$ 氧化。若前驱体反应使用的纯水中有溶解氧未去除，或反应过程中让反应浆料与空气直接接触，都会导致前驱体浆料严重氧化，其颜色为深棕或黑色。这种情况下无法反应出合格前驱体，前驱体形貌为大小不一的块状及其团聚体，产品的振实密度很低，无法满足正极材料生产需求。

还有一种情况是，在反应后期或者反应快结束时，种种原因使氧进入反应体系而造成的轻微氧化。

2.6.1.6　固含量

固含量指在前驱体反应过程中，前驱体浆料的固体质量和液体质量的比值。目前，大部分厂家反应釜中前驱体的固含量为 5%~10%，不同的固含量对产品性能有一定影响。在生产实践中发现，适当提高固含量能优化产品形貌、提高产品的振实密度。图 2-52 所示为不同固含量下反应出的 $Ni_{0.5}Mn_{0.3}Co_{0.2}(OH)_2$ 的 SEM 图，图 2-51(a) 为固含量在 20% 的情况下反应出的前驱体，图 2-51(b) 为固含量在 10% 情况下反应出的前驱体。从图中可以看出，20% 固含量下产品的形貌较为规整，二次颗粒表面较为致密。

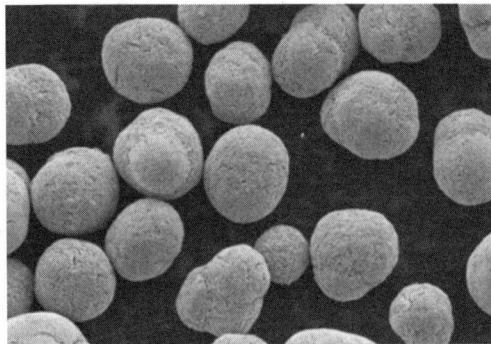

(a) 固含量20%　　　　　　　　　　　　(b) 固含量10%

图 2-51　不同固含量下反应出的 $Ni_{0.5}Mn_{0.3}Co_{0.2}(OH)_2$ 的 SEM 图

2.6.1.7 反应温度

由化学动力学知道，温度主要影响化学反应的反应速率。在实际生产过程中，希望在保证前驱体品质的前提下，化学反应速率越快越好，但温度不能过高，温度过高会造成前驱体氧化，从而造成反应过程无法控制、前驱体结构改变等问题。在实际生产过程中，控制反应温度恒定、不波动也很关键。前驱体反应过程中溶液的 pH 会随温度的降低而升高，反应温度的波动必然导致反应 pH 的波动，进而造成前驱体品质的恶化。

2.6.1.8 流量

流量主要是指金属盐溶液的流量。流量直接和产量相关联，表 2-18 为不同流量的金属盐溶液及对应的前驱体产量，计算条件为：①金属盐溶液的浓度为 2 mol/L；②金属盐溶液各金属的物质的量之比为 $n(Ni):n(Co):n(Mn)=5:2:3$。

表 2-18　不同流量的金属盐溶液对应的前驱体产量

金属盐流量/(L·h^{-1})	1	30	150	500
前驱体产量/(kg·d^{-1})	4.4	132	660	2200

所以，在保证前驱体品质的前提下，流量越大越好。一台反应釜所能达到的最大流量不仅和反应工艺有关，还和反应釜体积、反应釜内部结构、反应釜电机功率有关。合理设计反应釜，可以使其提高产量。

2.6.1.9 杂质

在生产实践中发现，少量的有机溶剂就会对共沉淀反应造成很大干扰。硫酸镍和硫酸钴的制备过程中会用到有机萃取剂(如 260$^{\#}$溶剂油、P$_{204}$ 及 P$_{507}$ 等)，若有机萃取剂残留其中，会带入到反应体系，造成前驱体颗粒无法生长，D_{50} 和振实密度无法达到预期值，形貌为非球形。

原材料会带入的另一类杂质是 Ca^{2+}、Mg^{2+} 等，其沉淀 pH 和沉淀系数和镍钴锰相差较大，会对反应造成较多负面影响，如前驱体形貌不成球形、振实密度很低等。目前，有部分厂家采用在前驱体中掺杂镁等元素的方法改进成品性能，这就需要对制备工艺及控制参数进行调整，才能反应出形貌、粒度、振实密度等指标合格的前驱体。

2.6.2　在线 pH 控制系统

三元前驱体制备过程中，当固含量稳定时，pH 是唯一影响过饱和度的变量，因此实现 pH 的自动控制是三元前驱体大规模生产的前提。

pH 是指溶液中游离 H$^+$ 的浓度。为了保证进入反应釜内的盐反应完全，碱必须过量。在高 pH 下，氨的电离度很小，在反应釜内的氨基本以游离状态存在，对 OH$^-$ 几乎没有贡献。因此三元前驱体反应釜中的 pH 实际是盐、碱反应后过量的 OH$^-$ 的含量，可由式(2-6)表示。

$$M^{2+}+(2+x)OH^- \Longrightarrow M(OH)_2+xOH^- \tag{2-6}$$

在制备三元前驱体过程中，通常固定输入盐溶液或碱溶液中任一流量，然后再调节另一种溶液的流量，实现 pH 的自动控制。假设固定盐溶液的流量，则反应釜内的 pH 自动控制工艺框图如图 2-52 所示。

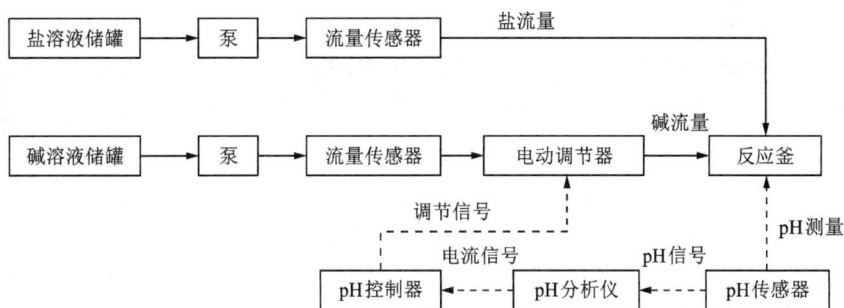

图 2-52　pH 自动控制工艺框图

根据图 2-52,反应釜内的 pH 自动控制工艺如下:首先在 pH 控制器上设置一个 pH,盐、碱溶液通过泵和流量传感器以一定流量输入反应釜反应,由 pH 传感器测得反应釜内的 pH 信号,再通过 pH 分析仪转换成电流信号后传给 pH 控制器,pH 控制器再根据实际 pH 与设定 pH 的偏差进行运算处理,之后再输出调节电流信号,并将其传送给电动调节器,电动调节器通过控制碱流量的大小来达到自动控制 pH 的目的。

2.6.3　操作 pH 计

前驱体生产过程中,浆料 pH 的测量数据分为在线 pH 数据和离线 pH 数据,在线 pH 数据由在线 pH 控制系统完成测量,离线 pH 数据由采样员每 2 h 从反应釜中取样,用 pH 计测量。这里学习如何操作 pH 计。

案例 4:某储能材料生产企业的正极前驱体合成车间,需要在合成过程中进行溶液 pH 测定,以确保前驱体质量和产量。本次操作为上海雷磁 pH 计校正和溶液 pH 测定。请根据现场仪器设备及化验器具、试剂配置一览,完成上海雷磁 pH 计校正和溶液 pH 测定,并填写记录单(表 2-19)。

表 2-19　pH 计操作记录单

	等电位点选择	ISO:	
pH 计检核	—	测量温度	pH
	校核点 1 (标准溶液 pH=6.86)		
	校核点 2 (标准溶液 pH=9.18)		
	检核斜率		
待测溶液 pH 的测定	—	测量温度	pH
	待测溶液 1		
	待测溶液 2		
	待测溶液 3		
	待测溶液 4		
	待测溶液 5		

2.6.3.1 pH计的校核

以上海雷磁 PHSJ-4A 实验室 pH 计为例。溶液的 pH 和溶液的温度是紧密相关的，pH 计上的复合电极同时测定温度和 pH。复合电极连接 pH 计时是通过两个口连接的。

将复合电极正确连接在 pH 计上，在测试溶液 pH 前，要先进行 pH 计的校准，并且如果下次使用是在 24 h 之后，则需要重新校准。雷磁 pH 缓冲溶液有三种：25 ℃下，分别为邻苯二甲酸氢钾 pH 4.00，混合磷酸盐 pH 6.86，四硼酸钠 pH 9.18。图 2-53 为市购的成品缓冲溶液，也可使用图 2-54 的 pH 缓冲剂自行配制缓冲溶液。上海雷磁 PHSJ-4A 实验室 pH 计使用两点校准，所以选择两种缓冲溶液，这里以选用邻苯二甲酸氢钾 pH 4.00、混合磷酸盐 pH 6.86 为例。

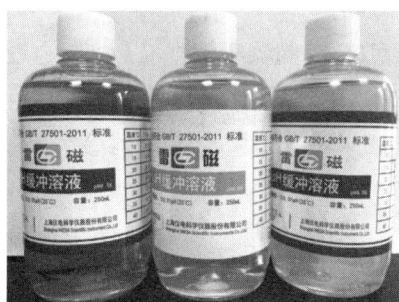

图 2-53　市购 pH 缓冲溶液

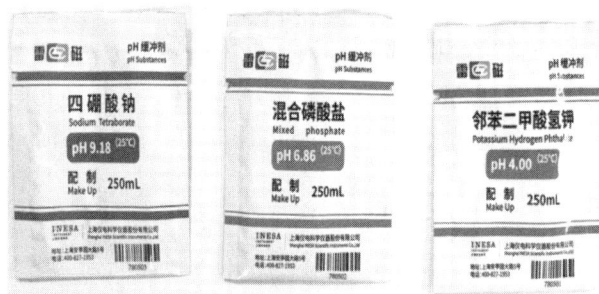

图 2-54　pH 缓冲剂

打开 pH 计，预热后，首先选择等电位点，这里有 7/12/17 三个挡位，ISO：7.000pH 适用于普通水溶液体系，ISO：12.000pH 适用于纯水和超纯水体系，ISO：17.000pH 适用于含有氨水的溶液体系，根据需要选用合适的等电位点，如图 2-55 所示。这里选择普通水溶液测试举例，所以选 ISO：7.000pH。

(a) ISO：7.000pH　　　　(b) ISO：12.000pH　　　　(c) ISO：17.000pH

图 2-55　等电位点选择

打开复合电极保护套，将电极前端的保护架和玻璃球用纯水冲洗干净，用滤纸条擦干。如图 2-56 所示，按下"校准"键，屏幕上出现"pH、温度和标定 1"字样。将复合电极放入混合磷酸盐 pH 6.86(25 ℃)溶液，待读数稳定后按"确认"键，则第一点标定结束，如图 2-57 所示。清洗干净复合电极并擦干后，再次按下"校准"键，屏幕上提示进行第二点的标定，将复合电极放入邻苯二甲酸氢钾 pH 4.00(25 ℃)溶液,待读数稳定后按"确认"键,屏幕上出现标定 2 结束,并且出现斜率,如图 2-58 所示。企业生产要保证斜率在 95% 以上,否则需要更换电极。至此标定结束。

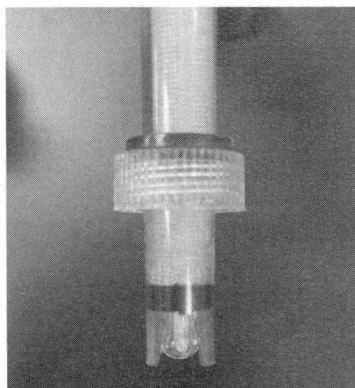

图 2-56　pH 计复合电极擦干状态

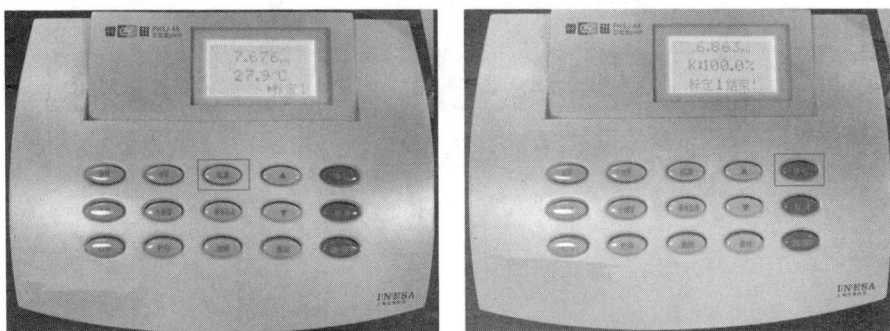

图 2-57　pH 计第一点校准

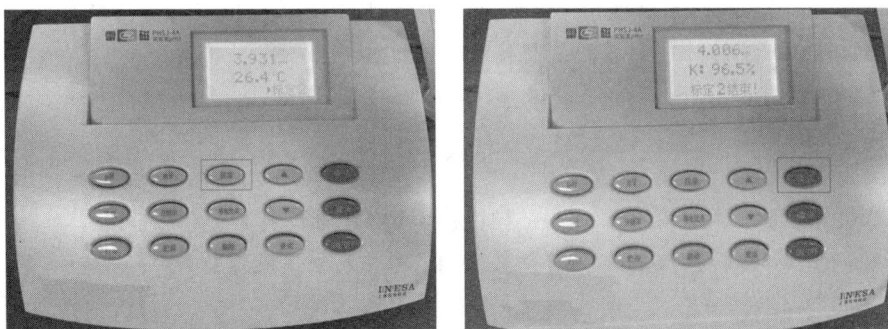

图 2-58　pH 计第二点校准

2.6.3.2　溶液 pH 的测定

　　pH 计校核过后,可以开始测定溶液的 pH。复合电极清洗干净和擦干后,按下"pH"键,即可将复合电极放入溶液测定 pH,待读数稳定后记录数据,如图 2-59 所示。数据记录可参考表 2-19 的样式。测量一种溶液后,

扫码查看资源

将复合电极拿出，用纯水冲洗干净，擦干，可继续测量下一溶液。

2.6.3.3　pH 计的保养

扫码查看资源

上海雷磁 PHSJ-4A 实验室 pH 计复合电极前端的保护套内和电极内部的溶液都是饱和氯化钾溶液。复合电极前端要保持浸泡在饱和氯化钾溶液中，当溶液缺失时，应当及时补充。复合电极内部要保持饱和氯化钾溶液浸泡 4/5 以上，如有缺失，则应通过电极上端的孔洞加入，如图 2-60 所示。

图 2-59　pH 计测量状态

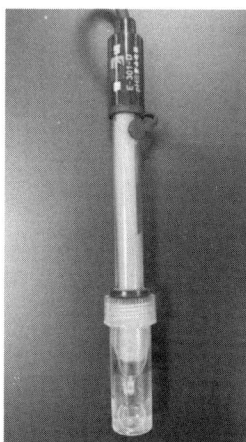

图 2-60　复合电极保养状态

随堂练习

一、单选题

1. 在三元正极材料的烧结过程中，通常镍含量越高，一次烧结温度(　　)。

A. 越高　　　　　　　B. 越低　　　　　　　C. 不变　　　　　　　D. 不清楚

2. 生产 NCM 正极材料最常用的前驱体是什么？(　　)

A. 氢氧化镍钴锰　　B. 镍钴锰酸锂　　　　C. 硫酸镍　　　　　　D. 硫酸钴

二、多选题

1. 共沉淀法生产三元前驱体工艺中，pH 会影响以下哪些指标？(　　)

A. 三元前驱体的粒度分布　　　　　　　B. 三元前驱体是否被氧化

C. 二次颗粒球体形貌　　　　　　　　　D. 振实密度

2. 前驱体的反应气氛对前驱体的哪些品质有影响？(　　)

A. 前驱体的形貌　　　　　　　　　　　B. 晶体结构

C. 杂质含量　　　　　　　　　　　　　D. 反应时间

三、判断题

1. NCM 前驱体是生产镍钴锰酸锂的原料。(　　)

2. 三元前驱体氢氧化镍钴锰最常见的合成方式是共沉淀法。(　　)

3. 三元前驱体属于晶体颗粒。（　　　）

4. 共沉淀法生产三元前驱体的工艺过程中，氨水是络合剂。（　　　）

5. 络合剂的量越多，生产出的前驱体质量越好。（　　　）

6. 反应过程的 pH 直接影响前驱体的形貌和粒度分布。（　　　）

7. pH 适中才能得到理想的前驱体。（　　　）

8. 共沉淀法生产三元前驱体的过程中，随着前驱体镍含量的增加，所需的氨水和反应 pH 都相应降低。（　　　）

任务七：三元前驱体生产——洗涤三元前驱体颗粒

扫码查看资源

学习目标

【素质目标】

1. 树立主人翁意识，把企业的发展和自身的发展结合在一起；

2. 设备是企业生产的重要载体，爱护和保养好设备是主人翁意识的体现。

【能力目标】

1. 能介绍常用的三元前驱体洗涤设备；

2. 能介绍三元前驱体洗涤设备的工作过程。

【知识目标】

1. 知道常用的三元前驱体洗涤设备；

2. 理解三元前驱体洗涤设备的工作原理。

洗涤工序是指将反应合格的三元前驱体浆料输入洗涤设备内进行固液分离、洗涤去除杂质离子，得到较为纯净的滤饼的过程。其工艺流程如图 2-61 所示。

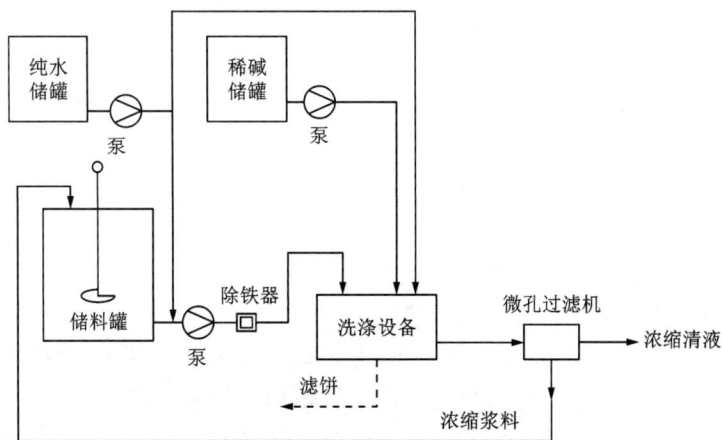

图 2-61　洗涤工序工艺流程图

洗涤设备是用来实现固液分离和清洗颗粒的装置，三元前驱体生产采用的洗涤设备在行业中并不统一。常见的洗涤设备有离心机，过滤、洗涤二合一设备和压滤机三种类型。三种设备都为间歇性操作，但在分离方法、洗涤效果、分离效率、处理量等方面均有所不同。

2.7.1 离心机

离心机是通过强大的离心力实现固液分离的过滤设备。离心机的种类有很多，其中三元前驱体应用较为常见的是平板式刮刀自动卸料拉袋离心机。

（1）离心机的结构

离心机由机盖、机身、轴承、主轴、布料器、转鼓、料位探测器、滤袋、刮刀、汇集料斗、平板等组成，如图2-62所示。

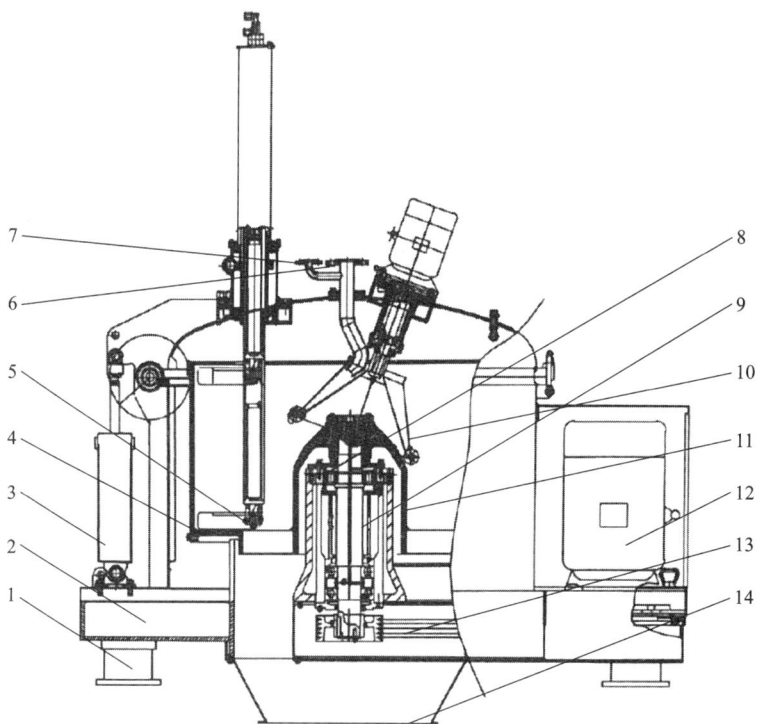

1—避振支座；2—平板机架；3—翻盖液压缸；4—离心转鼓；5—卸料刮刀；6—进料口；7—洗涤口；
8—轴承；9—主轴；10—布料转鼓；11—转鼓支座；12—电机；13—三角皮带；14—卸料口。

图2-62　平板式刮刀自动卸料拉袋离心机

滤袋固定在转鼓内壁，当转鼓高速旋转时，浆料通过布料器均匀分布在转鼓的滤袋上，转鼓产生的强大离心力使浆料中的母液透过滤布微孔和转鼓壁上的小孔，并从出水口排出，而三元前驱体颗粒则被截留在滤布上形成滤饼层。当料位探测器探测到滤饼层厚度达到限位时，则停止进料。进料完毕后，洗涤介质通过布料器均匀分布在滤饼层，并在转鼓的离心作用下透过滤饼层甩出转鼓外，通过排水口排出。洗涤完成后，刮刀将滤袋上的滤饼刮下，并从汇集料斗落下。卸料完成后通过拉袋动作将滤袋上的余料抖落干净。离心机的过滤洗涤工艺框图如图2-63所示。

进料 → 脱液 → 洗涤 → 脱水 → 卸料 → 拉袋

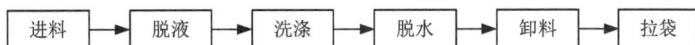

图 2-63 离心机洗涤流程框图

为防止离心机各部分在洗涤过程中与浆料颗粒因接触、摩擦、腐蚀而产生磁性异物，常常对离心机各部件的材质有所要求。这里，对离心机各部件的材质要求建议见表 2-20。

表 2-20 离心机主要部件材质要求建议表

部件名称	转鼓	机盖	料位探测板、探测轴	汇集料斗	外壳筒体	主轴	刮刀	平板
材质要求	316 钢	316 钢	钛材	304 钢+涂层	316 钢	40Cr	钛材	Q235+316 钢包衬

（2）离心机的过滤机理及特点

过滤机理常和过滤介质有关，常见的过滤机理有如下四种：

①表面拦截：比过滤介质孔径大的颗粒被拦截在介质表面，而比过滤介质孔径小的颗粒则会透过介质，如图 2-64(a)所示。

②深层拦截：比过滤介质孔径小的颗粒在穿行介质孔时被拦截，如图 2-64(b)所示。

(a) 表面拦截

(b) 深层拦截

③深层过滤：颗粒在穿行介质空隙时沉积在介质孔道的内壁上，如图 2-64(c)所示。

④滤饼过滤：因表面拦截机理在介质表面形成滤饼层使介质孔径变小，从而使滤饼成为过滤介质，如图 2-64(d)所示。

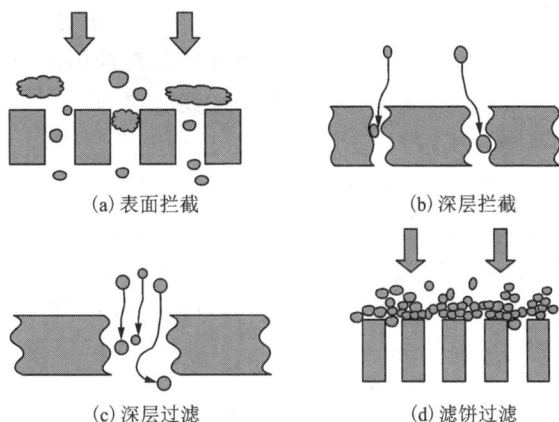

(c) 深层过滤

(d) 滤饼过滤

图 2-64 过滤机理示意图

离心机的过滤介质采用的是 PP 滤布，其目数选择多在 1500~2500 目，折合成孔径大小在 6~10 μm。而常见的三元前驱体产品中最小颗粒粒径为 2~3 μm。在实际生产过程中，进料初期会出现漏料现象，其他时段漏料现象较少，证明在进料初期主要是表面拦截机理，一些小于滤布孔径的颗粒随着母液排出滤布外，随着滤布表面形成滤饼层，滤布表面的孔隙减小，其过滤机理转为滤饼过滤。因此离心机在选择滤布孔径时不用选择小于三元前驱体中最小颗粒粒径的滤布，滤布只是起着支撑滤饼的作用，过滤效率完全取决于滤饼堆积的孔隙率。当三元前驱体的颗粒较小时，滤饼孔隙率较小，过滤效率较差，脱水时间会变长，反之则脱水时间较短。

滤饼过滤的阻力还和滤饼层的厚度有关，滤饼层的厚度越来越厚，过滤阻力越来越大，导致液流透过滤饼不畅。离心机的滤饼洗涤过程是洗涤介质（如水）透过滤饼层将其中夹带的母液置换出来，因此离心机的洗涤效果不佳。

2.7.2 过滤、洗涤二合一设备

过滤、洗涤二合一设备是通过压滤的方式实现固液分离的过滤设备。它是在过滤、洗涤、干燥设备三合一简化基础上的产品。

(1)过滤、洗涤二合一设备的结构

过滤、洗涤二合一设备为不锈钢密闭立式容器，包括罐体、搅拌装置、升降机构、过滤底盘和液压装置，如图2-65所示。罐体内需通入压力气体，因此罐体通常要按照压力容器来设计、制造。罐内的桨叶形式常常设计成S形。

如图2-65所示，三元前驱体浆料通过罐体的进料口进入罐内，当罐内液位达到限位时，关闭进料阀，在罐内补充一定压力的气体(通常为压缩空气)，罐内的液体在压力的推动下透过过滤介质从排水口排出，而固体颗粒则被拦截在罐内。当浆料母液压滤完毕后，可向罐内补充洗涤介质，同时开动搅拌装置，利用液压装置开启搅拌的升降机构，慢慢将滤饼刮松，让滤饼与洗涤介质形成二次浆料，从而使滤饼得到充分洗涤。洗涤完毕之后，再向罐内补充一定压力的气体，将洗涤介质压出罐外。脱水完毕后，开启搅拌装置，通过升降机构调整搅拌行程，将滤饼刮松并从卸料口排出。过滤、洗涤二合一设备洗涤工艺框图如图2-66所示。

(2)过滤、洗涤二合一设备的过滤机理及特点

过滤、洗涤二合一设备可以采用滤布和金属烧结网两种形式的过滤介质。滤布容易破损，更换较为麻烦，故采用金属烧结网的较多。金属烧结网的表面比较光滑，网孔的比表面积较小，对固体颗粒的深层拦截、深层过滤潜力较小，因此应选择目数较高的金属烧结网，通常为3000~6000目。随着滤饼层的形成，其过滤机理也转为滤饼过滤。

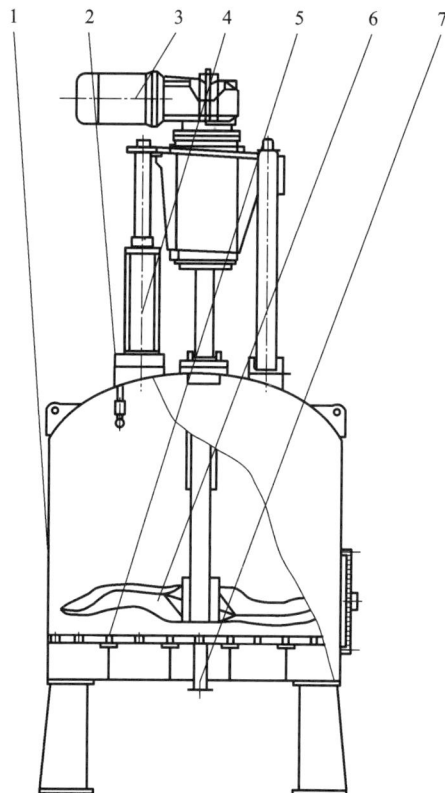

1—筒体；2—清洗球头；3—搅拌电机；4—液压升降器；
5—过滤底座；6—搅拌卸料器；7—排水口。

图2-65 过滤、洗涤二合一设备结构示意图

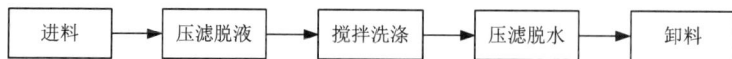

图2-66 过滤、洗涤二合一设备的洗涤工艺框图

一般滤饼厚度以不超过500 mm为宜，过滤、洗涤二合一设备内的滤饼厚度H可按式(2-7)估算：

$$H = \frac{4m}{\rho \pi D^2} \tag{2-7}$$

式中：m 为过滤、洗涤二合一设备内滤饼的质量，kg；D 为罐体直径，m；ρ 为滤饼的堆积密度，kg/m^3。

（3）过滤、洗涤二合一设备的规格及处理量

过滤、洗涤二合一设备的规格按容积大小可分为多种类型，常见的规格参数见表2-21。

表2-21 过滤、洗涤二合一设备规格参数表

罐体直径/mm	800	1200	1600	1800	2000	2400	2800	3000
罐体容积/m^3	0.5	1.5	2	3.5	4.5	6.5	9.5	11.5
过滤面积/m^2	0.5	1	2	2.5	3	4.5	6	7

根据表2-21中的设备规格参数及式（2-7），可以估算出过滤、洗涤二合一设备的单批次处理量。例如采用罐体直径为2400 mm的过滤、洗涤二合一设备洗涤三元前驱体，设备内滤饼厚度为400 mm，三元前驱体滤饼的堆积密度为1300 kg/m^3，求过滤、洗涤二合一设备的单批次处理量。

直接根据式（2-7）可求出的过滤、洗涤二合一设备的处理量 m：

$$m=\frac{0.4\times1300\times3.14\times2.4^2}{4}\approx2351\ kg$$

可见，与离心机相比，过滤、洗涤二合一洗涤设备有较大的单批次处理量。

2.7.3 压滤机

（1）洗涤压滤机

在三元前驱体行业发展的初期，采用的洗涤设备是板框压滤机。但由于板框压滤机有劳动强度大、处理量小、滤饼含水率较高、密封性差等缺点，故逐渐减少使用。随后出现了一种密闭形式的洗涤压滤机，如图2-67所示。

①洗涤压滤机的结构：洗涤压滤机的结构类似于没有搅拌装置的过滤、洗涤二合一设备。它由罐体、支架、过滤底盘、传动装置等组成。相比于前面介绍的两种洗涤设备，它的结构简单，具有较大的成本优势。

如图2-67所示，三元前驱体浆料通过罐体的进料口加入罐体内。当罐内液位达到限位时，停止进料，并向罐内补充压力气体（通常为压缩空气），使浆料中的液体透过过滤介质压出，固体颗粒则被拦截在过滤介质上。进料完毕后，向罐内注入一定的洗涤介质，再通过压力气体将洗涤介质由滤饼表面渗透至滤饼空隙，并透过过滤介质压出罐外。洗涤完毕后，开启传动装置，将罐体旋转180°至罐顶，放料口朝下，将罐内滤饼卸出。

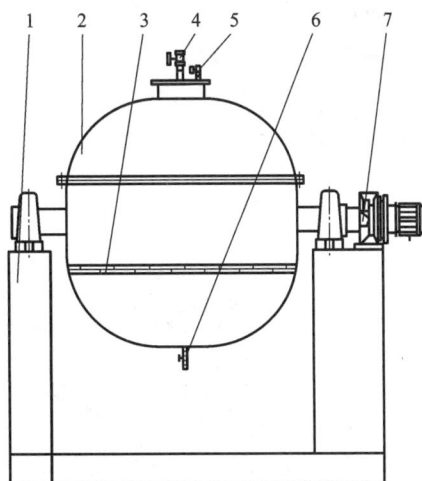

1—机架；2—罐体；3—过滤网；4—进料口；5—进气口；6—排水口；7—减速机。

图2-67 洗涤压滤机结构示意图

75

②洗涤压滤机的过滤机理及特点：洗涤压滤机常采用滤布为过滤介质，滤布的目数通常为 1500~2500 目。它的过滤机理也由初始的表面拦截转为滤饼过滤。洗涤压滤机的过滤速率也可由 Dancy 过滤方程来表示。其压力差不宜过大，通常为 0.2~0.5 MPa，其脱水效率也不高，通常完成一次三元前驱体洗涤操作需要 12 h 左右。为了减小滤饼阻力，其滤饼厚度也不宜超过 500 mm。其滤饼厚度计算公式可依据式(2-7)进行估算。

洗涤压滤机容积较小，约为 1 m³，它适合应用于浓缩后三元前驱体浆料的洗涤，对于固含量较低的浆料，则需要多次进料、压滤操作，大大影响生产效率。

洗涤压滤机的罐体直径为 1.2~1.8 m，由罐体直径可按式(2-7)估算出其单次处理量。例如某洗涤压滤机的直径为 1.2 m，滤饼厚度为 400 mm，滤饼的堆积密度为 1300 kg/m³，求它的单批次处理量。

直接根据式(2-7)可求出的洗涤压滤机的单批次处理量 m：

$$m = \frac{0.4 \times 1300 \times 3.14 \times 1.2^2}{4} \approx 588 \text{ kg}$$

相比之前的两种洗涤设备，它的处理效率是最低的。洗涤压滤机的滤饼洗涤方式和离心机较为类似，即采用单纯的置换洗涤方式，其洗涤效果较差。综合而言，和前面介绍的两种设备相比，洗涤压滤机除了在成本上有优势之外，它的洗涤效果、洗涤效率都较差，因此其在行业中的应用并不广泛。

(2)全自动板框压滤机

随着板框压滤机的发展，全自动板框压滤机的出现让板框压滤机重新进入了三元前驱体行业。它在过去普通板框压滤机的基础上增加了自动拉板、自动接液翻板、自动清洗滤布等系统，通过 PLC 程序控制，全自动完成整个过滤、洗涤、卸料及滤布清洗过程，成为了一种新型的自动化洗涤设备。

①全自动板框压滤机的结构：全自动板框压滤机由机架、过滤机构、自动拉板、液压系统、电气系统等组成，如图 2-68 所示。

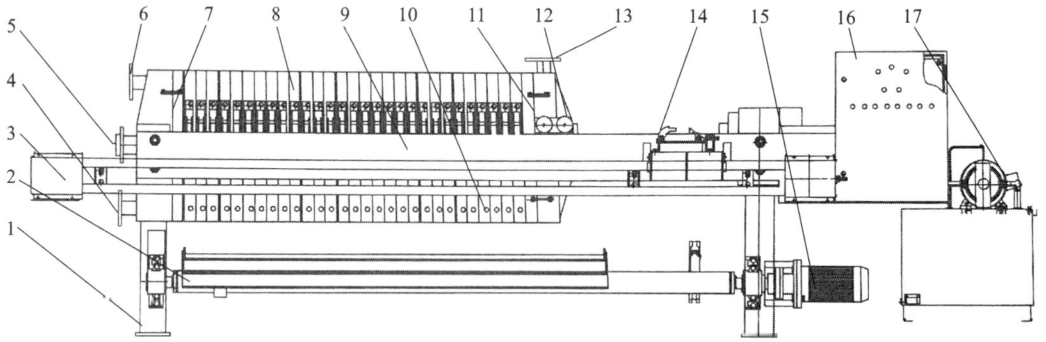

1—支架；2—接料托盘；3—拉板传动；4—排液口；5—进料口；6—洗涤口；7—止推板；8—滤板或滤框；9—横梁；10—明流排液口；11—压紧板；12—压紧板导轮；13—反吹口；14—拉板机构；15—托盘传动；16—控制箱；17—液压系统。

图 2-68　全自动板框压滤机结构示意图

机架是整套设备的基础，它主要用于支撑过滤机构和拉板机构，由止推板、压紧板、机座、油缸体和主梁等组成。过滤机构由机架主梁上依次排列的滤板及滤板之间的滤布构成，每两个相邻的滤板构成一个滤室。当压滤机开始工作时，油缸体内的活塞杆利用液压系统推动压紧板，以将压紧板和止推板之间的滤板压紧，保证滤室内具备一定的压力。浆料从止推板的进料口进入各个滤室内进行加压过滤，浆料中的固体颗粒被拦截在滤布内，液体则通过滤板上的明流排液口（或暗流排液口）排出。进料完毕后，再从洗涤口通入洗涤介质进行洗涤；洗涤完毕，再从洗涤口通入压缩空气，将滤饼的水分吹干。过滤、洗涤完毕后，压紧板松开，拉板系统自动将滤板拉开，滤饼因自身的重力作用而下落。

全自动板框压滤机过滤、洗涤完毕后，三元前驱体滤饼易黏附在滤布上，造成滤布堵塞而使过滤效率下降，这时可采用滤布自动清洗装置自动完成滤布清洗。

②全自动板框压滤机的过滤机理及特点：全自动板框压滤机也是采用滤布为过滤介质，它的过滤机理和前面介绍的几种洗涤设备一样，由初始的表面拦截变为滤饼过滤，三元前驱体采用的滤布目数为1500~2500目。

全自动板框压滤机采用的压力差不宜过大，它的滤饼厚度比较小，通常为30~40 mm，其操作压力比前面介绍的两种压滤设备稍大，通常不超过0.8 MPa。全自动板框压滤机的脱水效率也不高，一般处理后的三元前驱体滤饼的含水率为15%~20%。

全自动板框压滤机过滤时是滤板两面同时过滤，但是洗涤时为滤板横穿洗涤法，即洗涤时洗涤介质横穿滤板，所以它的洗涤面积只有过滤面积的一半，但穿过滤板的厚度是过滤时的2倍，其洗涤效果一般。

通过上面对几种洗涤设备的分析，将它们的特点进行综合对比并示于表2-22。

表 2-22　几种洗涤设备的综合对比

设备名称	分离方法	分离效率	单位时间处理效率	洗涤效果	是否自动化	价格
离心机	离心过滤	好	一般	较差	是	一般
过滤、洗涤二合一设备	加压过滤	差	较好	好	否	一般
洗涤压滤机	加压过滤	差	较差	较差	否	便宜
全自动板框压滤机	加压过滤	一般	较好	一般	是	昂贵

✎ 随堂练习

一、多选题

1. 以下哪些设备属于三元前驱体生产常用的洗涤设备？（　　）

A. 过滤式离心机　　B. 盘干机　　　　C. 过滤、洗涤二合一设备　　D. 压滤机

2. 洗涤工序的目的是什么？（　　）

A. 晶粒生长　　　　B. 固液分离　　　C. 除去杂质离子　　D. 干燥

二、判断题

1. 离心机的过滤介质采用的是PP滤布。（　　）

2. 过滤、洗涤二合一设备是通过压滤的方式实现固液分离的过滤设备。（　　）

任务八：三元前驱体生产——干燥三元前驱体颗粒

✎ 学习目标

【素质目标】

1. 树立主人翁意识，把企业的发展和自身的发展结合在一起；

2. 设备是企业生产的重要载体，爱护和保养好设备是主人翁意识的体现。

【能力目标】

1. 能介绍常用的三元前驱体干燥设备；

2. 能介绍三元前驱体干燥设备的工作过程。

【知识目标】

1. 知道常用的三元前驱体干燥设备；

2. 理解三元前驱体干燥设备的工作原理。

干燥工序也是除杂工序，即将滤饼加入干燥设备，通过加热将水分去除的过程，其目的是除去三元前驱体中的水分，其工艺流程如图 2-69 所示。

三元前驱体生产采用的干燥设备也有多种类型，常见的是热风循环烘箱、盘式干燥机以及回转筒式干燥机三大类。以上三种干燥设备在干燥效率、干燥效果以及干燥规模上均有所差异。

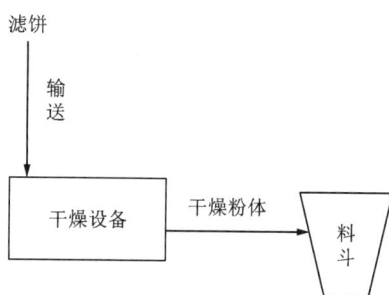

图 2-69　干燥工艺流程简图

2.8.1　热风循环烘箱

热风循环烘箱是一种传统的干燥设备，其价格低，是三元前驱体行业发展初期主要的干燥设备。

（1）热风循环烘箱的结构及干燥过程

热风循环烘箱由箱体、加热器、保温材料、热风循环系统、烘车、烘盘以及电气控制系统组成。

烘箱的箱体由槽钢、角钢焊接而成的框架和焊接在框架上的钢板构成，在箱体的外壳和内衬之间的空隙中填充有硅酸铝棉作为保温隔热层。物料通过人工装入烘盘，并将烘盘放在烘车上推入烘箱。热风循坏系统由循环风机和箱内的风道构成，风机吹出的风经过一侧风道进入加热器受热后，再吹到烘盘内的物料表面进行加热，物料挥发出的水分随热风带出，经过另一侧风道时又再次被风机吸入，形成热风循环。当热风中的含湿率达到一定值时，排湿口打开，含湿空气被排出，新风则从新风口补入。对于温度控制，则采用 PID 控制系统来保持温度的稳定。当物料干燥完毕，关闭加热器，待物料冷却后，将烘车拉出，人工卸料至料斗内。

（2）热风循环烘箱干燥原理及特点

热风循环烘箱的干燥是通过循环热风将热量传递给烘盘表层的三元前驱体物料，随着表层物料水分的蒸发，深层物料的水分开始由深层向表层扩散而挥发，此时干燥过程为恒速干燥阶段，干燥速率与循环热风的含湿率相关，含湿率越大，干燥速率越慢。由于循环热风的水蒸气移走不及时，湿度较大，干燥速率较低。随着干燥过程的进行，表层物料的水分越来越少，由于烘盘中的物料为静态，深层物料的水分扩散受阻，干燥过程进入降速干燥阶段，干燥速率下降，导致干燥时间较长。因此，采用烘箱进行三元前驱体干燥时，干燥效率较低，再加上烘箱干燥为间歇操作，需要频繁地开、停车，能耗也较大。

烘箱中的热风循环路径如图 2-70 所示，当热风从一侧传向另一侧时，由于热空气具有上升流动的特性，导致另一侧下方只有较少热空气流动而产生低温区，使得整个烘箱的温差较大。一般来说，烘箱内的温差有 8~12 ℃。另外，烘箱内物料的静态干燥形式也会造成表层物料和深层物料的温度差异。干燥温度的差异对三元前驱体的水分挥发及氧化程度均有

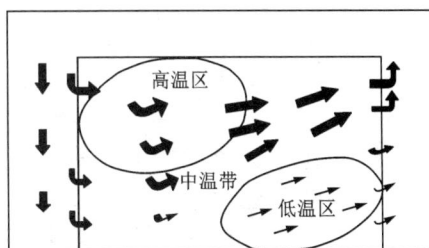

图 2-70 烘箱中的热风循环路径图

影响，因此采用烘箱干燥三元前驱体时，易造成三元前驱体的水分和氧化程度不一致。

烘箱还有一个比较大的缺陷就是干燥过程中物料装盘以及卸料完全要依靠人工，其劳动强度较大；同时，人工卸料时会产生大量的粉尘，使工作环境变恶劣。但烘箱内部好清理，对于小批量、多品种的三元前驱体生产还是比较适用的。所以在行业中还有小规模的应用。

（3）热风循环烘箱的处理量

烘箱是一种间歇干燥设备，其产能完全取决于烘箱的规格。常见的烘箱规格有单门单车、双门双车、双门四车、三门六车、四门八车等。一般每车有 24 个烘盘，每个烘盘能盛装三元前驱体 20~30 kg。假设按每个烘盘烘干物料质量为 25 kg 计算，则几种规格烘箱的单批次产能见表 2-23。

表 2-23 不同烘箱规格的产能

烘箱规格	烘盘数量/个	产能/kg
单门单车	24	600
双门双车	48	1200
双门四车	96	2400
三门六车	144	3600
四门八车	192	4800

2.8.2 盘式干燥机

盘式干燥机简称盘干机，它是在间歇搅拌干燥机的基础上改进的一种连续热传导干燥设备。目前在三元前驱体行业得到了大规模的应用。

（1）盘干机的结构及干燥过程

盘干机常为立式圆筒形结构，由壳体、框架、空心加热圆盘、主轴、耙杆、耙叶、主轴、料仓、加料器、热风系统、除尘系统等组成，如图 2-71 所示。

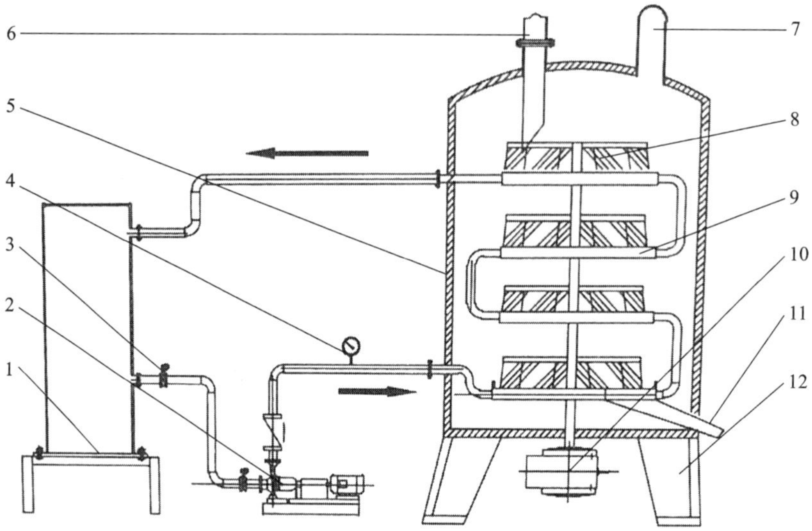

1—导热油箱；2—热油泵；3—截止阀；4—温度计；5—连续干燥箱；6—进料口；
7—排气口；8—刮扫器；9—加热盘；10—减速机；11—下料口；12—支腿。

图 2-71　盘式干燥机结构图

空心加热圆盘有大、小圆盘两种，大圆盘中心有落料口，它们按大小交错排列，水平固定在壳体的框架上。圆盘内部可通入换热介质，可完成物料的加热和冷却。每个空心加热圆盘上均有十字耙杆，耙杆固定在主轴上，耙杆上装有若干个耙叶，上下圆盘的耙叶安装方向相反。料仓中的三元前驱体滤饼通过加料器落入第一层小圆盘上，随着主轴的转动，小圆盘上的物料被耙叶刮至圆盘边缘，落入第二层大圆盘上。大圆盘上的物料被反向设计的耙叶刮至圆盘中心，并从大圆盘中心落料口落下至下一层小圆盘。如此往复多层，由于空心加热圆盘内通入蒸汽或导热油加热介质，物料在圆盘内不断地翻炒、落下，完成干燥过程。当干燥热物料落入最后一层空心加热圆盘，该层空心圆盘通入冷却介质（如冷循环水）将物料冷却，并由耙叶耙至出料口排出。物料蒸发出的水分由热风系统的热空气从顶部的排湿口进入除尘系统。整个过程连续无间断。

采用盘干机干燥三元前驱体时，设备内如加料器与物料、耙杆与耙架、耙架与耙叶、耙叶与空心加热圆盘长期接触、摩擦，如果材料选择不当（如选择不锈钢），极易磨损产生磁性异物引入材料中。因此建议在设备设计时，这几个部件的材质可按表 2-24 选择。

表 2-24　盘干机部件材质推荐表

部件名称	加料器	耙杆	耙架	耙叶	空心加热圆盘
材质	钛材	钛材	钛材	钛材或聚四氟乙烯	钛材

（2）盘干机的干燥原理及特点

盘干机在干燥过程中，由通有加热介质的空心加热圆盘将热量传递给物料，以将物料中的水分蒸发。由于物料在干燥过程中不断翻炒，内层和表层的温度梯度较小，大大提高了内层物料的水分扩散速率，干燥时间短。因此采用盘干机干燥的效率高，且干燥较为均匀。盘干机为连续操作，不需要频繁地开、停车，能耗较低。其缺点是空心加热圆盘上的物料不易清理干净，如需频繁更换产品规格，新规格的三元前驱体容易被上一种规格的三元前驱体污染。因此，盘干机适合大批量、稳定规格产品的干燥。另外，盘干机内的耙叶属于易耗品，且数量达到数百个，更换较为麻烦。

2.8.3　回转筒式干燥机

回转筒式干燥机是一种大型的干燥设备，仅适合大规模的生产厂家应用。随着三元前驱体行业和规模化的发展，未来，回转筒式干燥机将有望在三元前驱体行业得到大规模应用。

（1）回转筒式干燥机的类型

根据湿物料与干燥介质的传热方式，回转筒式干燥机分为直接加热型、间接加热型及复式加热型三种形式。

①直接加热型：圆筒内通入高温气体，直接与物料逆流或对流接触，把热量传递给物料进行干燥。它是热对流方式干燥的干燥设备，适合能耐高温且不易引起扬尘的物料。

②间接加热型：在圆筒夹套内通入加热介质，通过圆筒内壁间接将热量传导给加热物料。它属于热传导式的干燥设备，适合应用于易扬尘的粉状材料。这种类型的干燥机传热效率较差，通常应用较少。

③复式加热型：湿物料的一部分热量由传热介质通过圆筒内壁传递，另一部分热量由高温气体直接传递给物料。它是热传导和热对流两种形式组合的干燥机。

三元前驱体颗粒对干燥温度特别敏感，且颗粒较小，易引起扬尘，如采用直接加热型，容易造成三元前驱体过热，并产生大量扬尘；如采用间接加热型，则热效率不高。因此，采用复式加热型可充分发挥两者的优点。

（2）复式传热回转筒式干燥机的结构及干燥过程

复式传热回转筒式干燥机为圆筒形结构，它由内筒、外筒、抄板、引风机、加料器、加热器、收尘系统等构成，如图 2-72 所示。

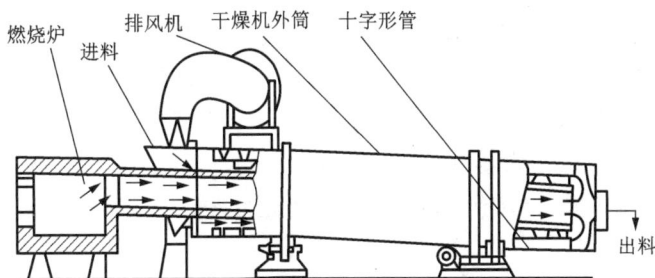

图 2-72　复式传热回转筒式干燥机结构示意图

复式加热回转筒式干燥机的主体是略带倾斜（倾斜角度在 1°~5°）并能回转的筒体，筒体中心固定一根十字断面的内筒，如图 2-73 所示。物料通过加料器从筒体高的一端加入圆筒内，在筒体的转动以及重力的作用下，物料在内筒与外筒的环状空间从左至右移动，移动的过程中被加热装置产生的热空气加热干燥。热空气从中央内筒进入，并从左至右移动，然后再进入环状空间与物料接触。因此，热空气的一部分热量通过内筒壁传递给物料，另一部分热量则通过与物料直接接触传递。内筒壁上设有抄板，在物料移动的过程中不断地将物料抄起、撒下，使物料与干燥介质的接触面积大大增加，从而使物料充分干燥。干燥后的热空气最后由引风机引入收尘系统，待除尘处理后再排放。由于热空气干燥物料后会带有大量物料颗粒，收尘系统常采用旋风分离器将颗粒捕捉下来。如需进一步减少尾气含尘量，还应经过袋式除尘器或湿法除尘器后再排放。

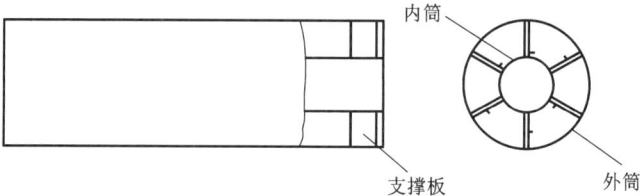

图2-73　复式传热回转筒式干燥机的内、外筒结构示意图

（3）复式传热回转筒式干燥机的原理及特点

回转筒式干燥机既可以采用间歇干燥方式，也可以采用连续干燥方式，绝大多数采用连续干燥方式。间歇干燥方式处理量小，一般在干燥过程中有转晶、焙烧要求时采用。通常三元前驱体采用连续干燥方式。

根据物料和筒体热空气的流动方式，回转筒式干燥机分为并流和逆流两种干燥方式。并流干燥方式是热空气与物料移动方向一致，湿物料一进入筒内就与高温热空气接触而被快速干燥，此处的干燥推动力最大；物料出料时则与含湿量较大的热空气接触，此处的干燥推动力最小。因此并流干燥方式各段的干燥推动力很不均匀，它适合允许快速干燥且吸湿性不大的物料。逆流干燥方式则是热空气与物料的移动方向相反，这种干燥方式的各段对数平均温差较小，干燥推动力均匀，适合吸湿性较小、干燥程度较大的物料。另外，逆流干燥方式的热空气所带的粉尘在经过湿料区时被滤清，因此排气中的粉尘较少。三元前驱体是一种吸湿性较大、易产生粉尘的物料，要求干燥后的水分较低，采用逆流干燥方式较为合理。

采用复式传热回转筒式干燥机时，湿物料首先被内筒壁传导加热，然后由内筒内的热空气直接对流传热，使散热面积大大减少，同时热交换面积大大增加，其热能效率高。在干燥过程中，由于抄板的作用大大增加了物料与筒内壁及热空气的接触面积，整个干燥过程的降速干燥阶段较短，所以它的干燥速率较快，且较为均匀。

综合上面三种干燥设备的分析，将它们的特点进行综合对比，具体见表2-25。

表2-25　几种干燥设备的对比

设备名称	传热方式	干燥方式	干燥效率	处理效率	干燥均匀性	自动化	价格
热风循环烘箱	热传导	间歇干燥	低	低	差	否	便宜
盘式干燥机	热传导	连续干燥	高	较高	好	是	较贵
回转筒式干燥机	热传导和对流传热	连续/间歇干燥	高	高	好	是	昂贵

随堂练习

一、多选题

1. 以下干燥设备中，属于连续生产设备的有哪些？（   ）

A. 热风干燥循环箱   B. 盘干机   C. 回转筒式干燥机   D. 钟罩炉

2. 三元前驱体干燥后，还需要经过哪些工序才能出厂？（   ）

A. 批混   B. 筛分   C. 除铁   D. 包装

二、判断题

1. 热风循环烘箱是连续式生产的干燥设备。（   ）

2. 盘干机是间歇式生产的干燥设备。（   ）

3. 回转筒式干燥机适合大规模生产使用。（   ）

项目三　配料工序

　　三元材料配料的关键是配方，其生产原料主要是氢氧化镍钴锰和碳酸锂（或氢氧化锂）以及少量掺杂元素，几种原料的计量比可根据反应方程式确定。高温固相法生产三元材料时，碳酸锂或氢氧化锂在高温下会发生挥发，使得实际得到的三元材料成分比按理论计量比设计的配方合成的三元材料成分的锂与镍钴锰金属原子比小。由于三元材料中镍钴锰的比例不一样，其合成温度也不一样，锂盐挥发程度也不一样，锂的配比也就不一样。由于各厂家生产设备与工艺参数不一样，即使同样的配方，最终产品的锂与镍钴锰金属原子比也有较大差异，因此三元材料生产配方一般是一个经验数据，需要生产厂家严格进行品质管控。

任务一：锂化工艺

学习目标

扫码查看资源

【素质目标】

1. 树立牢固的规则意识，工作过程中要守规矩，严格遵守岗位操作规范，切实按工艺要求操作；

2. 树立品质意识，只有做好了自己岗位的工作，才能保证产品的质量。

【能力目标】

1. 能分析锂化工艺对正极材料品质的影响；

2. 能识记三元材料常用的锂化配比范围；

【知识目标】

1. 理解锂化工艺对正极材料品质的影响；

2. 掌握三元材料常用的锂化配比范围。

　　三元材料煅烧的反应式如式(3-1)式(3-2)所示，其中式(3-1)的锂源为碳酸锂，式(3-2)的锂源为单水氢氧化锂。

$$M(OH)_2+0.5Li_2CO_3+0.25O_2 \Longrightarrow LiMO_2+0.5CO_2\uparrow+H_2O\uparrow \qquad (3-1)$$
$$M(OH)_2+LiOH\cdot H_2O+0.25O_2 \Longrightarrow LiMO_2+2.5H_2O\uparrow \qquad (3-2)$$

式中：M 为 Ni、Mn、Co 中的三种元素的任意比例。

　　锂化配比即 Li 与 M 的物质的量比，按照上述化学反应方程式，$n(Li)/n(M)=1.0$，但在实际生产过程中，需要根据试验检测的物化结果，或者根据使用对象的不同选择综合性能最好或者是最适合的比例。在计算锂化配比时，需要知道三元前驱体的总金属含量、锂源的锂含量，但三元前驱体的总金属含量、锂源的锂含量并不能依据分子式算出的理论结果确定，实际结果和理论结果的偏差主要是由杂质含量和水分含量引起的，具体影响因素见表3-1。

表3-1　三元前驱体和锂源主含量的影响因素

项目	三元前驱体	碳酸锂	氢氧化锂
1	水分	水分	水分
2	杂质	杂质	杂质
3	测试误差	测试误差	测试误差
4	三元前驱体的氧化	—	碳酸锂含量

其中，三元前驱体的氧化主要是在反应过程中的氧化和反应完成后三元前驱体干燥时温度过高造成的氧化。一般三元前驱体烘干温度为 100~110 ℃，若烘干温度过高，三元前驱体氧化程度加深，三元前驱体变为氢氧化物和氧化物的混合体，组成发生变化后，金属含量也发生变化。

三元前驱体的水分含量较高，不同厂家生产的三元前驱体水分含量相差较大，其对总金属含量的影响也较大。以 NCM523 为例，不考虑杂质的影响，计算水分含量对三元前驱体总金属含量的影响，如图3-1所示。

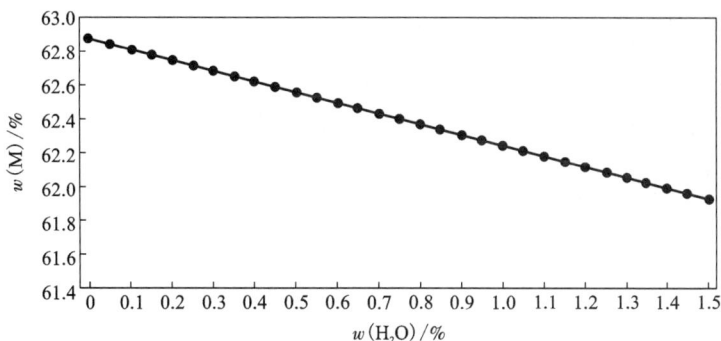

图3-1　不同水分含量对应的 NCM523 总金属含量

检测出三元前驱体的总金属含量和所用锂源的锂含量后，就可以进行锂化计算。一般情况下，三元材料的锂化配比范围为 1.02~1.15。下面就锂化配比对材料性能的影响举例。

在生产实践中发现，锂化配比是影响三元材料比容量和循环性能的主要因素之一。锂化配比还会影响三元材料的表面游离锂含量和材料的 pH。

锂化配比偏高或者偏低，三元材料的比容量都会降低，图3-2所示为相同煅烧温度和时间，不同锂化配比下 NCM622 的比容量变化。

使用不同的三元前驱体，得到的最佳锂化配比并不相同，图3-3所示为相同煅烧温度和时间，不同锂化配比下 NCM523 的比容量，图3-4 为图3-3 对应的循环性能。从图3-3 和图3-4 可以看出，当锂化配比为 1.06 时，NCM523 样品比容量最高，但循环性能并不是最优的。一般情况下，锂化配比稍微偏高的材料的循环性能较为优异，但比容量并不是最高的；

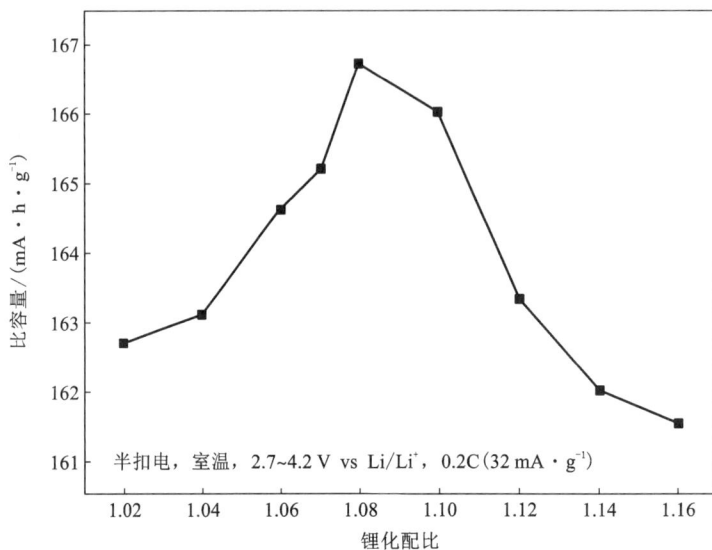

图 3-2　不同锂化配比对 NCM622 比容量的影响

锂化配比稍微偏低的材料能得到较高的比容量，但其循环性能有所降低。材料厂家应根据客户的具体要求，选择合适的锂化配比。

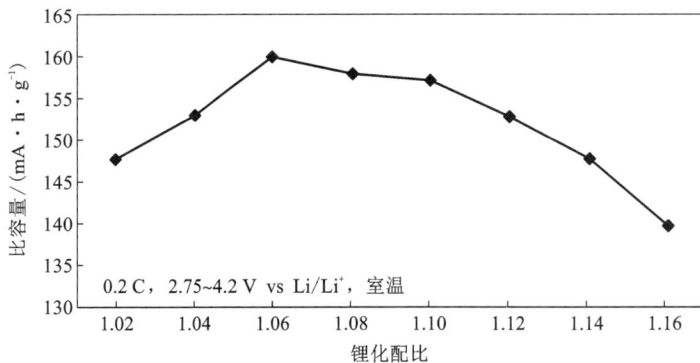

图 3-3　锂化配比对 NCM523 比容量的影响

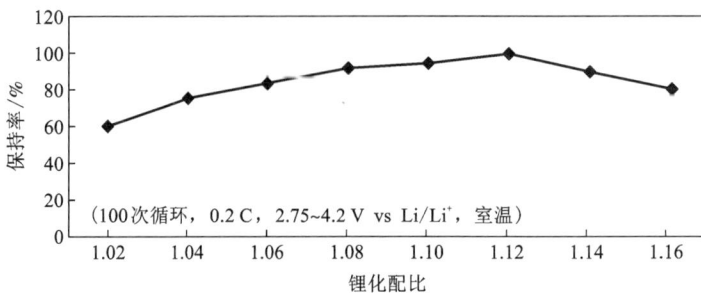

图 3-4　锂化配比对 NCM523 循环性能的影响

对于同一型号的产品,锂化配比越高,产品表面的游离锂越高,图3-5所示为某一型号产品表面碳酸锂残留量和锂化配比的关系,从图中可以看出,当锂化配比提高到1.10时,检测出材料表面的碳酸根含量已经接近0.5%。但锂化配比对三元材料的比表面积、振实密度等影响不明显。表3-2为不同锂化配比的NCM523材料的物化指标。

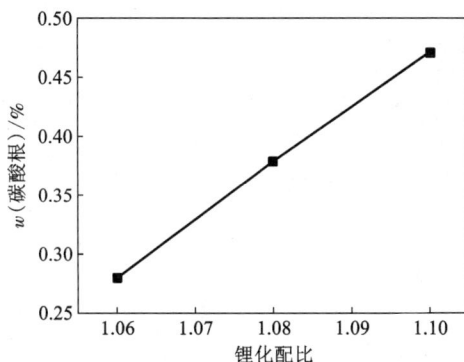

图 3-5　锂化配比对产品表面碳酸锂残留量的影响

表 3-2　不同锂化配比的 NCM523 比表面积和振实密度对比

锂化配比	1.06	1.08	1.10	1.12
比表面积/$(m^2 \cdot g^{-1})$	0.31	0.32	0.28	0.28
TD 典型值/$(g \cdot cm^{-3})$	2.51	2.50	2.54	2.48

✎ 随堂练习

一、单选题

三元材料的锂化配比范围为(　　　)。

A.2~3　　　　　　B.1.02~1.15　　　　C.0.3~0.6　　　　D.4~5

二、多选题

锂化工艺影响正极材料的哪些性能?(　　　)

A.比容量　　　　　B.循环性能　　　　C.表面游离锂含量　　D.材料 pH

三、判断题

1.锂化配比对三元正极材料的性能没有影响。(　　　)

2.理论上,高温固相法生产三元材料的工艺中,锂和过渡金属的物质的量之比应当为1:1。(　　　)

3.实际生产时,高温固相法生产三元正极材料的原料配比中,锂的量要稍多于理论需求量。(　　　)

任务二：配料设备

扫码查看资源

✏️ 学习目标

【素质目标】

1. 树立主人翁意识，把企业的发展和自身的发展结合在一起；

2. 设备是企业生产的重要载体，爱护和保养好设备是主人翁意识的体现。

【能力目标】

1. 能概述拆包站、计量设备的结构；

2. 能说出拆包站、计量设备的工作过程。

【知识目标】

1. 认识拆包站、计量设备的结构；

2. 理解拆包站、计量设备的工作过程。

3.2.1 拆包站

对大袋、小袋、纸袋等袋装物料进行自动或手动卸料的组合式卸料系统既可被称为组合式拆包站，也可被称为组合式拆包机。组合式拆包站由吨包拆包和小包拆包组成，吨包拆包是通过投料口进行解包卸料，小袋拆包是人工通过手套箱侧门把小包料送入手套箱进行解包。

组合式拆包站适用于粉末、颗粒物料、粉粒混合物、片状物料的拆包场合，适用于正极材料生产企业所有吨包、小包物料的开袋、投料等，也适用于广大粉状、颗粒物品、粉碎混合物以及片状物料的企业使用。

组合式拆包站结构简单，生产成本低，操作比较方便。在企业中使用组合式拆包站，其系统操作安全、稳定，工作效率较高。其工艺自动化，降低了操作人员的劳动强度。全程密闭式卸料方式的采用，不仅杜绝了粉尘飞扬，还实现了全密闭开袋投料和管道输送，改善了操作人员工作环境。下料过程中，拍打、破碎装置可以保障粉料顺利从大袋进入下步工序。生产操作中，可直接与手套箱、料斗、反应釜等设备连接使用。开袋过程由于无热量产生，故安全防爆，且能保障操作人员的健康。另外，组合式拆包站对防止金属物混进粉状产品中有显著效果。对细粉物料，该套设备可以内置或外接除尘器，以便将倾倒过程中产生的粉尘滤除，并将洁净尾气排入大气，使工人能在清洁的环境中轻松地工作。

设备整体高度可控制为 2~5 m，满足企业的层高要求。电动葫芦可以固定在框架上，顶部楼板无须承受此载荷。拆包站底部用地脚螺栓固定，无须预埋基础。拆包站数量多时，也可并排放置，便于工厂集中管理和规划。拆包站适用于冶金、制药、食品、化工等所有涉及粉体的各企业，特别适用于稀相、密相、高压、低压、正压、负压各种气力输送系统。

组合式拆包站主要由吨袋拆包、小包拆包和除尘器三大部分组成，包括框架、拆包料斗、电动葫芦、除尘器、旋转送料阀（根据后面工序要求设置此阀门）等。其外形图如图 3-6

所示。

其工作过程为：电动葫芦固定在顶部框架的横梁上，也可以固定在楼板上。吨袋由电动葫芦吊起，至料斗上方，袋口伸入料斗进料口内，然后关紧夹袋阀，解开扎袋绳索，袋内的物料利用自重和振动顺利流入料斗。物料经料斗落料到其下部的旋转阀，进入底部管道，利用振动可将物料输送至目的地，完成拆包输送工作。拆小袋包装物时，除尘器开启，人工将小袋包装物通过无动力滚轮送进手套箱仓内，关闭仓门，用内置割刀把小袋包装物破解落料，落料完成后将废袋放至废袋收集仓内。

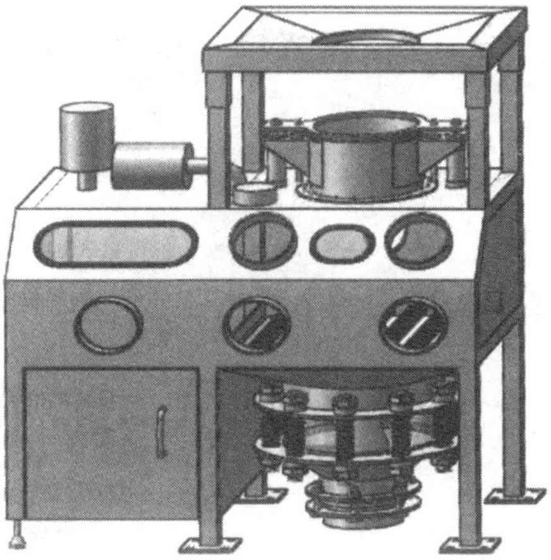

图 3-6 组合式拆包站外形图

3.2.2 配料称重系统

配料称重系统是一种用于锂电原料(如三元正极材料配料)、化工(如聚合物配料)、建筑(如混凝土配料)、农业(如饲料配料)、塑料(如 BOPP 配料)生产过程自动化的配料设备，通常是由带有自动配料算法软件的电脑(微机)作为其自动配料的控制系统。

在锂电原料、化工、化学、油漆、油脂、药品、饲料、日用化工、食品、制药等物品的生产过程中，往往需要将各种原料按一定比例的重量进行混合。以前，生产企业多采用流量计或体积比重的方法或机械衡器的计量方法来配料，这不仅工艺控制无法保证，计量精度低，而且受环境、温度的影响较大。配料称重系统包括原料的储存体、输送体、称重配料体、除尘体、物料混合体等多种设备，保证工艺，减少损失，计量精度非常高，可达到 0.1%。

粉体配料系统可靠性强，适用性强，称量精度高，自动化精度高，质量稳定，便于管理；设备采用电子式称重显示设计，计量精度高，校正、保养容易；物料处理能力专业，可以根据用户计量原料的特性，配备各类型供料机及进出料阀门；人机接口界面友好，可衔接各类型控制器来执行定量计量或配料的流程控制；可选择多种控制模式，如 PLC、人机界面、单片机、工控机等；系统集成经验丰富，可依用户需求规划设计周边配备；现场布局设计合理，可根据用户生产量及车间环境进行配置。

配料称重系统由缓存料仓、称重料仓、称重模块、U 形螺旋输送机、控制阀门、控制仪表等组成。其外形图详如图 3-7 所示。

加料前，先在触摸屏上设定目标重量及配方，通过控制缓存料仓阀门的开启和关闭来向称重料仓添加物料以达到目标重量。目标重量添加完成后，确定存放配好的物料的料桶为空(如高混机)，即可按下一键配料按钮，系统将自动启动配料。

配料称重系统工作过程为：自控螺旋输送机下料蝶阀或插板阀打开，伺服电机由慢到快带动螺旋输送物料，称重料仓的搅拌电机间断性开启，以破坏物料架桥，确保物料下料顺畅。整个配料过程分为四个阶段，即慢加料、快加料、超低速加料、间歇性加料(当快到目标重量时)，从而既确保配料精度要求，又满足生产量需求，达到高效率、高品质效果。

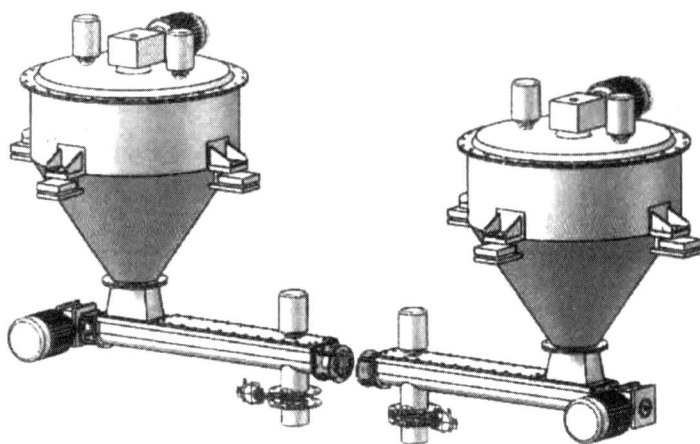

图 3-7　配料称重系统外形图

✎ 随堂练习

一、单选题

电动葫芦是一种(　　)设备。

A. 除尘　　　　　　　　B. 搅拌　　　　　　　　C. 起重　　　　　　　　D. 除铁

二、多选题

组合式拆包站的优势有(　　　)。

A. 自动化程度高,降低操作人员的工作强度

B. 密闭式卸料,没有飞扬的粉尘,对环境友好

C. 开袋过程无热量产生,无爆炸风险

D. 结构简单,生产成本低,操作比较方便

三、判断题

1. 组合式拆包站工作时,吨包和小包的进站方式相同。(　　　)

2. 组合式拆包站工作时,内置的除尘系统需要开启。(　　　)

3. 组合式拆包站特别适合块状物料的拆包。(　　　)

任务三：实训室配料操作

✎ 学习目标

【素质目标】

1. 时刻绷紧安全红线，树立牢固的实训安全意识；

2. 培养精益求精的大国工匠精神。

【能力目标】

1. 能按照实训室规范操作标准进行实训；

2. 能根据操作工单进行配料操作；

3. 能按"三废"处理方案规范处置污染废物。

【知识目标】

1. 熟悉实训室安全操作规范；

2. 掌握所用仪器设备的操作规范；

3. 理解实训室"三废"处理方案。

实训室中的正极材料制备规模很小，配料使用电子分析天平就可以完成。这里以 NCM523 的实验室制备为例，学习正极材料配料的实验室操作法。

（1）准备的材料和工具

实训设备和工具：电子分析天平、球磨罐 2 个、自封袋、药勺、大中小锆球。

实训材料：NCM523 前驱体（图 3-8），电池级碳酸锂（图 3-9）。

实训开始前，应确保两个球磨罐干燥清洁；电子分析天平一定要放在水平操作台上，调好水平，打开预热，待所有的数字归零稳定之后方可使用。实训的材料应保持干燥，无团簇和结块。

图 3-8　NCM523 前驱体

图 3-9　碳酸锂

（2）称料

按照工单要求，用自封袋称取 NCM523 前驱体 50 g、碳酸锂 21 g，投入其中一个球磨罐，使自封袋尽量无残留。研磨介质锆球总重量应和物料重量相等，大中小锆球的质量比为 2∶5∶3，所以称量大锆球 14 g、中锆球 35 g、小锆球 21 g，投入放物料的球磨罐。图 3-10 为氧化锆球。图 3-11 为球磨罐。

图 3-10 氧化锆球

图 3-11 球磨罐

行星式球磨机装球磨罐时必须对称使用，配重罐应和料罐的重量相等，配重罐内应使用锆球配重。

（3）整理操作台

称量结束后，应整理操作台，将所有实训工具恢复原位。物料污染的自封袋投入污染物专用收集箱，后由回收公司处理。两个球磨罐盖好备用。

项目四 混料工序

混料工艺要求将物料混合均匀，不同厂家采用的混合设备与工艺有所不同。生产三元材料的前驱体氢氧化镍钴锰是一种形貌非常好的球形颗粒，为了烧结后仍能保持良好的球形形貌，三元材料的原材料一般不采用湿法球磨混合，因为湿法球磨会破坏球形形貌。因此，目前自动化生产三元材料采用干法混合工艺。干法混合工艺尽管混合效果不如湿法混合，但干法混合成本低、效率高、环保安全，同时可以保证不破坏前驱体的形貌，产品性能可以通过调节烧结工艺参数如烧结温度、时间、气氛等来保证。三元材料的干法混合目前有两种工艺，一种是采用高速混合机，高效混合每批次的混合量可以是 100~1000 kg，混料时间和混合量有关；另一种是采用干法球磨机混合，为了不破坏前驱体的形貌，一般采用钢球外包聚氨酯(聚氨酯比较软，对形貌破坏小)。干法球磨机混合每批次的混合量可以是 500~2000 kg，时间为 4~5 h。本项目中，将高速混合机作为工业化设备介绍，实训室小型化生产可采用球磨机。

任务一：高速混合机

✎ 学习目标

扫码查看资源

【素质目标】

1. 树立主人翁意识，把企业的发展和自身的发展结合在一起；
2. 设备是生产的重要载体，要提高爱护和保养好设备的意识。

【能力目标】

1. 能概述高速混合机的适用工艺；
2. 能说出高速混合机的结构和工作原理。

【知识目标】

1. 理解高速混合机的适用工艺；
2. 认识高速混合机的结构和工作原理。

目前，许多企业采用高速混合机作为混料设备。在高速混合机底部设计一个搅拌叶片，通过叶片的高速旋转实现各种粉末物料的强力对流混合、扩散混合、剪断混合，从而达到快速均匀混合的目的，一般混合时间为 10~20 min，对物料形貌不会有破坏性影响。

高速混合机适用于固-液、固-粉、粉-粉、粉-液物料的混合、制粒等工艺，颗粒利于压片、胶囊填充等，粉末、颗粒物料、粉粒混合物、片状物料的拆包场合中，适用于所有吨包、小包物料的开袋、投料等，也适用于广大粉状、颗粒物品、粉碎混合物，以及片状物料的企业使用。

高速混合机的底部装有可调节支承脚和减振垫铁，可快速调节设备水平。工作中，减振垫铁可起到缓冲作用。控制系统为 PLC 控制触摸屏操作系统，能显示运行参数、实际工作参数，准确进行设定与控制，具有可靠性、可操作性和可维护性，且简便、直观、易掌握，可以满足客户不同物料工艺操作参数的多样化选择。混料全过程采用自动化工艺，可降低操作人员劳动强度。全程密闭式卸料，杜绝粉尘飞扬，进行无尘操作，改善操作人员工作环境。本设备容积为400 L，可根据物料的特性自行选择每次需混合的量，可选择性大，广泛应用于制药、食品、化工、农药等行业。

高速混合机主要由制粒锅体、搅拌桨系统、切割刀系统、气密封、传动部件、出料装置、锅盖等组成。其外形图如图 4-1 所示。

物料经人工上料或真空上料机、螺旋输送等其他辅助设备进入容器中，在搅拌器的作用下呈

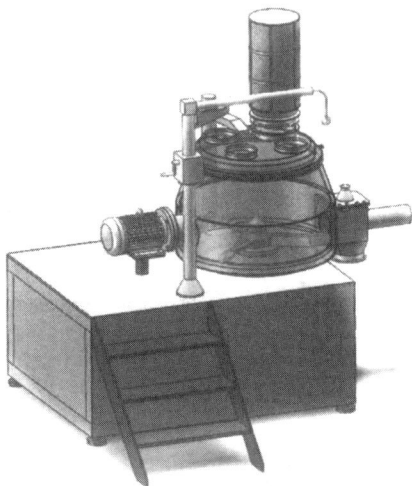

图 4-1　高速混合机外形图

环向、径向、轴向运动，进行充分混合，最后通过其他形式进入下一道工序。

任务二：实训室混料操作

✏️ 学习目标

【素质目标】

1. 时刻绷紧安全红线，树立牢固的实训安全意识；
2. 培养精益求精的大国工匠精神。

【能力目标】

1. 能按照实训室规范操作标准进行实训；
2. 能根据操作工单进行混料操作；
3. 能按"三废"处理方案规范处置污染废物。

【知识目标】

1. 熟悉实训室安全操作规范；
2. 掌握所用仪器设备的操作规范；
3. 理解实训室"三废"处理方案。

实训室混料可选择行星式球磨机，本任务以 JC-QM 系列行星式球磨机为例。该球磨机可安装 4 个球磨罐，正极材料的混料要使用非金属球磨罐。设备运行的参数通过变频控制器设定和控制。

（1）安装球磨罐

打开行星式球磨机的保护罩，将本书项目三任务三中配料完成的两个球磨罐放在设备对称的位置。要注意将球磨罐放在磨筒的正中间。紧固装置接触球磨罐的位置也要固定在罐盖的正中间，如图4-2所示。紧固装置上面有卡槽，卡槽要卡到磨盘的护板上，如图4-3所示。

固定球磨罐时，需先锁紧螺丝，再紧固横向的压紧螺栓，如图4-4所示。球磨罐安装完毕后，盖紧球磨机的保护盖。卸下球磨罐时，按上述倒序操作。

扫码查看资源

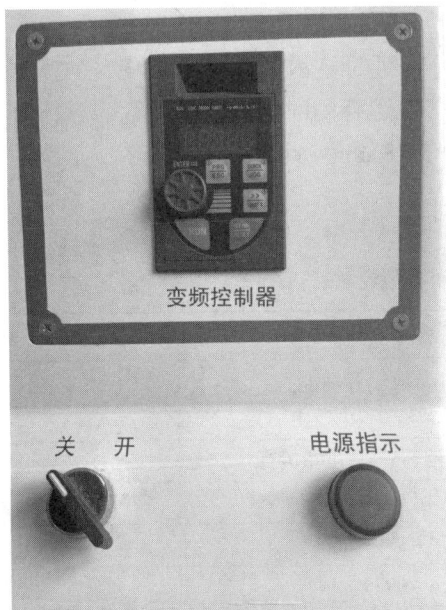

图4-2 球磨罐安装位置

图4-3 卡槽安装图

图4-4 紧固螺栓

图4-5 变频控制器界面

（2）设置球磨机参数

球磨机电源接通之后，电源指示灯会亮起绿色的灯，打开开关启动变频控制器，就可以设置球磨机的参数了。变频控制器界面见图4-5。

扫码查看资源

按设置键（PRG/ESC）进入设置界面，此时显示器显示Fn。程序按以下流程设置：

①按下面板旋钮中间的确认键（ENTER），进入F00，F00参数分为0和1，1代表球模机参数设置功能打开，0代表球模机参数设置功能关闭。按确认键（ENTER）进入参数选择界面，旋转旋钮可调整参数。

②再按确认键（ENTER）进入F01，F01是球磨机的运行方式，F01参数分为0和1，0代表的是单向运行，1代表的是交替运行。按确认键（ENTER）进入参数选择界面，混料操作可选择参数0，即单向运动。

③按取确认键（ENTER）进入F02，F02是运行

定时控制，有 0 和 1 两个参数，0 代表的是不定时，1 代表的是定时。按确认键（ENTER）进入参数选择界面，选择参数 1，启动定时功能。

④按下确认键（ENTER）进入 F03，F03 是交替运行时间设定。按确认键（ENTER）进入参数选择界面，如不需要交替运行，则 F03 的参数选为 0000；如需要交替运行，按箭头键移动光标，旋转旋钮调整光标处数字大小。

⑤按下确认键（ENTER）进入 F04，F04 是交替运行间隔待机时间。按确认键（ENTER）进入参数选择界面，此参数范围为 0~9999 min，按需调整。

⑥按下确认键（ENTER）进入 F05，F05 是单项运行时间设定。按确认键（ENTER）进入参数选择界面，本工艺球磨时间为 30 min，所以把 F05 参数调为 30。

⑦按下确认键（ENTER）进入 F06，F06 是单项运行间隔待机时间。按确认键（ENTER）进入参数选择界面，按需调整，不需要调为 0。

⑧按下确认键（ENTER）进入 F07，F07 是单向运行的运动转向，有两个选项 0 和 1，0 代表的是正转，1 代表的是反转，按需调整。

⑨按下确认键（ENTER）进入 F08，F08 是定时运行总时间。按确认键（ENTER）进入参数选择界面，本工艺为单向球磨 30 min，所以此参数设定为 30 min。

⑩按下确认键（ENTER）进入 F09，F09 是拖动系统的传动比，此参数非必要不调整，保持 0.5 不变。

⑪按下确认键（ENTER）进入 F10，F10 是显示方式，即运行过程中初始界面的显示参数，1 代表的是显示转速，0 代表的是显示频率。按确认键（ENTER）进入参数选择界面，一般建议运行过程中，显示器显示转速，所以本选项调为 1。

⑫按下确认键（ENTER）进入 F11，F11 是恢复出厂设置，涉及 0 和 1 两个参数，0 为不恢复出厂设置，非必要不恢复出厂设置。

⑬按下确认键（ENTER）进入 F12，F12 是当前运行时间的显示。运行过程中，调整到 F12，按确认键（ENTER）进入参数界面，可以看到当前工艺运行的时间，例如设置的运行时间为 30 min，运行中 F12 参数显示 18，则表示已经运行了 18 min。此参数只能查看，不能调整。参数汇总表见表 4-1。

表 4-1　JC-QM 系列行星式球磨机参数汇总表

参数	控制项目	参数参量	建议值
F00	参数设置功能	1：球磨机参数设置功能打开； 0：参数设置功能关闭	1
F01	运行方式	0：单向运行；1：交替运行	0
F02	运行定时控制	0：不定时；1：定时	1
F03	交替运行时间设定	0.1~9999 min	0
F04	交替运行间隔待机时间	0.1~9999 min	0
F05	单向运行时间设定	0.1~9999 min	30
F06	单向运行间隔待机时间	0.1~9999 min	0
F07	单向运行的运转方向	0：正转；1：反转	0/1

续表4-1

参数	控制项目	参数参量	建议值
F08	定时运行总时间	0.1~9999 min	30
F09	拖动系统的传动比	0.01~99.99	0.5
F10	显示方式	0：显示频率；1：显示转速	1
F11	恢复出厂设置	0：不恢复出厂设置；1：恢复出厂设置	0
F12	当前运行时间	不能调整，运行过程中查看	—

注：旋钮按下为确认键(设置参数时必须按此键)。

当所有参数设置完成后，双击设置键(PRG/ESC)回到初始界面，初始界面显示 0，代表当前没有转速。绿色的运行按键(RUN)是运行，红色的停止键(STOP)是停止。运行后，球磨机开始转动，显示器上显示当前转速。混料工艺采用转速 250 r/min，旋转按钮可调整转速，顺时针旋转转速增加，逆时针旋转转速降低。

启动球磨机后，运行 3 min 后，需停止运行，查看球磨罐是否松动，若松动需紧固，无松动则继续运行。当程序运行结束，关闭球磨机，将开关旋扭扭到关，待屏幕上出现 off 以及屏上的屏闪全部熄灭后，拔掉电源。

图 4-6 筛底、筛网、筛盖

（3）球料分离

扫码查看资源

球磨机停止运行后，卸下球磨罐。球磨罐中包含混好的原料和锆球，需要进行球料分离。此环节使用 40 目的筛网(配筛底)和刷子，物料易残留在筛网(配筛底)和刷子上，所以要专料专用。如本次做的混料是 NCM523 的原料，则需要选用标记为 NCM523 的筛网(配筛底)和刷子，如图 4-6 所示。

将混合好的原料和研磨球倒入筛网，注意套好筛底，不能漏粉。罐中余料用料勺刮出，尽量减少残留。

用刷子轻扫物料，避免扬尘。待所有物料都落入筛底，将研磨球用勺子收入混料的球磨罐以备清洗。筛底的物料装入自封袋，在标签纸上写好物料名称和混料日期，贴在自封袋上。

（4）球磨罐的清洗

扫码查看资源

被物料污染的球磨罐和锆球需要清洗干净。向被物料污染的球磨罐中加入三分之二的水和三滴清洁剂，盖好盖子。

行星式球磨机装球磨罐时必须对称使用，配重罐和料罐的重量应相等，配重罐内应使用锆球配重，可用小型台秤称量两罐以保证重量相等。两罐以 150 r/min 的转速运行 10 min，程序设置方法参照第(2)步设置球磨机参数。之后清洗料罐，注意前两遍的洗水一定要倒入废料桶，以免重金属污染水源。操作完成后，实训场所应按 5S 管理要求整理。

项目五　烧结工序

烧结工序是三元材料生产的最核心工序，是生产过程中最关键的控制点。锂离子电池正极材料生产原料经均匀混合、干燥后装入窑炉进行烧结，然后从窑炉卸料后进入粉碎分级工序。

任务一：认识煅烧工艺

✏️ 学习目标

【素质目标】

1. 树立终身学习的意识，跟上行业发展的脚步，牢固推陈出新的意识；

2. 立足本职岗位，对工作要知其然并知其所以然。

【能力目标】

1. 能表达烧结的3个关键工艺参数以及影响烧结工艺参数的因素；

2. 能说出三元前驱体性能对烧结成品的影响。

【知识目标】

1. 掌握烧结的3个关键工艺参数以及影响烧结工艺参数的因素；

2. 理解三元前驱体性能对烧结成品的影响。

烧成过程包括多种物理化学变化，例如脱水、多相反应、熔融、煅烧等。三元材料的烧成反应是固相反应，指在一定的温度下，三元前驱体和锂源发生固相反应生成 $LiMO_2$，经过一定时间的煅烧，得到完整晶型的层状结构的 $LiMO_2$ 的过程。氢氧化物前驱体和不同锂源的反应见式(5-1)和式(5-2)。其中式(5-1)的锂源为碳酸锂，式(5-2)的锂源为单水氢氧化锂。

$$M(OH)_2 + 0.5Li_2CO_3 + 0.25O_2 \rlap{=\!=\!=} LiMO_2 + 0.5CO_2\uparrow + H_2O\uparrow \tag{5-1}$$

$$M(OH)_2 + LiOH\cdot H_2O + 0.25O_2 \rlap{=\!=\!=} LiMO_2 + 2.5H_2O\uparrow \tag{5-2}$$

从反应方程式可以看出，三元材料的烧成是氧化反应，需要一定的氧气参与反应。

三元材料煅烧工艺中最重要的是煅烧温度、煅烧时间、煅烧气氛。

5.1.1　煅烧温度和煅烧时间

煅烧温度和煅烧时间是影响三元材料性能的重要因素，但两者不是完全独立的。当煅烧温度略高时，可适当缩短煅烧时间；当煅烧时间过长时，可适当调低煅烧温度。

扫码查看资源

5.1.1.1 煅烧温度

在晶体中，晶格能越大，离子结合越牢固，离子扩散也越困难，所需煅烧温度也越高。各种晶体由于键合情况不同，煅烧温度相差也很大，因此不同组分的三元材料，其煅烧温度具有较大的差异性，这与镍氧、锰氧、钴氧的键合情况有很大的关联性。对于同一种晶体，其结晶度也不是一个固定不变的值，所以采用不同厂家或不同工艺生产的三元前驱体生产三元材料时确认的较佳煅烧温度各不相同。

温度对材料性能的影响很大。一般来说，随着温度的升高，物料的扩散系数增大，从而促进了离子和空位的扩散、颗粒重排等物质传递过程，使得煅烧速度加快。温度升高对材料的松装密度影响不大，而对产物的振实密度影响较大。温度升高，可促使产物中的一次颗粒生长得粗大、致密，提高振实密度。另外，原料中许多未成球的团聚小颗粒也由于固相反应而重新生长成结构致密的产物，因此适当提高煅烧温度对反应是有利的。但是温度过高，容易生成缺氧型化合物，而且还会促使二次再结晶，同时材料的晶粒变大，比表面积变小，不利于锂离子在材料中的脱出和嵌入；温度过低，反应不完全，容易生成无定形材料，材料的结晶性能不好，且易含有杂相，对材料的电化学性能影响也较大。所以只有当煅烧温度适中时，才能使材料的加工性能和电化学性能达到最佳状态。不同组分的三元材料，其煅烧温度必须配合差热和热重分析来确定。

不同组分的三元材料，其煅烧温度也不同。一般情况下，镍含量越高，煅烧温度越低。图5-1所示为几种常见三元材料的煅烧温度趋势图。

煅烧温度直接影响材料的容量、效率和循环性能，对材料的表面碳酸锂和pH影响较为明显，对材料的振实密度、比表面积有一定影响。图5-2所示为不同煅烧温度下

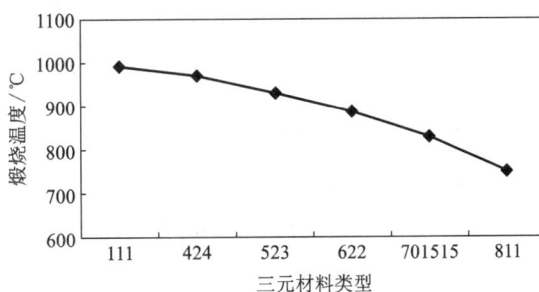

图5-1 几种常见三元材料煅烧温度趋势

NCM622产品的性能，图中产品制备所用的三元前驱体、锂源、混料工艺、煅烧时间和煅烧设备完全相同。

5.1.1.2 煅烧时间

在一定范围内，煅烧时间对材料的容量、比表面积、振实密度、pH的影响不太明显，但对材料表面碳酸锂和产品单晶颗粒大小影响较大。表5-1为NCM523在不同煅烧时间下的产品性能。

表5-1 NCM523不同煅烧时间下的产品性能

编号	煅烧时间/h	容量/(mA·h·g^{-1})	TD/(g·cm^{-3})	比表面积/(m^2·g^{-1})	表面碳酸锂/%	pH
523-1	9	156.5	2.48	0.32	0.96	11.75
523-2	11	156.2	2.43	0.31	0.61	11.71
523-3	14	156.3	2.44	0.29	0.31	11.69

(a) 温度比容量、效率图

(b) 温度-循环性能图

(c) 温度-TD/比表面积图

(d) 温度-表面碳酸锂，pH图

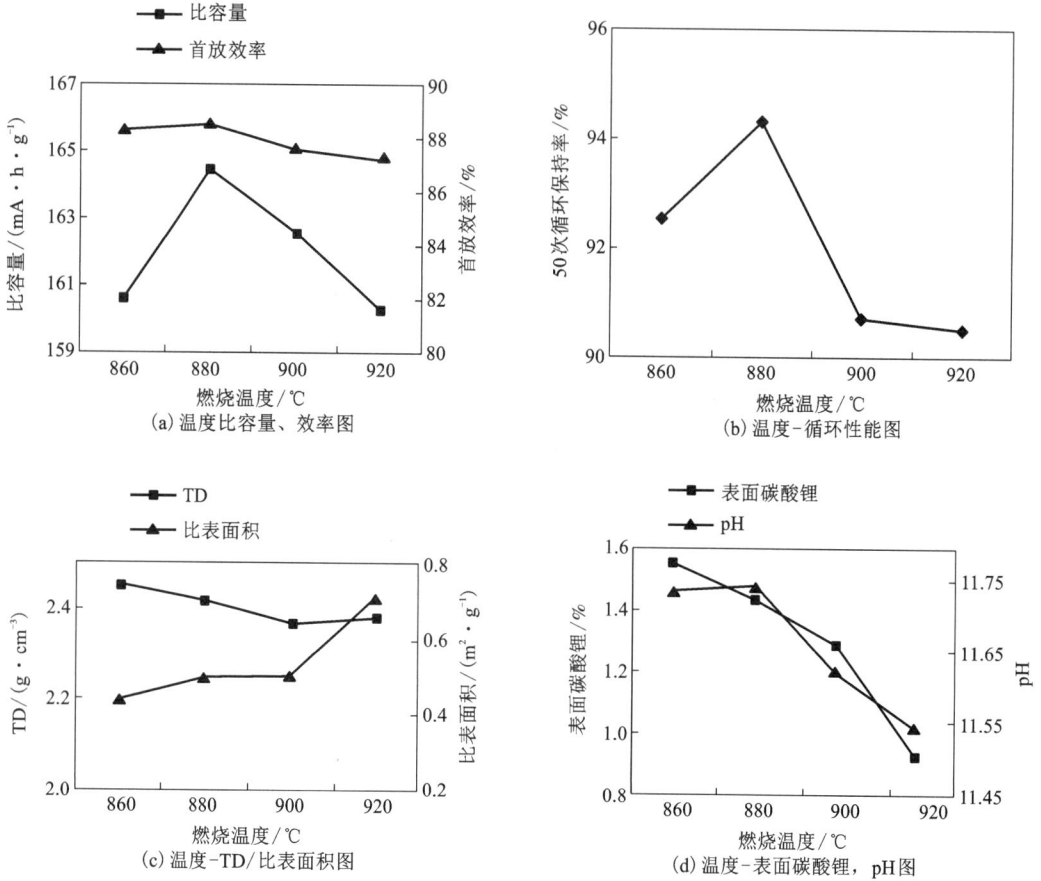

图5-2 不同煅烧温度下NCM622产品的性能

5.1.2 烧失率和煅烧气氛

烧失率是指物质经过某些反应后损失的质量与之前的质量的比值。这里的烧失率指物料经过窑炉煅烧后损失的质量与物料进入煅烧炉之前质量的比值。由式(5-1)和式(5-2)可以计算出三元材料烧成反应过程的理论烧失率，见表5-2。从表中可以看出，以碳酸锂为锂源时，三元材料烧失率约为25%；以氢氧化锂为锂源时，三元材料烧失率约为28%。这部分质量的损失主要是由废气的产生造成的。从式(5-1)和式(5-2)可以看出，三元材料煅烧过程中，吸收了一定量的氧气参加反应，同时也排出了大量的气体，锂源不同时，排出的废气不同。以碳酸锂为锂源时，废气是二氧化碳和水蒸气；以氢氧化锂为锂源时，废气主要是水蒸气。

表5-2 部分三元材料的理论烧失率

单位：%

锂源	NCM111	NCM424	NCM523	NCM622	NCM701515	NCM811	NCA801505
碳酸锂	24.91	24.97	24.89	—	—	—	—
氢氧化锂	27.72	27.78	27.70	27.63	27.59	27.55	27.80

因为三元前驱体和锂源一般都含有一定量的水分，且不同工艺采用的锂化配比不一样，一般情况下是锂源稍多，所以根据反应方程式计算的烧失率一般都比实际生产过程中的烧失率低。将三元前驱体和锂源混合后的材料进行差热分析，得到的结果都高于理论烧失率。表5-3中数据为NCM523烧失率的理论计算结果和DSC测试结果对比。

表5-3　NCM523烧失率的理论计算结果和DSC测试结果对比　　　　单位：%

锂源	理论计算结果	DSC测试结果
NCM523+碳酸锂	24.89	25.28
NCM523+氢氧化锂	27.70	28.04

煅烧气氛一般分为氧化、还原、中和三种。从式（5-1）和式（5-2）可以看出，三元材料的煅烧过程是氧化反应，需要消耗氧气。在扩散控制的三元材料的煅烧中，气氛的影响与扩散控制因素有关，与气孔内气体的扩散和溶解能力有关。三元材料煅烧过程中，是由阳离子扩散速率控制的。因此，在氧化气氛中煅烧，表面会聚集大量的氧气，使阳离子空位增加，有利于阳离子扩散的加速和促进煅烧。所以，三元材料的煅烧过程要确保有足够多的氧分压。增加氧分压的方法有：①增加进气量和排气量，稀释反应产生的气体浓度；②减少煅烧量，从而减少废气的量；③纯氧气煅烧。

综合生产成本来考虑，在提高产能的同时，厂家一般会选择增加进气量和排气量的方法来增加氧气分压。

以碳酸锂为锂源时，煅烧过程中会有二氧化碳和水蒸气产生；以单水氢氧化锂为锂源时，则只产生水蒸气。按照式（5-1）和式（5-2）可以计算出反应过程中的理论耗氧量和产气量。以NCM523为例，计算煅烧出1 kg NCM523所需要的氧气和产生的气体量，见表5-4。

表5-4　煅烧出1 kg NCM523的耗氧量和排气量　　　　单位：mol

锂源	二氧化碳	水蒸气	耗氧量	氧气对应的空气量
碳酸锂	5.2	10.4	2.6	12.4
氢氧化锂	0	26.0	2.6	12.4

从表5-4中可以看出，锂源为碳酸锂时，每公斤成品的产物为5.2 mol的二氧化碳和10.4 mol的水蒸气；锂源为氢氧化锂时，每公斤成品的产物为26 mol的水蒸气。不同的锂源消耗的氧气量相同。按照气体体积公式，在标准态下，每摩尔气体的体积是22.4 L。将理论耗氧量和废气产生量计算成标准态下的体积，5.2 mol二氧化碳体积为116.5 L，10.4 mol水蒸气体积为233 L，26 mol水蒸气体积为582 L，2.6 mol氧气体积为58 L，对应空气为278 L。煅烧过程中的产气体积大于耗气体积，所以在煅烧过程中既要保证产生的废气及时排出，也要保证有足够的氧气供应。若废气排出不及时或氧气短缺，会造成煅烧炉的炉膛内氧分压不断降低，反应平衡向左移动，导致反应速度减慢，不利于晶粒的生成以及长大。最终会导致反应不完全，影响材料性能。

将三元前驱体和锂源混合均匀后做 DSC 分析,可以找到煅烧过程中开始产生气体的温度和消耗氧气的温度,在这些特定的温度区间,应补充足够的氧气,及时排出废气,保证反应正常进行。

5.1.3 三元前驱体对煅烧工艺及成品性能的影响

三元前驱体的主要指标有镍含量、钴含量、锰含量、总金属含量、杂质含量、振实密度、粒度分布、比表面积、形貌等。其中镍、钴、锰的含量是判断三元前驱体组分是否符合要求的唯一指标;总金属含量是配锂的关键指标,也是判断三元前驱体是否氧化的重要参数;振实密度、粒度分布、比表面积、形貌等影响煅烧工艺和成品性能;杂质主要影响成品电化学性能。当采用不同厂家的三元前驱体进行煅烧的时候,需要对工艺参数进行调整,才能得到性能相同的成品。有些品质较差的三元前驱体,无论如何调整工艺参数,都无法得到品质优异的成品。下面具体介绍三元前驱体的氧化、粒度分布、形貌对煅烧工艺和成品性能的影响。

5.1.3.1 三元前驱体的氧化

三元前驱体的理论总金属含量为固定值。一般情况下,因三元前驱体含有水分和杂质,实际金属含量都低于理论金属含量。但氧化的三元前驱体,因其分子式已经发生变化,所以金属含量高于氢氧化物的金属含量。氧化的原因有反应过程中氧化、烘干温度过高氧化等。氧化、未氧化三元前驱体的煅烧制度不一样,若用未氧化三元前驱体的煅烧制度煅烧氧化三元前驱体,则成品性能将大大降低。表 5-5 中 1# 样品为反应过程中氧化的三元前驱体,2# 样品为未氧化的三元前驱体,从表中可以看出,氧化三元前驱体的金属含量已经高于理论值,煅烧出来的成品容量比未氧化三元前驱体的低 10 mA·h/g 左右,为不合格品。

表 5-5 氧化、未氧化三元前驱体金属含量和成品性能对比

样品	前驱体总金属含量/%	成品容量/(mA·h·g⁻¹)
1#	63.46	135.4
2#	62.08	145.8

5.1.3.2 粒度分布

三元前驱体粒径大小不一样,需要的煅烧温度也不相同。粒径越小,从颗粒表面到中心的传热需要的时间越短,如果煅烧温度相同,颗粒越小,煅烧需要的时间越短,单晶成长越快。粒径分布越窄的三元前驱体,反应过程中从颗粒表面到中心的传热需要的时间越一致,晶粒的生成、长大时间也一致,得到的单晶颗粒大小也基本趋于一致。而粒径分布不均匀的三元前驱体,得到的单晶颗粒大小也不相同。

5.1.3.3 形貌

不同工艺参数生产出来的三元前驱体形貌各不相同。单晶颗粒细小的三元前驱体,需要的煅烧温度较低,成品单晶也较小;三元前驱体单晶呈厚片状的,煅烧的成品单晶也较大。两种形貌的成品压实密度和倍率性能也会有所不同。

锂离子电池正极材料的工业化生产通常采用高温固相烧结合成工艺,其关键设备是烧结

窑炉。对正极材料生产而言,窑炉的控温精度、温度均匀性、气氛控制与均匀性、连续性、产能、能耗和自动化程度等技术经济指标至关重要。

任务二:认识匣钵及其排列形式

✎ 学习目标

【素质目标】

1. 树立成本意识,合理节约企业的耗材,才能使企业走得更远;
2. 树立质量意识,理解质量是企业的生命线。

【能力目标】

1. 能详述匣钵的材质要求,能画出匣钵的结构示意图;
2. 能说出匣钵的排列形式和温度分布特点。

【知识目标】

1. 了解匣钵的材质要求,理解匣钵的尺寸形状;
2. 理解匣钵的排列形式和对应的温度特点。

炉窑的结构形式及容量大小差别较大,但是粉体都是定量盛放于由耐火材料制成的钵中才能送入窑炉中进行高温焙烧的,所以熟悉匣钵的结构形式和排列形式非常重要。装粉料的匣钵是由不含铅锌铜元素的非金属耐火材料制成的,形状有方形和圆形。目前,生产线上主要用方形的匣钵,较少用圆形的,因为方形的匣钵在窑炉中可以紧密排列,且不留或少留间隙。这对充分利用窑炉空间、保证窑炉内温度场的均匀以及匣钵在窑炉内匀速、顺序地行进有很大好处。常用

图 5-3 低钵的外形图

的方形钵,其长度和宽度为 320 mm 或稍大些。目前,经常使用的方形钵高度有两种:一种是高度为 100 mm 的低钵,钵的上沿四周各有一个宽约 100 mm、深约 20 mm 的缺口,如图 5-3 所示;另一种是高度为 110 mm 的高钵,钵的上沿四周无缺口。两种钵的选用取决于窑炉炉膛的高度以及产能的要求。一般的窑炉进口是两只钵叠放在一起,然后四叠排成一行。两排钵之间可以无间隙或留有少量间隙,这是根据该台窑炉温度场的分布决定的。两只叠起来的钵可以全是 100 mm 高的低钵,也可以是下层是 1 只 100 mm 高的低钵,其上再叠一只高度为 110 mm 的高钵。低钵上沿开有四个缺口的功用:有了这个缺口,窑炉内的高温气体可通过这个缺口进入钵中,可使叠放在下层的钵与上层的钵一样受热均匀。出窑以后人工或机械手的手指可方便地插入这个缺口中将上下钵分离。每只钵装料量的多少与烧结的次序有关,因此,装钵量的多少以及采用何种形式的钵进入炉窑完全与产能有关。

三元材料煅烧匣钵的选用一般需满足以下条件:①耐碱腐蚀,不与原材料反应;②热稳定性好;③高温荷重软化点高于煅烧温度;④导热性好、冷热急变性好;⑤透气性好。

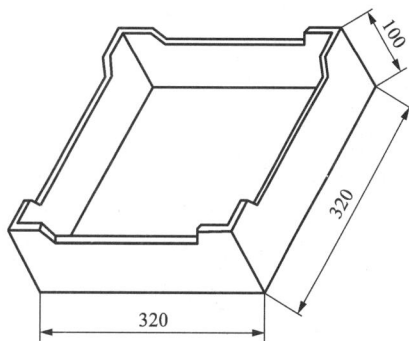

日本 Noritake 公司不同材料的匣钵性能见表 5-6。

表 5-6　日本 Noritake 公司不同材料匣钵性能对比

匣钵材质	莫来石-董青石		莫来石	氧化铝		尖晶石-董青石		氧化镁		氧化锆	SiC
型号	KR-1	ANC	NR-H	TA-T	MM-8	MK-3	MK-10	FM-PS	MMA-G2	MY-Z42	R-SiC
气孔率/%	28	35	24	<0.1	20	33	28	<0.1	17	20	15
体积密度 /(g·cm^{-3})	2.2	1.9	2.3	3.9	3.2	2.1	2.4	3.2	2.9	4.5	2.7
弯曲强度/MPa	8	13	11	250	25	9	14	100	23	15	90
热膨胀率/%	036	0.23	0.36	0.81	0.83	0.24	0.48	1.30	1.35	0.58	0.48
热传导率/%	0.9	1.37	1.8	36	2.9	1.4	1.5	15	3.7	0.8	80
最高使用温度/℃	1200	1200	1200	1600	1600	1200	1200	1600	1300	1750	1350
化学成分 $w(Al_2O_3)$/%	67.0	53.9	65.0	99.5	99.8	59.2	68.1	0.4	—	—	—
$w(SiO_2)$/%	29.0	37.0	35.0			18.5	13.7	0.4	3.0		
$w(MgO)$/%	2.1	5.6	—	—	—	21.4	17.2	98.5	96.1	—	—
其他	MY-Z42 氧化锆；$ZrO_2+CaO=99.0\%$；R-SiC；SiC=98.5%										

　　煅烧三元材料时，开裂、内部腐蚀掉渣是匣钵损坏的主要原因。一般来说，铝含量越高，抗三元材料腐蚀能力越强，越不容易产生掉皮、掉渣等现象，刚玉-莫来石材质、氧化铝材质具有较好的抗碱腐蚀性能，但其具有冷热急变性差的特点，容易开裂损坏且造价高昂。实际生产过程多采用莫来石材质、莫来石-董青石材质，单个匣钵可使用 10~15 次，但一般使用到 4 次左右时便开始出现轻微掉皮、掉渣现象并逐渐加剧，这是这两种材质最大的缺点，因此有些匣钵厂家在此基础上开发出了锆-莫来石材质的匣钵，相比而言具有更好的抗腐蚀性，使用寿命也更长。

随堂练习

一、多选题

正极材料混合料的烧结容器匣钵的材质有什么特点？（　　　）
A. 通常是方形的　　　B. 不含铅锌铜元素　　C. 属于耐火材料　　　D. 易碎易破

二、判断题

1. 正极材料烧结用的匣钵通常是圆形的。（　　　）
2. 正极材料的工业化生产中，匣钵常以双层叠放形式排列。（　　　）
3. 匣钵非常结实牢固，不易损坏。（　　　）
4. 正极材料生产选用的匣钵材质要求严格，不能污染正极材料。（　　　）

任务三：认识窑炉自动装卸料系统

✏️ 学习目标

【素质目标】

1. 树立人文关怀意识；

2. 树立产品质量意识，认识到自动化的产线有助于产品质量的提升。

【能力目标】

1. 能详述窑炉自动装卸料系统的优势；

2. 能画出窑炉自动装卸料系统的工作过程。

【知识目标】

1. 了解窑炉自动装卸料系统的诞生背景；

2. 理解窑炉自动装卸料系统的工作过程。

以三元正极材料的烧制为例，三元前驱体、锂源按工艺的比例混合后的第一次烧结，炉窑内部烧结温度为 750~1000 ℃，有的材料要求烧结温度更高。第二次烧结则是除了定量加入一些其他材料进行二次配料外，往往还加入某些材料进行包覆处理，炉窑内部烧结温度为 600~800 ℃。因此，炉窑周边的辐射温度很高，夏天，窑炉周边的辐射温度有时达到 50 ℃，尤其是在出口，当满载烧结后物料的钵缓慢输出时，钵体的温度可达 130 ℃，因此出窑段辐射温度更高，可达 60 ℃。出窑后，锂离子电池正极材料还需防止空气中的灰尘、游离的金属单质或湿空气对它的污染，故其暴露在空气中的时间越短越好。有的要求品质更高的材料，甚至需用氮气进行保护。正因为有此要求，所以盛满物料的钵出窑后要迅速将钵与物料分离。

在实现自动化生产前是完全依靠人工将尚处于高温状态的钵翻转过来，将钵中的料倒出。因此，工人劳动强度极大，尤其是夏天，既不能开风扇调节气温，也不能用冷水降温。因此，即使体格强壮的工人，每次也难以支撑几十分钟，再加上钵是一种易碎易破的耐火材料制成品，每只钵的价格为几十元，要在高温环境下人工戴着厚重手套连续快速地将重达十余千克的钵翻过来倒掉且要轻拿轻放，实在是很难做到。

因此，炉窑生产工段工作的人员体能消耗相当大，迫切需要用自动化设备来替代人工操作。然而，实现自动化操作亦有不少难度。第一，自动化设备都是金属材质构成的，金属机构在工作时有相对运动，由于摩擦而产生金属单质，很易污染刚从窑炉内出来的物料；第二，有相对运动的机械必然有润滑系统，润滑油在辐射温度很高的现场容易挥发，一方面由于挥发减少了润滑能力，另一方面润滑油挥发产生的气体会造成锂离子正极材料的污染；第三，自动化系统需要在生产线上设置许多检测传感器，而大部分传感器工作温度均要求在 40 ℃以下，过高的环境温度会造成传感器失灵或检测可靠性下降，例如，检测工作位置用的磁性开关、光电开关使用寿命会很短；第四，作为自动化执行机构的气缸、电动机的机件在高辐射温度的场合下，其执行力和寿命将大大下降，甚至普通的电线电缆在高环境温度下的绝缘强度和寿命也会受到影响。

窑炉自动装卸料系统是围绕粉体装钵和卸(倒)钵两大部分进行的。有两个问题是自动装卸料过程中必须注意的。一是任何装卸料系统都必须考虑锂离子电池正极材料的粉体怎样防止被水分、杂质，尤其是金属单质污染；二是烧结后的料并不再是粉状，而是呈不规则的块状，块状料必须经过大块破碎，小粒径粉磨，达到某一小粒径(微米级)后才能进入下一道工序。经过上述流程后，粉体的流动性会有较大的差异，刚从粉磨设备中出来的粉料由于粒径小，含气量高，因此流动性好。但是，若在容器中储存一段时间，空气泄出后，粉体的流动性会大大降低，甚至还会在储料仓中沉积和发生黏壁及结拱现象。窑炉自动装卸料系统要兼顾这两种截然相反的情况，保证在任何时刻都能对粉料进行装卸操作。

窑炉自动装卸料系统主要由供料机、摇匀机、切块机、碎块机、倒料装置、匣钵清扫装置、匣钵裂纹检测装置、传送系统 8 部分组成。各部分功能设备的链接方式和布局如图 5-4 所示。

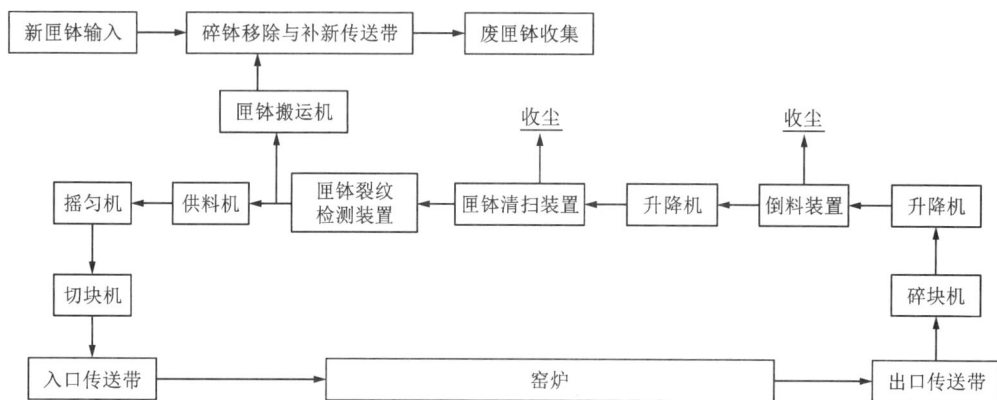

图 5-4　窑炉自动装卸料系统布局图

供料机：向空匣钵内装填料，精确控制填料量，以便循环入炉。

摇匀机：通过匣钵的往复运动，使粉料在匣钵中均布。

切块机：将匣钵内的待煅烧物料切小块，以便内部物料能和空气充分接触。

碎块机：匣钵出炉后，粉料会有板结，本装置对板结粉料进行解碎，以便粉料在下一翻转工位能被顺利地取出。

倒料装置：将单只匣钵提升后，进行翻转动作，将粉料收集到指定的容器中。该装置装有透明有机玻璃护罩，可以避免扬尘。翻转部分可加装局部抽风，扬尘可收集。

匣钵清扫装置：将空的匣钵进行清扫，回收残留粉料，避免其二次煅烧。

匣钵裂纹检测装置：通过视觉技术对匣钵进行检测，对有裂隙的不良匣钵进行筛除，以满足再次入炉的需要。

以上 7 个装置通过传送装置和窑炉首尾相连，自动运行，完全可以替代人工上料、下料，完成整个系统的无人化作业；整个系统可以做到全封闭，粉料扬尘部位都有集尘设备，改善了现场的作业环境；改变了人工装填料的不确定性，改由设备自动称量加料，精确控制加料量，提高了工艺一致性。

5.3.1 装料机械和卸料机械

5.3.1.1 装料机械

装料机械主要包含以下操作过程：

①装钵前空钵需要先进行清扫、高低钵型检测。

②定量装钵，装钵机主体为定量秤。该秤有两种称重方式，一种是增量型称重方式，即原料仓以快慢两种速度给称量斗加料，称量斗称完一只钵所用的料后，开料门将料排入钵中；另一种是减量型称重方式，原料仓给称量斗加很多料，然后称量斗分若干次，每次用快慢两种速度排出一只钵所用的料。增量型称重方式称量精度较高，但速度稍慢，减量型称重方式则反之，称量精度稍低些，但速度较快。这两种装钵用的定量秤在锂离子电池正极材料自动装钵机上均有应用，且效果都还不错。如果产能统计或工艺质量控制需监测每一次装钵的用料量，或对每一次装钵量均有严格要求的话，可以选用增量型称重方式。若对每次装钵量没有严格要求的话，可以选用减量型称重方式，装钵速度可望提高。目前，生产线上应用的装料 5 kg 的定量秤，其速度达到每分钟装一钵，基本上可满足两台窑炉用钵量。

③装料钵的输送和分配。一台装钵机供两台窑炉生产用量时，装钵机位于两台窑炉进料口前方居中的位置，定量装钵完成后，再将钵向左右两台窑炉依次供钵。此外，每台窑炉钵的进入是要求两只钵叠起来后再排成一排四列，因此，从装钵机输送过来的单只满钵先要叠钵，叠钵后再排序，这两个动作的中间先要经过转向、等待并成为一排四列后才能输出，所以机构动作较复杂。除此之外，由于空钵传送，定量装钵过程中，时间差常常会造成后道传送路径上钵的布置是不均匀的，有时堆积，有时空缺。因此，钵的传送路径的某些位置上还要设置阻挡器进行积放。由于钵是由耐火材料制作的，脆性易碎，不耐撞击，所以采用差速链辊子输送机，一旦传送过程中钵被阻挡，输送机本身还在运转，但利用辊子与其轴之间打滑而使钵不受冲击地停止在原地，这样做有利于传送过程中需要阻挡和积放时对钵进行保护。

5.3.1.2 卸料机械

卸料机械主要包含以下操作过程：

①从窑炉出来的钵与进窑炉时的形态是一样的，即横向一排四行，共八只钵，出窑口后在转向输送机上被改变成一纵四列，其控制流程恰与进窑相反，所以同样有排序机、移送分配机，然后再由叠钵机将两只叠起来的钵拆分成一只一只的钵放回差速链辊子输送机上。由于要将叠起来的钵拆成单钵，在拆分停顿的时间里，差速链辊子输送机仍是不停止运行的，因此同样需将行进中的钵暂停，待作业结束后再放行，所以在钵移送路径上仍要布置合适的阻挡器和积放器。

②拆分后单个的钵便可进入自动卸钵机，将钵翻转 180° 以使钵和料分离。倒出来的料还具有一定的温度而且可能呈块状，适当降温、粗破碎、细粉碎后才可以采用气力输送系统传递到合适的工位或下道工序。上述几道工序若要用自上而下的垂直流动方式，那么需一定的高度空间和升降设备，若用水平方式布置这些工序，则需水平传送手段和较大的占地面积。目前，各企业生产工艺中根据厂房结构的不同，两种方法都有采用。机械手在卸钵操作中的应用已越来越广泛，六轴机械手可实行 X、Y、Z 三个方向的自动操作，对于空间狭小的场所特别适用。然而，在窑炉出料口的恶劣环境中使用还有一定的局限性。

③倒掉料之后的空钵应移送到装料机内循环再装料，装料前需要做破损检测和清扫。对于破损检测，目前企业大多利用人工，因劳动强度不大，钵移送速度不快，所以用目力检测

即可达到目的。无人值守的全自动生产线上有一种钵破损检测机,是利用专用的小锤对移动中的钵进行敲击,完好的钵声音清脆,破损的钵声音沙哑,但由于生产车间里噪声干扰较大,检测传感器易受干扰,因此听音法破损检测设备的可靠性还不够,还未得到推广应用。目前,主要通过视觉技术对匣钵进行检测。

④清扫机是利用小电机高速旋转驱动一个圆柱形毛刷按一定的移动程序在空钵中自中心向左右前后移动,并辅以吸尘器吸取粉尘。

自动装钵机由下列机构组成:称重式供料仓、振动加料机、除铁器、用增量型称重方式的定量秤以及有两个开度的排料阀、滚子输送机、压钵分划机等。自动装钵机如图5-5所示。

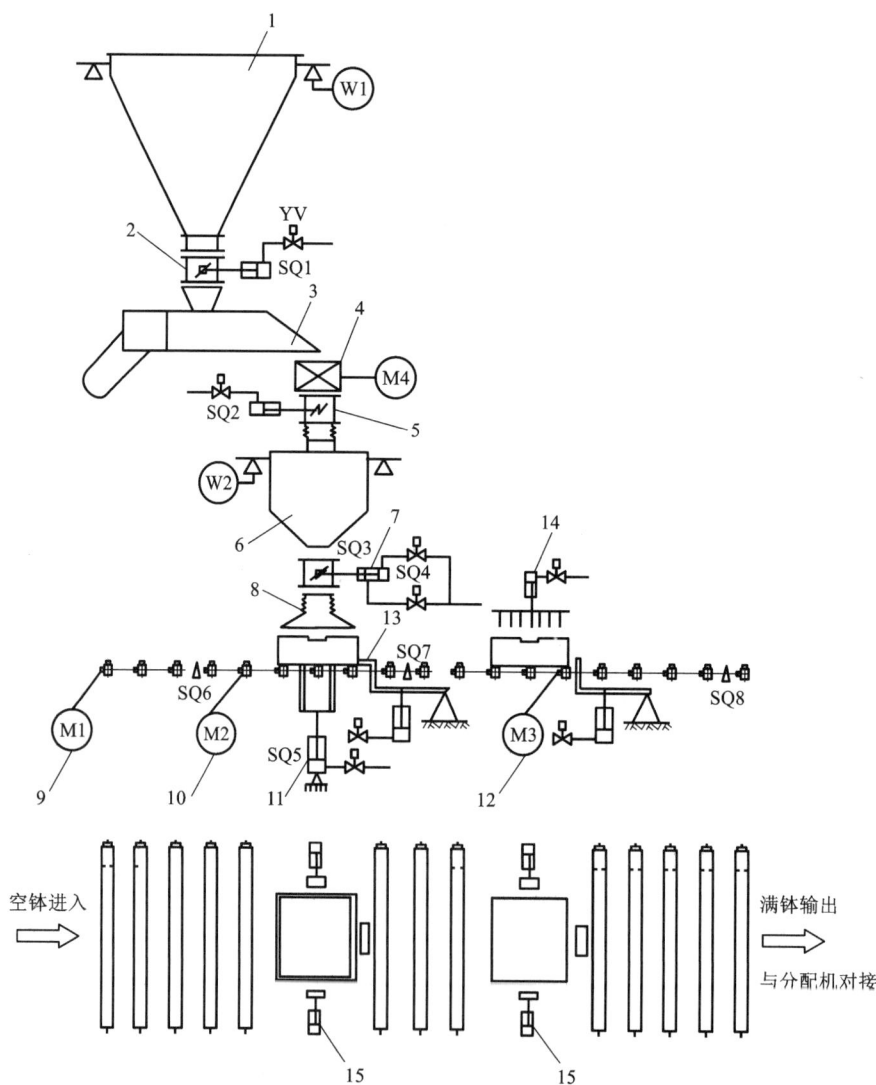

1—原料仓;2—原料仓排料阀;3—振动输送机;4—除铁器;5—定量秤供料阀;6—定量秤;7—具有两个开度的排料阀;8—防尘罩和软连接;9—空钵输送机;10—装钵输送机;11—钵顶升气缸;12—压钵划块输送机;13—阻挡器;14—压钵划块气缸;15—夹钵气缸;SQ1—排料门开启位置开关;SQ2—进料门开启位置开关;SQ3—小开度排料位置开关;SQ4—大开度排料位置开关;SQ5—钵顶升到位开关;SQ6—空钵进入确认;SQ7—装钵输送确认;SQ8—压钵划块输出确认。

图5-5 自动装钵机

5.3.2 定量称重装置

定量秤是定量称重装置的核心，增量型称量方式和减量型称量方式在生产上都有应用。对三元前驱体和锂源两种主料进行配料混合后，再将混合后的粉料排入自动装钵机的供料仓中，该供料仓是一个设置了上、下两预置点的称重式料仓，上预置点与混合机的排料阀联锁，当供料仓处于高位预置点时，即向混合机控制系统发出"禁止排料"的联锁信号。下预置点与本系统定量装钵秤联锁，当供料仓内物料少于一次装钵量时，即发出"无料报警"信号，并使本次装钵称重结束后不再进行下一次装钵计量。

在供料仓与定量秤之间有一个输送量可调的振动输送机，它接收下方定量装钵秤的大加料和小加料，再经调压型振动控制器转换成大振幅和小振幅两种电信号，实现振动输送机的双速均衡给料，振动给料机下方的气控蝶阀则根据定量秤的小加料信号提前关闭阀门，实现"落差"控制，从而达到精确定量控制。

当定量秤完成称重计量任务后，开启排料门，将料排入下方的钵中。排料门是一种具有两种开度的阀门，因为混合料的流动性较好，定量秤开门排料时，混合料排放速度较快，不仅有粉尘泄出，而且落入钵中的料有飞溅状，因此损耗较大。该排料阀先将开度开启一半，再过渡到全开状态，从而有效防止飞溅的发生。为了更好地控制飞溅，在下方接收物料的钵在定量秤排料时由下方的顶升气缸向上顶升一段距离，以缩短钵与定量秤排料门的距离。此外，为了使落入钵中的物料保持平面状态，当钵升起接收定量秤排料的同时，加入了摇晃和振动环节，以防止钵中物料中间高、四周低的情况发生。这样还可使在窑炉烧结过程中钵内物料均匀受热，整体质量达到一致。

减量型称重方式定量装钵也有很多企业在使用，减量型称重方式称重料仓容量较大，一次进料后，连续多次以减量计量的方式排出物料。因为该定量秤的料仓所用的称重传感器是以秤的总重来选择额定称量值的，但若以减量方式排出料的次数过多，每次排出料的重量只占额定称量的几分之一，每次称量都是在 $0 < m \leqslant 500e$（e 为电子秤的最小分度值）的小称量段，就会造成称量误差较大，但定量装钵的速度可以提高，结构也简单。

5.3.3 划块和分割装置

混合料在第一次窑炉烧结后，在高温下会结块，出窑后将烧结后的块料倒出来并非易事，而且结块较大不易破碎。因此，应在装钵后再加一道压钵划块的工序。该工序是将一个非金属制作的分割架对准钵中的物料压一下，相当于将钵中的粉料在纵向和横向划一下，虽然粉体仍呈流动状态，但在有纵向和横向划痕的地方粉料的松密度变小了。在炉窑内高温烧结后从钵中倒出来的料虽然仍可能是结块的，但在有纵向和横向划痕的地方很容易断裂，将大块料变成小块料，就可以方便地进入破碎机的喂料口。

5.3.4 控制系统

自动装钵机的控制系统由一台 PLC 负责系统的运行和操作。PLC 的功能：对各工序位置开关的信号、定量秤的输入/输出信号进行检测，对电机及由电磁阀控制的阀门执行开启和关闭指令等。自动装钵机的动力装置功率都不大，均用交流 380 V 作动力电源，控制电源用直流 24 V 开关电源供电。

自动装钵机是自动化生产线上的一套重要设备，对上连接混合机，对下连接窑炉系统，因此必须与上位机进行通信。上位机有 Modbus 总线和以太网两种通信接口，因此 PLC 无论采用何种品牌，Modbus 总线和以太网通信模块必配置一种。

✎ **随堂练习**

一、单选题

自动装钵机中，压钵划块工序的作用是什么？（　　　）

A. 防止扬尘　　　　　　B. 除铁　　　　　　C. 没什么作用

D. 烧结结块后，划痕处容易断裂，使物料方便进入破碎机的进料口

二、多选题

1. 正极材料混合料的烧结容器匣钵的材质有什么特点？（　　　）

A. 通常是方形的　　　　　　　　　　　B. 不含铅锌铜元素

C. 属于耐火材料　　　　　　　　　　　D. 易碎易破

2. 装钵机中，钵接料时，钵的顶升气缸的作用是什么？（　　　）

A. 除铁　　　　　　B. 防止扬尘　　　　　　C. 防止飞溅　　　　　　D. 没什么特别作用

3. 使用自动装卸料系统的优势在于（　　　）。

A. 优化生产环境　　　　　　　　　　　B. 降低员工的劳动强度

C. 有利于实现自动化生产　　　　　　　D. 保护环境

E. 提高产品质量

任务四：认识辊道窑

扫码查看资源

✎ **学习目标**

【素质目标】

1. 树立主人翁意识，把企业的发展和自身的发展结合在一起；

2. 设备是企业生产的重要载体，爱护和保养好设备是主人翁意识的体现。

【能力目标】

1. 能概述辊道窑的结构组成；

2. 能详述辊道窑的送排气系统、温控系统、传动系统的工作过程。

【知识目标】

1. 知道辊道窑的结构组成；

2. 理解辊道窑的送排气系统、温控系统、传动系统的工作过程。

辊道窑是连续烧成，以转动的辊子作为坯体运载工具的隧道窑。产品放置在许多条间隔很密的水平耐火辊上，靠辊子的转动使产品从窑头传送到窑尾。

辊道窑采用滚动摩擦工进，在窑炉长度上不会受到推进力的影响，理论上可以做到无限

长度。窑腔结构的特别使烧制产品时一致性更好，大窑腔结构更利于炉内气流的运动和产品的排水排胶等。因此，辊道窑在锂离子电池正极材料的烧结设备中占据至关重要的地位，是真正实现大规模生产的首选设备。

5.4.1　设备炉型

锂离子电池材料烧结通常采用匣钵装料，匣钵尺寸经过几年的发展基本上统一了规格（标准规格为 320 mm×320 mm 或 330 mm×330 mm 两种，高度 75~150 mm）。因此辊道窑也以并行匣钵数量和层数来定义窑炉规格，如四列单层辊道窑、四列双层辊道窑等，目前在锂电行业中最大的为六列双层，即每次出钵 12 个。

辊道窑按照炉体气氛可分空气辊道窑、气氛辊道窑两大类。

（1）空气辊道窑

图 5-6 所示空气辊道窑主要用于锰酸锂材料、钴酸锂材料、三元材料等需要氧化性气氛的材料烧结。

图 5-6　空气辊道窑

（2）气氛辊道窑

图 5-7 所示的气氛辊道窑主要用于 NCA 三元材料、磷酸铁锂（LFP）材料、石墨负极材料等需要气氛（如 N_2、O_2 等）保护的烧结材料。

图 5-7　气氛辊道窑

5.4.2　设备组成

(1)窑主体

窑主体由金属外壳、内部耐火材料砌筑组成。

窑体外壳为框架钢结构,采用钢型材、钢板等分段焊接而成,其牢固可靠,外观布局合理,操作维修方便。窑炉主体无须特殊基础,普通平整的水泥地面即可安装。

内部窑衬由特种耐火材料、各类轻质保温材料等砌筑成复合炉墙保温结构,在保障结构强度的基础上,其保温效果也很明显。而炉衬着火面材质需按照烧制不同产品的不同工艺要求来选取。通常,锰酸锂等锂离子电池正极材料选用复合高铝材质即可。

窑主体上设置有不同点位,根据点位功能不同(例如测温、控温监测),均有设工位标志。

(2)加热系统

窑炉的加热方式取决于烧制产品的工艺要求和当地的燃烧条件。在烧制锂离子电池正极材料的辊道窑中,通常采用电加热方式。

锂离子电池材料的烧制温度一般为 $600\sim1200\ ℃$,相对属于低温,所以通常采用电阻丝或者硅碳棒作为加热元件。电阻丝属于恒电阻模式,不因加热温度的变化而发生电阻的变化,所以其相对温度的控制更加稳定。对于窑腔宽度较窄的辊道窑来讲,电阻丝可作为该类型窑炉加热器的首选。相对于窑腔宽度较宽的辊道窑(如四列辊道窑等)来讲,考虑截面宽度、抗腐蚀性能等综合因素,硅碳棒则为加热器首选。

根据锂离子电池材料烧结工艺要求,窑炉一般分为预热排水段、升温段、恒温段、降温段四个区段,各区段根据要求又细分成若干个上下加热控温段。窑炉通过控制系统调节加载到加热器上的电压、电流大小,以实现加热和加热控制的目的。

(3)气氛、压力管路系统

锂离子电池产品在加热烧制的过程中,将会发生一系列的物理化学反应,伴随有大量的水汽、胶气或酸碱根离子等废弃物的排放。为及时将这些废弃物从炉内排出,在窑主体上设置有送、排气管路。

其中,送气管路一般由送风机、过滤器、送气管道、阀门、定量流量计等组成,主要起补充新鲜空气的作用,通常称其为气氛管道。由于锂离子电池粉体材料对部分金属和磁性物质(例如铁、锌、铜等)有严格的含量要求,所以对气氛管路的材质和制作规范有严格的要求,不能在送气过程中因空气与管路的摩擦等造成磁性物质的引入,从而对产品造成污染。

顶部抽气管路一般由抽气管道、温度计、调节阀门及抽风机等组成,通过调节顶部抽风机压力大小和阀门开度,并配合送气管路的调整,从而调节炉内压力,保障炉内废弃物排空的同时尽量减少热气体的排出,避免热量的过量损失,确保能耗。

(4)循环工进及控制系统

为使产品有序地通过狭长形炉膛,使产品能够在设置的工艺条件下有效地烧制出来,窑炉均配备有循环工进系统。

匣钵的工进依靠支撑匣钵的辊棒转动来带动匣钵的前后移动,而辊棒的转动一般采用减速电机驱动链条或斜齿轮来带动。

根据窑炉长度可分若干段分别驱动,每段长度需根据辊棒大小及承重等来设置,一般每段不超过 15 m，减速电机的转动由变频电机控制转动速率。例如，40 m 辊道窑可分 3 段控制。

　　窑炉配置一个送料控制柜，各种控制元件均安装在控制柜内，控制柜台面上设有循环动作模拟盘。为便于操作，在窑尾设有手动操作盘。全窑动作的控制分为手动控制和自动控制，自动控制分为随时启动（用于停电而造成的运行停止，来电时重新启动）和初始位置启动（用于运行出现故障停机，排除故障后的启动），方便操作，也可避免故障还未完全排除又启动而造成更大损失。

　　设备通常选用进口的可编程序控制器，以确保控制系统的可靠性。

　　在控制逻辑的编写上，有合理的程序设计，使产品进窑时间控制准确，可靠的联锁与互锁防止了误操作对设备的损坏。同时，设有运行周期报警及每个动作运行超时失误报警，进一步保证了产品运行的可靠性，缩短了设备发现故障的时间，保证了烧制产品的质量。

　　同时，考虑操作方便，提供温度曲线的显示与历史数据查询功能，设备能够保存 1 年以上温度数据（10 min 保存 1 次），所有数据存储在 U 盘中，使查询与维护更便捷。

　　（5）温度检测及控温系统

　　窑炉分为若干个温度控制段，每个温度控制段分上下或左右控温点，通过测温温度计或热电偶来检测温度与工艺需求设定温度，并经由控温系统来调节温度与设定温度一致，从而实现控温的目的。

　　锂离子电池正极材料辊道窑采用智能温度控制仪来显示和调节温度，通过控制控温系统中晶闸管的触发角来实现各点的温度控制，且各点之间无干扰。在各加热点上设有二次超温报警、断偶报警等功能，特别是当晶闸管击穿导通，温度失控后，能迅速切断调压器控制信号，从而断开主电路，并声光报警。其采用的高级调压器具有限流功能，可以有效防止可控硅击穿，增加可控硅的使用寿命，有效保证系统的稳定性。

　　（6）密闭系统

　　在锂离子电池正极材料烧制过程中，不同的材料需要不同的工艺条件，例如磷酸铁锂、钛酸锂等材料的烧制需要在氮气氛保护条件下进行。因此，其对窑主体和循环推进系统提出了密闭要求。

　　①窑主体的密闭。

　　a.壳体焊接时要求检漏，保障壳体的密闭。

　　b.窑体相接法兰密封处理，连接时需采用纤维纸板、高温密封泥等材料进行密封。

　　c.加热窗口封板的密封。

　　d.顶盖板采用环氧处置或密封条处理密封。

　　e.气氛管路的密封。

　　f.炉传动系统的密封。

　　②循环工进系统的密闭。

　　为避免产品工进的过程中，窑炉外的空气随产品带入炉内，产品需先经由密闭的过渡舱进行气体的置换，再进入炉内。在窑炉的入口和出口处都设立有两道或三道垂直闸门，以隔离出一个或两个密闭的空间用于气体的置换。产品先通过每个仓体单独的传动系统循序送入各置换仓体内，经过氮气的置换后方可从仓内移出。

　　经过炉本体和循环工进系统的密闭处理后，窑炉的狭长形炉膛属于一个独立的封闭空间，在这个独立的封闭空间里设有若干挡火墙锁口，这些锁口将该空间隔断成若干个小空间，经过气氛管道送入如氮气等工艺保护气体，使各个小空间有不同的气氛、温度和压力条件，从而保障产品烧制的工艺条件，这就是气氛辊道窑的形成。

5.4.3 操作注意事项

本设备复杂程度较高。在进行现场筑炉、安装、调试的过程中，用户需派技术人员跟班对口学习，熟悉和掌握操作方法，以便对设备进行正确的使用与保养。

目前锂离子电池正极材料钴酸锂、三元前驱体、锰酸锂等均采用空气辊道窑进行烧结，而磷酸铁锂采用氮气保护的辊道窑进行烧结，NCA 则采用氧气保护的辊道窑进行烧结。

✎ 随堂练习

一、单选题

辊道窑的动力系统是(　　　)。
A. 电机带动　　　　B. 液压推动　　　　C. 燃料带动　　　　D. 人工带动

二、多选题

辊道窑按炉体气氛分为哪两大类？(　　　)
A. 氧气窑　　　　B. 空气辊道窑　　　　C. 气氛辊道窑　　　　D. 烧结炉

三、判断题

1. 空气辊道窑适合需要氧化气氛的材料烧结。(　　　)
2. 气氛辊道窑主要用于需要气氛保护的烧结材料。(　　　)
3. 辊道窑的辊子上包裹的是耐火材料。(　　　)

任务五：认识推板窑

扫码查看资源

✎ 学习目标

【素质目标】
1. 树立主人翁意识，把企业的发展和自身的发展结合在一起；
2. 设备是企业生产的重要载体，爱护和保养好设备是主人翁意识的体现。
【能力目标】
1. 能概述推板窑的结构组成；
2. 能详述推板窑的送排气系统、温控系统、传动系统的工作过程。
【知识目标】
1. 知道推板窑的结构组成；
2. 理解推板窑的送排气系统、温控系统、传动系统的工作过程。

推板窑是一种连续式加热烧结的小型隧道窑，烧成工件或产品直接或间接放在耐高温、耐摩擦的推板上，并由推进系统推送产品，使产品按照工艺要求在狭长型炉膛内移动，并完成产品的烧制过程。

炉膛的两侧或上下分别布置加热器，以满足狭长型炉膛不同位置点有不同的温度、气氛或压力条件。根据产品在狭长型炉膛内移动的速率对应不同的工艺条件，可组合出适合产品烧制的工艺。在锂离子电池正极材料生产过程中，特别是在早期的烧结设备中，推板窑占有绝对的主导地位，它以工艺稳定、产量大（连续式生产）和性价比高等特点受到生产厂家的追捧。

推板窑与辊道窑的主要区别在于以下几个方面：

①产品工进方式不同。辊道窑是连续式工进，推板窑是间歇式工进。

②推进动力不同。辊道窑是通过减速电机驱动链条或齿轮来带动辊筒滚动，而推板窑是通过液压或丝杆推进，一个属于滚动摩擦，一个属于滑动摩擦。

③窑腔大小、结构不同。相对于推板窑而言，辊道窑是大窑腔，宽截面，在窑腔内布置有若干挡火墙，便于温度、压力及气氛的调控和稳定。

④窑炉耗材的不同。辊道窑直接将匣钵或垫板放置在辊棒上滚动工进，较推板窑减少了推板的损耗。

推板窑按照炉体单炉腔中并列的推板数量可分为单推板窑、双推板窑；按照推板的运行循环可分为全自动推板窑、半自动推板窑；按照烧结产品的气氛可分为氧化性气氛推板窑、中性气氛推板窑、还原性气氛推板窑、碱性气氛推板窑或酸性气氛推板窑等。

在锂离子电池正极材料生产中，推板窑主要有两大类。

（1）空气推板窑（分单推板窑、双推板窑或三推板窑）

该窑炉主要用于锰酸锂材料、钴酸锂材料、三元材料等需要氧化性气氛的材料烧结，相应的实物照片如图5-8所示。

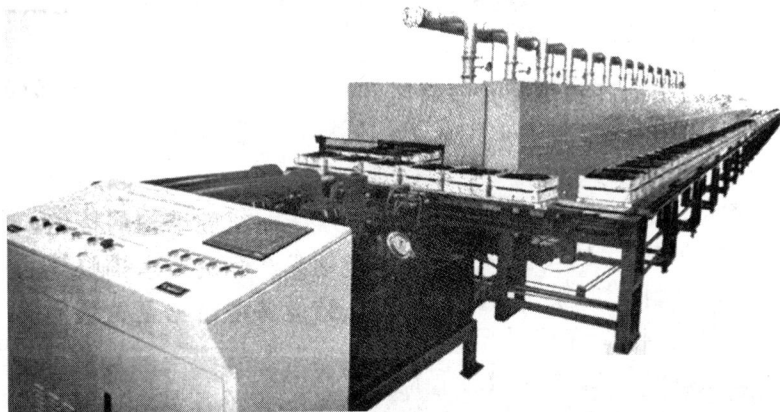

图5-8　空气推板窑实物图

（2）气氛推板窑

该窑炉主要用于 NCA 三元材料、磷酸铁锂（LFP）材料、石墨负极材料等需要气氛（如 N_2 或 O_2）气体保护的烧结材料，相应的实物照片如图5-9所示。

图 5-9　气氛推板窑实物图

5.5.1　设备组成

窑主体由金属外壳、内部耐火材料砌筑组成。

窑体外壳为框架钢结构，采用钢型材、钢板等分段焊接而成，其牢固可靠，外观布局合理，操作维修方便。窑炉主体无须特殊基础，普通平整的水泥地面即可安装。

内部窑衬由特种耐火材料、各类轻质保温材料等砌筑成复合炉墙保温结构，在保障结构强度的基础上，其保温效果也很明显。而炉衬着火面材质需按照烧制不同产品的不同工艺要求来选取。

窑炉主体上设置有不同点位，根据点位功能不同（例如测温、控温监测），均有设工位标志。

（1）加热系统

窑炉的加热方式取决于烧制产品的工艺要求和当地的燃烧条件。在烧制锂离子电池正极材料的推板窑中通常采用电加热方式。

锂离子电池材料的烧制温度一般为 600~1200 ℃，相对属于低温，所以通常采用电阻丝或者硅碳棒作为加热元件。电阻丝属于恒电阻模式，不因加热温度的变化而发生电阻的变化，所以相对温度的控制更加稳定，为该类型窑炉加热器的首选。

根据锂离子电池材料烧结工艺要求，窑炉一般分为预热排水段、升温段、恒温段和降温段四个区段，各区段根据要求又细分成若干个上下加热控温段。窑炉通过控制系统调节加载到加热器上的电压、电流大小，来实现加热和加热控制的目的。

（2）气氛、压力管路系统

锂离子电池产品在加热烧制的过程中，将会发生一系列的物理化学反应，伴随有大量的水汽、胶气或酸碱根离子等废弃物的排放。为及时将这些废弃物从炉内排出，在炉主体上设置有送、排气管路。

其中，送气管路一般由送风机、过滤器、送气管道、阀门、定量流量计等组成，主要起补充新鲜空气的作用,通常称其为气氛管道。由于锂离子电池粉体材料对部分金属和磁性物质(例如铁、锌、铜等)有严格的含量要求,所以对气氛管路的材质和制作规范有严格的要求,不能在送气过程中因空气与管路的摩擦等造成磁性物质的引入,从而对产品造成污染。

顶部抽气管路一般由抽气管道、温度计、调节阀门及抽风机等组成,通过调节顶部抽风机压力大小和阀门开度,并配合送气管路的调整,从而调节炉内压力,保障炉内废弃物排空的同时尽量减少热气体的排出,避免热量的过量损失,确保能耗。

(3)循环推进及控制系统

为使产品有序地通过狭长型炉腔,使产品能够在设置的工艺条件下有效地烧制出来,窑炉均配备有循环推进系统。

推板的推进一般采用电机丝杆驱动或液压驱动两种。

在烧制锂离子电池正极材料的推板窑中,通常采用液压循环驱动模式。窑炉配置一个送料控制柜,各种控制元件均安装在控制柜内,控制柜台面上设有循环动作模拟盘。为便于操作,在窑尾设有手动操作盘。全窑动作的控制分为手动控制和自动控制,自动控制分为随时启动(用于停电而造成的运行停止,来电时重新启动)和初始位置启动(用于运行出现故障停机,排除故障后的启动),既方便操作,也可避免故障还未完全排除又启动而造成更大损失。

设备通常选用进口的可编程序控制器,以确保控制系统的可靠性。

在控制逻辑的编写上,有合理的程序设计,使产品进窑时间控制准确,可靠的联锁与互锁防止了误操作对设备的损坏。同时,还设有运行周期报警及每个动作运行超时失误报警,这进一步保证了产品运行的可靠性,缩短了设备发现故障的时间,保证了烧制产品的质量。

同时,考虑用户的操作方便,提供温度曲线的显示与历史数据查询功能,配备的触摸屏能够保存1年以上温度数据(10 min保存1次),并将所有数据存储在U盘中,使查询与维护更便捷。

(4)温度检测及控温系统

窑炉分为若干个温度控制段,每个温度控制段分上下或左右控温点,通过测温温度计或热电偶来检测温度与工艺需求设定温度,并经由控温系统来调节温度与设定温度的一致,从而实现控温的目的。

锂离子电池正极材料推板窑采用智能温度控制仪来显示和调节温度,通过控制控温系统中晶闸管的触发角来实现各点的温度控制,且各点之间无干扰。在各加热点上设有二次超温报警、断偶报警等功能,特别是当晶闸管击穿导通,温度失控后,能迅速切断调压器控制信号,从而断开主电路,并声光报警。其采用的高级调压器具有限流功能,可以有效地防止可控硅击穿,增加可控硅的使用寿命,有效保证系统的稳定性。

(5)密闭系统

在锂离子电池正极材料烧制过程中,不同的材料需要不同的工艺条件,例如磷酸铁锂、钛酸锂等材料的烧制需要在氮气气氛保护条件下进行。因此,这对窑炉主体和循环推进系统提出了密闭要求。

①炉主体的密闭。

a.壳体焊接时要求检漏,保障壳体的密闭。

b.炉体相接法兰密封处理,连接时需采用纤维纸板、高温密封泥等材料进行密封。

c.加热窗口封板的密封。

d.顶盖板采用环氧处置或密封条处理密封。

e.气氛管路的密封。

②循环推进系统的密闭。

为避免产品推进的过程中，窑炉外的空气随产品带入炉内，产品需先经由密闭的过渡舱进行气体的置换，再进入炉内。在窑炉的入口和出口处都设立有两道垂直闸门，以隔离出一个密闭的空间用于气体的置换。产品先通过推进系统送入置换仓体内，经过氮气的置换后，再从仓内移出。

经过炉本体和循环推进系统的密闭处理后，窑炉的狭长型炉膛属于一个独立的封闭空间，经过气氛管道送入如氮气等工艺保护气体，从而保障产品烧制的工艺条件，这就是气氛推板窑的形成。

5.5.2　操作注意事项

本设备复杂程度较高，在进行现场筑炉、安装、调试的过程中，使用单位需派技术人员跟班对口学习，让技术人员熟悉和掌握操作方法，以便对设备进行正确的使用与保养。目前，空气推板窑主要用于生产钴酸锂、锰酸锂、三元材料。气氛推板窑主要用于生产磷酸铁锂(氮气保护)、NCA（氧气保护）。推板窑由于炉膛尺寸比较大，温度与气氛分布均匀性差，且存在推板，推进阻力大，设备长度不宜太长，目前已逐渐被辊道窑取代。

随堂练习

一、多选题

关于辊道窑和推板窑的工进方式，说法正确的是(　　)。

A.工进方式相同

B.推板窑是间歇式工进

C.辊道窑是连续式工进

D.动力系统相同

二、判断题

1.辊道窑理论上能做到无限长度。(　　)

2.推板窑理论上可以做到无限长度。(　　)

3.锂离子电池正极材料的烧结窑炉中通常采用电加热方式。(　　)

4.推板窑的工进时间更加精确。(　　)

任务六：认识钟罩炉

扫码查看资源

学习目标

【素质目标】

1.树立主人翁意识，把企业的发展和自身的发展结合在一起;

2.设备是企业生产的重要载体，爱护和保养好设备是主人翁意识的体现。

【能力目标】

1. 能说出钟罩炉的结构组成；
2. 能说出钟罩炉的送排气系统、温控系统的工作过程。

【知识目标】

1. 知道钟罩炉的结构组成；
2. 理解钟罩炉的送排气系统、温控系统的工作过程。

随着材料技术的发展和经济的繁荣，各种新材料越来越倾向高档次、小批量和多品种，并且要求交货周期短、一致性好。以往的辊道窑、推板窑都不能满足这种高档产品和多变的要求，钟罩式烧结炉(称钟罩炉)应运而生。目前，已有少数厂家用钟罩炉生产磷酸铁锂。

钟罩炉是一种间歇式加热烧结设备，它采用全纤维炉衬、分区分组加热、循环强制冷却和计算机全自动控制等技术，具有批次产量大、温度和气氛均匀性好、被烧结产品一致性高和成品率高等优越特性。与辊道窑或推板窑相比，其操作使用更加灵活、控制精度更高，特别适合各种新材料的研发、送样，以及中小批次产品的烧结。

5.6.1 设备炉型

锂离子电池材料烧结通常采用匣钵装料，常用匣钵尺寸有 320 mm×320 mm 或 330 mm×330 mm 两种，高度 75~150 mm。

在锂离子电池材料烧结中，钟罩炉根据用途可分为实验炉、中试炉、大生产炉三类产品。而根据工艺条件，可再细分为空气炉和气氛炉两种。

目前，锂离子电池正极材料生产采用的是中大型窑炉，通常能放置 8~16 叠匣钵，每叠匣钵叠高 1 m 左右，主要用于高档产品的批量化生产。

5.6.2 设备组成

钟罩炉主要由炉体、升降炉床窑车、循环冷却单元、流量控制单元、电气控制单元等组成。

(1)炉体(以 8 叠匣钵、方形气氛炉为例)

炉体为长方形，沿长度方向，硅碳棒加热器分 5 个竖排布置，将整个炉膛空间分隔成 4 个小工作区，每个小工作区摆两叠匣钵，共摆 8 叠(故称八堆钟罩炉，如图 5-10 所示)。炉体外围是耐火保温炉衬，由陶瓷纤维构成。每个竖排加热器是分别控制加热的，以补偿各处的吸放热不一致造成的空间分布温差，保证整个炉膛的温度均匀度，同时分区加热也便于被烧结产品更通畅地吸放热，使分布在各处的被烧结产品在升降温过程中保持一致，从而保证升降温过程的温度均匀度。此外，分区加热、分区摆料也便于气体的自由扩散和强制对流，从而保证气氛的温度均匀度和快速降温。

炉床底部安装有小轮，故称炉床窑车。共配置炉床窑车两部，当一部窑车上升工作时，另一部窑车沿导轨平移出炉外装卸料，交替使用，以提高工作效率。其用链轮链条传动升降，小车上升到位后弹簧锁紧。底盘与炉体底部有双圈密封橡胶条，弹簧锁紧密封时，双圈之间通入工艺气体，形成气密锁，保证密封的可靠性。

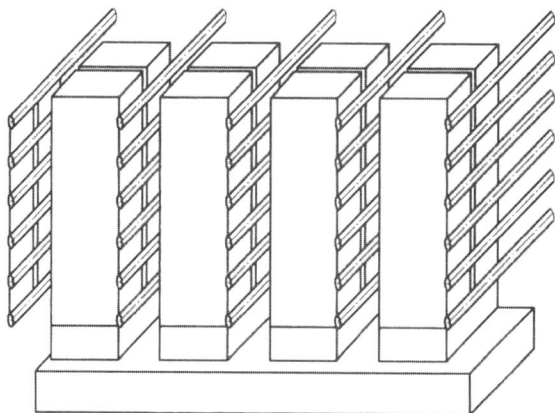

图 5-10 加热及摆料示意图

（2）循环冷却单元

循环冷却单元由高温管道、热交换器、风机、阀门等组成。炉内排出的热气经高温管道抽入热交换器进行冷却，冷却后的气体一部分由风机压入炉内，对工件进行强制对流冷却；另一部分回馈到高温管道夹层，以对高温气体进行稀释性的气冷。循环往复，既节约了工艺气体，又加速了降温。在上下相邻的两根加热器之间安装有循环气体进入炉内的喷嘴，一面墙三竖排，另一面墙两竖排。对工件装载区而言，对角分布形成的大流量的涡旋紊流气流场，能有效地将工件散发出的热量带走，如图 5-11 所示。

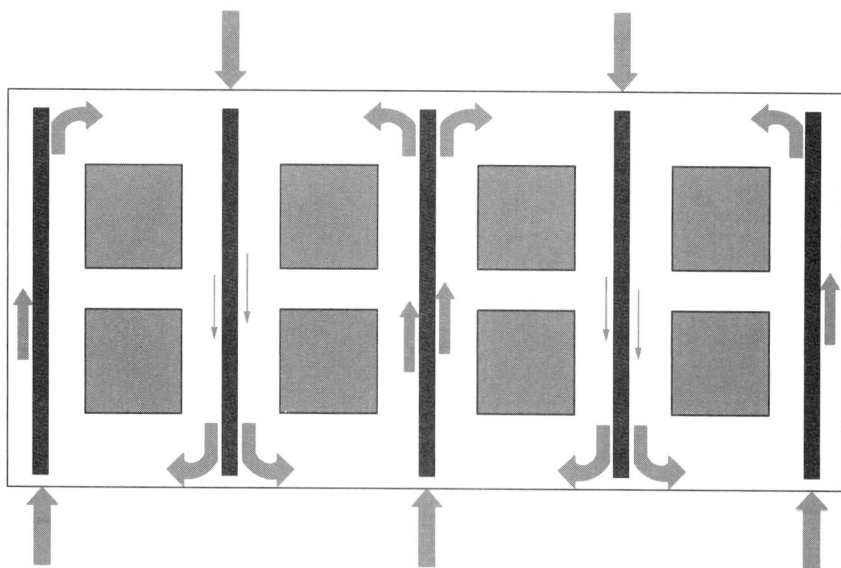

图 5-11 循环气流场的水平截面示意图

（3）流量控制单元和电气控制单元

流量控制单元主要由流量控制器、电磁阀、减压阀等流量控制部件组成。它将工艺气体按工艺要求送入炉内，并通过计算机给出数值。电气控制单元由小型集散控制系统（DCS）组成,模拟参数(如温度、气氛、流量、压力等)由智能仪表及其执行器构成各自的闭环控制环路,阀门等开关量由计算机直接控制。除工艺必需的温度、气氛闭环控制环路外,还加入了送气流量控制环和炉压控制环,保证了氧含量曲线的稳定运行。为使温度、气氛、流量、压力各条曲线能同步运行和设备全自动运行,通过一台SCC计算机系统,进一步保证了设备运行的重复性和稳定性。

图5-12是典型气氛炉结构原理图,图5-13为对应的实物照片。

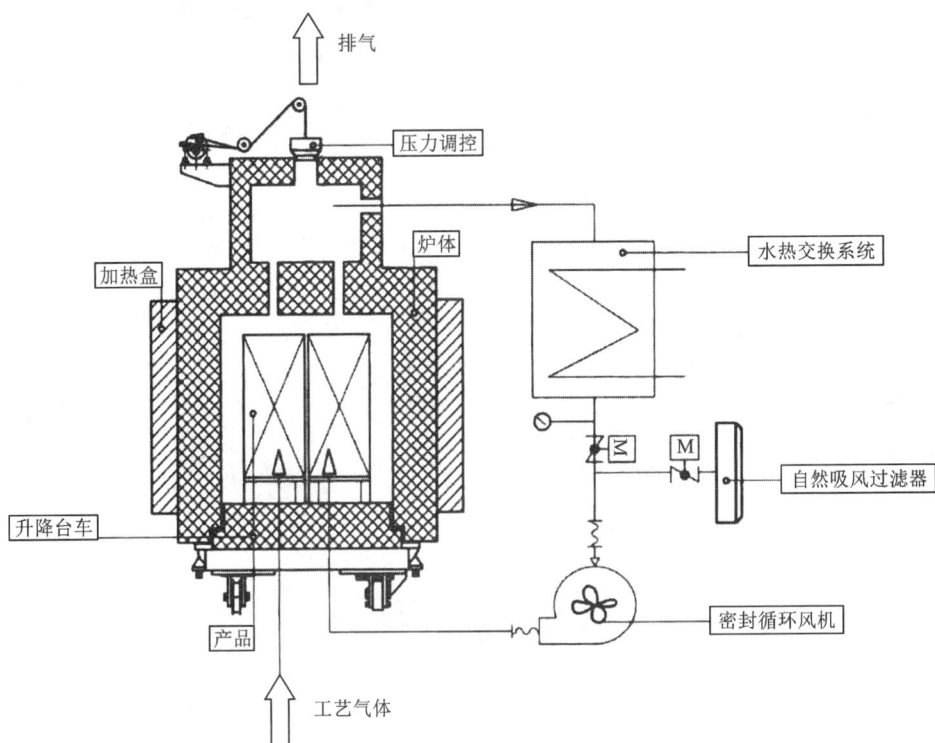

图5-12　气氛炉原理图

图5-13　气氛炉实物照片

5.6.3 操作注意事项

本设备自动化程度和复杂程度较高，在安装、调试的过程中，使用单位需派技术人员跟班对口学习，让技术人员熟悉和掌握操作方法，以便对设备进行正确的使用与保养。

窑炉是锂离子电池正极材料生产的核心关键设备，以上介绍的几种窑炉目前已全部国产化，其生产企业主要有：中国电子科技集团公司第四十八研究所，湖南新天力科技有限公司，中国电子科技集团公司第四十三研究所，NGK（苏州）精细陶瓷器具有限公司，高砂（佛山）工业株式会社，苏州汇科技术股份有限公司，江苏前锦炉业设备有限公司等。

随堂练习

一、多选题

1.以下哪些正极材料需要使用气氛炉烧结？（　　）

A.低镍三元材料　　　B.高镍三元材料　　　C.磷酸铁锂材料　　　D.NCA 三元材料

2.我们学习过的正极材料生产工业化窑炉有哪些？（　　）

A.推板窑　　　　　B.辊道窑　　　　　C.钟罩炉　　　　　D.小型箱式电阻炉

二、判断题

1.钟罩炉适合生产小批量、高档次和多品种的正极材料产品。（　　）

2.钟罩炉是连续化生产设备。（　　）

任务七：实训室的烧结操作

学习目标

【素质目标】

1.时刻绷紧安全红线，树立牢固的实训安全意识；

2.培养精益求精的大国工匠精神。

【能力目标】

1.能按照实训室规范操作标准进行实训；

2.能根据操作工单进行气氛炉的烧结程序设置，会控制气氛炉中的气氛。

【知识目标】

1.熟悉实训室安全操作规范，理解实训室"三废"处理方案；

2.掌握所用气氛炉的操作规范。

实训室采用边长 10 cm、高 5 cm 的刚玉陶瓷坩埚盛装混合料，可以装 100 g 混合料。烧结设备选择箱式气氛电阻炉。根据不同材料的要求，选用空气压缩机供应空气（低镍产品烧结），或使用气罐供应氧气（高镍产品烧结）或氮气（磷酸铁锂烧结）。

5.7.1 作业前准备

①检查水气电及管道等，确认水气电满足操作条件且无安全隐患。

找到作业窑炉对应的气氛系统设备及冷却系统设备，梳理好整套作业系统；检查冷却水管道，确保出水口摆放正确、桶内水量足够；检查空压机及气氛管道完整性；电源确认，依次开启电闸、窑炉后面的空气开关。

②检查窑炉及相关部件，确认其处于可用状态。

窑炉相关部件完好、炉膛内部清洁可用；关闭炉门时如果出现门闩无法归位现象，可将螺丝外旋，间距变大后再将门闩归位。

5.7.2 称量物料

图 5-14 方形坩埚

使用量程为 1 kg 的电子天平称量物料。打开天平，将洁净的刚玉陶瓷坩埚（图 5-14 为方形坩埚）放在天平上去皮。用药勺加入混合料，小心不要撒出物料，称取物料 100 g。将坩埚在操作台上左右摇平，注意不要上下震动，保持物料松散性，使用非金属卡片在物料中划格若干。

5.7.3 设置烧结程序

以 NCM523 材料的烧结为例，其烧结温度一般设计为 850 ℃。设计烧结程序时，烧结分为升温段、保温段和降温段。升温速度可设为 5 ℃/min，炉内温度到达 200 ℃时保温 2 h，以去除混合料中的水分；继续以 5 ℃/min 的速度升温，至 700 ℃时保温 6 h，此时锂盐融化；以 5 ℃/min 的速度继续升温，至 850 ℃保温 15 h，降温选择随炉冷却。此处以南京博蕴通仪器 GF16Q 型箱式气氛炉为例，学习箱式气氛炉的程序设定。图 5-15 为 NCM523 的烧结工艺曲线。

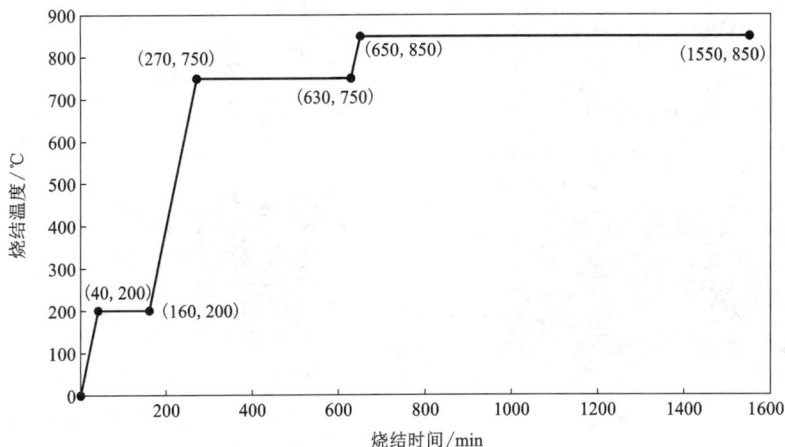

图 5-15 NCM523 的烧结工艺曲线

5.7.3.1 设备面板介绍

设备的控制面板由一个仪表、三个电流表和若干按钮组成，如图 5-16 所示。

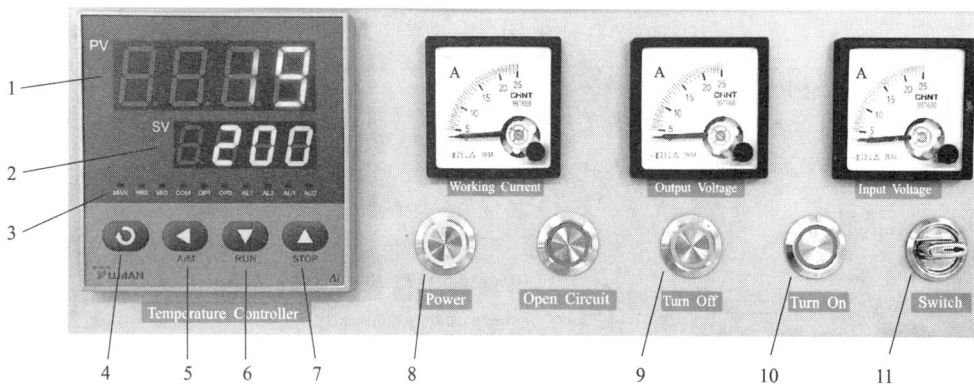

1—炉温显示（PV）；2—给定值显示（SV）；3—功能指示灯；4—设置键（确认键）⟳；5—数据移位键（兼程序设置进入）◁（A/M）；6—数据减少键（兼程序运行/暂停操作）▽（RUN）；7—数据增加键（兼程序停止操作）△（STOP）；8—电源指示灯；9—交流接触器断开开关；10—交流接触器吸合开关；11—面板控制开关。

图 5-16　GF16Q 型箱式气氛炉控制面板

5.7.3.2 智能调节仪的显示切换

（1）开机状态

将仪表开机，显示仪表型号及软件版本号约几秒后，进入温度测量显示的基本状态，SV 闪动显示"STOP"表示程序处于停止状态，如图 5-17 所示。

（2）显示切换

①在基本状态或程序运行状态下，按⟳键 1 s 切换至（PV STEP SV ××段）运行程序段状态（设置运行段或显示正在运行的温度段）。界面如图 5-18 所示。

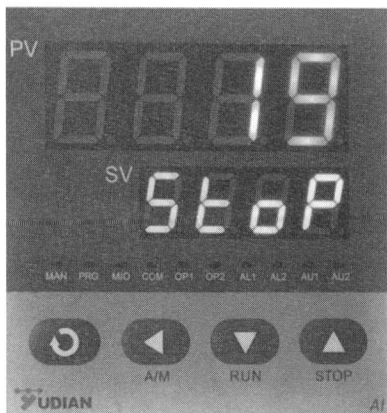

图 5-17　仪表开机基本状态图

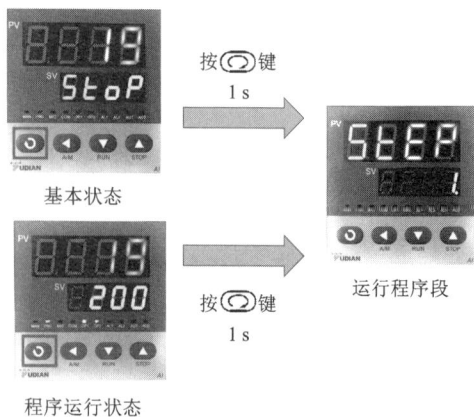

基本状态

按⟳键 1 s

程序运行状态

按⟳键 1 s

运行程序段

图 5-18　仪表显示切换图

②再按⏻键 1 s 切换至该段运行时间状态(显示运行段总运行时间 PV ××××min,已运行时间 SV ××××min),仪表界面如图 5-19 所示。

③再按键⏻ 1 s 返回基本状态,如图 5-20 所示。

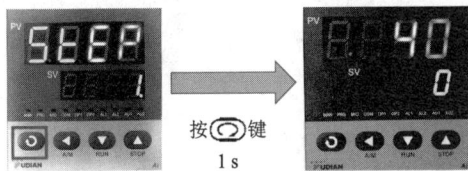

图 5-19　运行时间查看图　　　　　　　图 5-20　返回基本状态图

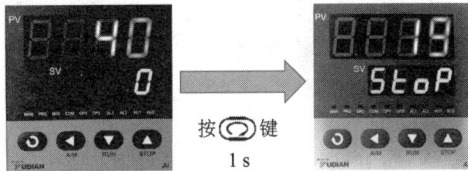

5.7.3.3　控温程序的设定

按图 5-15 所示温度曲线,下面举例说明程序的设置。

设置一段程序需要三个要素:①起始温度;②末点温度;③从起点温度到末点温度的运行时间。

在输入数据之前请按表 5-7 所示顺序和格式填写数据表。

表 5-7　烧结炉程序输入数据表

提示符	输入数据	意义
C01	0	第一段程序起始温度值
T01	40	第一段运行时间
C02	200	第二段程序的起始温度值(即第一段程序末点温度值)
T02	120	第二段运行时间
C03	200	第三段程序的起始温度值(即第二段程序末点温度值)
T03	110	第三段运行时间
C04	750	第四段程序的起始温度值(即第三段程序末点温度值)
T04	360	第四段运行时间
C05	750	第五段程序的起始温度值(即第四段程序末点温度值)
T05	20	第五段运行时间
C06	850	第六段程序的起始温度值(即第五段程序末点温度值)
T06	900	第六段运行时间
C07	850	第七段程序的起始温度值(即第六段程序末点温度值)
T07	-121	将时间设置为-121,即为程序在此温度结束,炉子停止工作

将上述数据依次输入仪表内,并查看以下图文说明。

①设置第一段程序的起始温度:在开机画面下(图 5-21 画面 1)按⧀键 1 s,仪表进入图 5-21 画面 2,该画面设置第一段程序的起始温度,可按⧀⧩⧨三键修改温度值,一般设置为 0,不需要动它。

②设置第一段程序的运行时间：按⊙键1 s进入图5-22画面3，可按◁▽△三键修改时间值。按图5-15所示温度曲线，我们设置为40，时间单位为分钟。

画面1   画面2   画面2   画面3

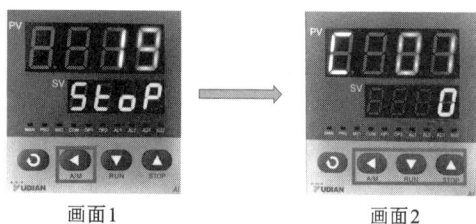

图5-21   烧结程序输入图示 a   图5-22   烧结程序输入图示 b

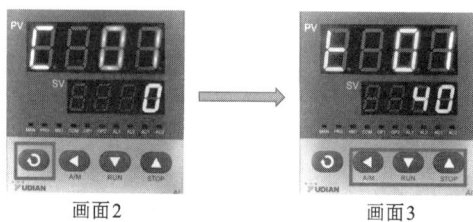

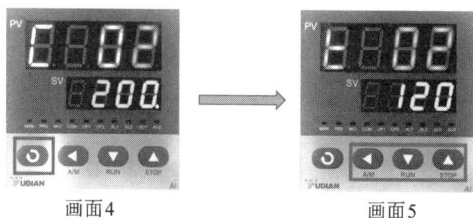

③设置第二段程序的起始温度值：按⊙键1 s进入图5-23画面4，可按◁▽△三键修改第二段程序起始温度值。按图5-15所示温度曲线，我们设置为200。第二段程序的起始温度值即为第一段程序的末点温度值。

④设置第二段程序的运行时间：按⊙键1 s进入图5-24画面5，可按◁▽△三键修改时间值，按图5-15所示温度曲线，我们设置为120，时间单位为分钟。

画面3   画面4   画面4   画面5

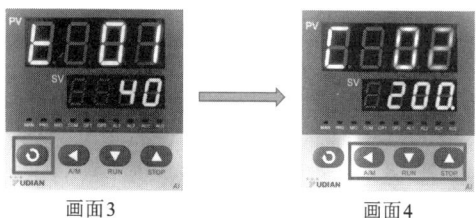

图5-23   烧结程序输入图示 c   图5-24   烧结程序输入图示 d

⑤设置第三段程序的起始温度值：按⊙键1 s进入设置第三段程序起始温度值的画面，后面的设置依此类推，这里不再过多描述。

⑥按图5-15所示温度曲线，在第6段程序结束后，程序不需要继续运行，即可把第7段的运行时间设置为-121，这样仪表识别结束语(-121)后，将会在第6段程序运行结束后自动停机，不会运行后面的程序。

画面6

图5-25   烧结程序输入图示 e

注意：①同时按◁键和⊙键可退出控温程序设置状态。如果没有任何按键操作，约30 s后，仪表会自动退出参数设置状态。

②按◁键约2 s，可返回设置上一参数。

③运行曲线结束，一定要设置结束语"tX   -121"。

5.7.3.4 控温程序的运行

按▽键约2 s(SV 显示"run")，仪表进入自动控制状态。画面显示如图5-26所示。

图 5-26 烧结程序的运行

5.7.3.5 控温程序的暂停

在程序运行状态中，按 $\bigcirc$ 键约 2 s，SV 交替显示"Hold"，则仪表进入暂停状态，暂停时仪表仍执行控制，并将温度控制在暂停时的给定值上，但控温时间停止增加。在暂停状态下，按 $\bigcirc$ 键 2 s，SV 显示"run"，则仪表又重新运行。画面显示如图 5-27 所示。

图 5-27 烧结程序的暂停

5.7.3.6 控温程序的停止

在程序处于运行或暂停状态下，按 $\bigcirc$ 键约 2 s，SV 将显示"STOP"，此时结束程序控制，仪表处于停止状态的基本状态，同时参数"STEP"被修改为"1"，此时 PV 显示炉温××××℃，SV 显示"STOP"。画面显示如图 5-28 所示。

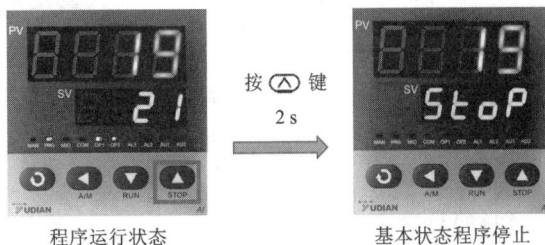

图 5-28 烧结程序的停止

项目六 粉碎工序

经过高温烧结工序制备的半成品，一般需要经过粉碎分级才能达到产品标准，不同正极材料的烧结温度不同，有些材料由于烧结温度较高，结块比较严重，需要进行不同级别的粉碎。粗粉碎可使用颚式破碎机和辊式破碎机，或使用新型设备旋轮磨。细粉碎可使用高速机械冲击式粉碎机或气流粉碎机。三元材料常用粉碎设备对比见表6-1。

表 6-1 三元材料常用粉碎设备对比表

粉碎设备	给料粒度/mm	产品粒度/μm	常见功率/kW	功率对应的产能/($kg \cdot h^{-1}$)
颚式破碎机	300~1000	2000~20000	1.5	450
辊式破碎机	<200	1000~20000	2.2	500
气流粉碎机	<3	1~50	60(含压缩空气)	300
高速机械 冲击式粉碎机	<10	1~15	12	100

任务一：认识粗粉碎系统

✏️ 学习目标

扫码查看资源

【素质目标】

1. 树立推陈出新意识，总结日常工作，为设备推陈出新做经验积累；

2. 设备是企业生产的重要载体，要提高爱护和保养设备的意识。

【能力目标】

1. 能详述 NCM 正极材料的粉碎工艺；

2. 能说出颚式破碎机、辊式破碎机、旋轮磨的结构组成和工作过程。

【知识目标】

1. 理解 NCM 正极材料的粉碎工艺；

2. 了解颚式破碎机、辊式破碎机、旋轮磨的结构组成和工作过程。

6.1.1 颚式破碎机

颚式破碎机,俗称颚破,又名老虎口。它是由动颚和静颚两块颚板组成破碎腔,模拟动物的两颚运动而完成物料破碎作业的破碎机。它广泛运用于矿山冶炼、建材、公路、铁路、水利和化工等行业的各种矿石与大块物料的破碎中;被破碎物料的最高抗压强度为320 MPa。

颚式破碎机在矿山、建材、基建等部门主要用作粗碎机和中碎机。其按照进料口宽度大小,可分为大、中、小型三种,进料口宽度大于600 mm的,为大型机器;进料口宽度为300~600 mm的,为中型机;进料口宽度小于300 mm的,为小型机。颚式破碎机结构简单,制造容易,工作可靠。用于锂离子电池正极材料的颚式破碎机一般是小型机,要求与物料接触的部件采用陶瓷材料(如氧化铝刚玉或氧化锆陶瓷)制成。

颚式破碎机的工作部分是两块颚板,其中一块是固定颚板(定颚),垂直(或上端略外倾)固定在机体前壁上,另一块则是活动颚板(动颚),位置倾斜,与固定颚板形成上大下小的破碎腔(工作腔)。图6-1是其结构原理图。

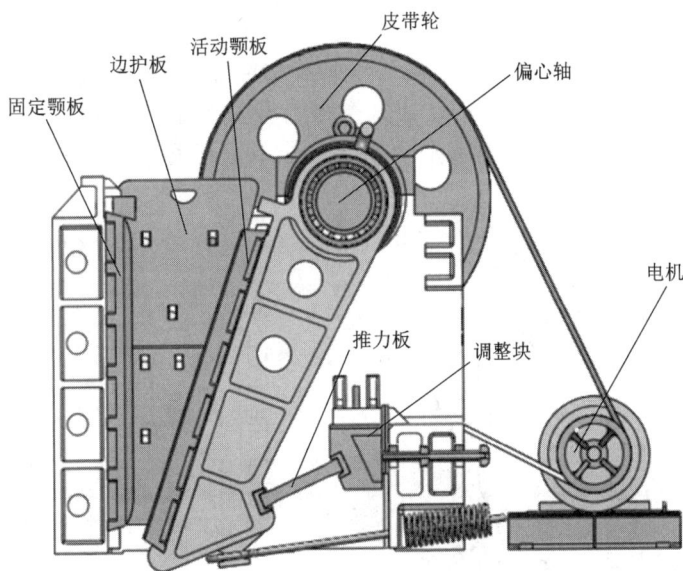

图6-1 颚式破碎机结构原理图

颚式破碎机工作时,活动颚板相对固定颚板做周期性的往复运动,时而靠近,时而离开:当靠近时,物料在两颚板间受到挤压、劈裂、冲击而被破碎;当离开时,已被破碎的物料靠重力作用而从排料口排出。对于锂离子电池正极材料而言,经过颚式破碎机破碎后的物料粒度应小于5 mm。

6.1.2 辊式破碎机

锂离子电池正极材料经过颚式破碎机破碎后,其颗粒仍较粗,需要将粒度破碎至1 mm

以下才能进入后续超微粉碎工艺。一般，辊式破碎机可以将粒度破碎至 1 mm 以下。辊式破碎机分为对辊式破碎机、四辊式破碎机、齿辊式破碎机。

目前，用于锂离子电池正极材料的对辊式破碎机的辊子表面都覆有氧化铝或氧化锆陶瓷，其他凡是与物料接触的地方，均覆有四氟涂层或其他非金属涂层，以防带入金属磁性异物。

以刚玉陶瓷对辊机为例，设备主要由活动辊、固定辊、轴承座、顶框、压紧和调节装置、机体以及电机等部分组成。两辊水平安装，其中：活动辊支承在两个滑动轴承座上，可随滑动轴承座一起做径向滑动，以调节轧间间隙的大小。间隙调整完成后，装四个压紧螺栓，以保证出料均匀；另一辊为固定辊，位置固定不能移动，支承在支座两轴承中，该固定辊通过支座和支架座紧固连接，两主轴由变频电机带轮传动。刚玉陶瓷对辊机外形图详见图 6-2 所示，结构图如图 6-3 所示。

图 6-2　刚玉陶瓷对辊机外形图

刚玉陶瓷对辊机工作时，物料从上盖料斗加入，落在两轧辊中间，随有轧辊的转动，物料在摩擦力及剪切力的作用下，受到强力挤、磨削作用而被解碎，细粉通过辊间的间隙落入下料斗中被收集。调节两辊之间的间隙，可得到不同粒径的物料，调节辊转速，可使解碎效率达到最佳。

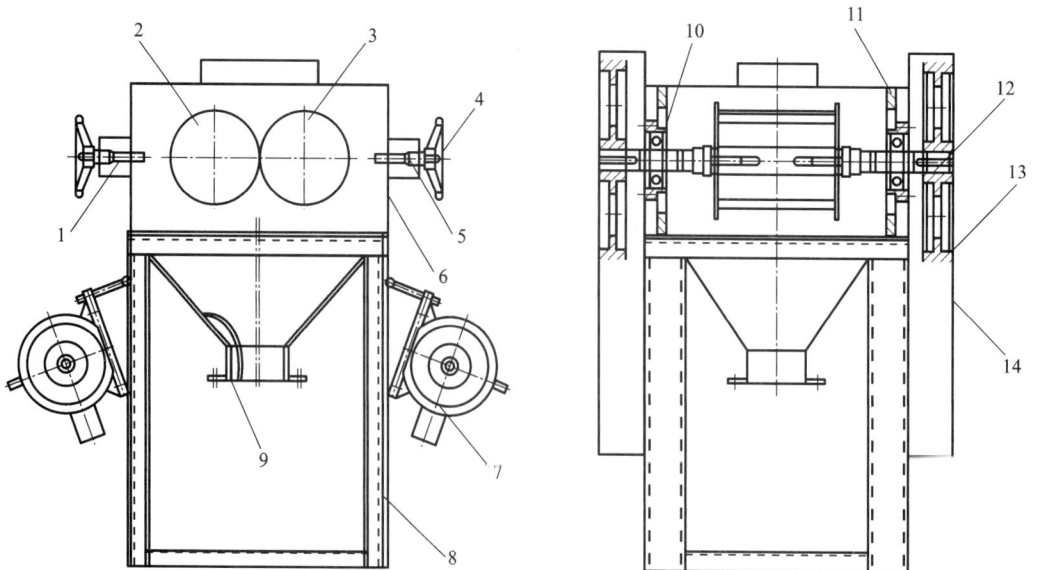

1—调节装置；2—活动辊；3—固定辊；4—手轮；5—压紧和调节装置；6—机体；7—电机；
8—机体；9—下料斗；10—轴承座；11—顶框；12—主轴；13—皮带轮；14—皮带罩。

图 6-3　刚玉陶瓷对辊机结构图

6.1.3　旋轮磨

高温烧结后的锂离子电池正极材料半成品，经过颚式破碎机和辊式破碎机破碎后，才能进入超微粉碎工序。目前，国内厂家开发出了一款名为旋轮磨的设备，其功能相当于颚式破碎机与辊式破碎机的组合。图 6-4 是旋轮磨的工作原理图，其破碎原理是块状物料进入物料仓，先经过强力挤压破碎进入输送系统，物料输送到陶瓷粉碎研磨筐后，经氧化锆陶瓷磨盘粉碎至所需粒度，粒度一般可小于 1 mm。

该设备的特点有：进料粒度大，出料粒度均匀，产量高，无金属离子污染；自动化程度高，无粉尘污染；占地面积小，能耗低；基本无噪声。

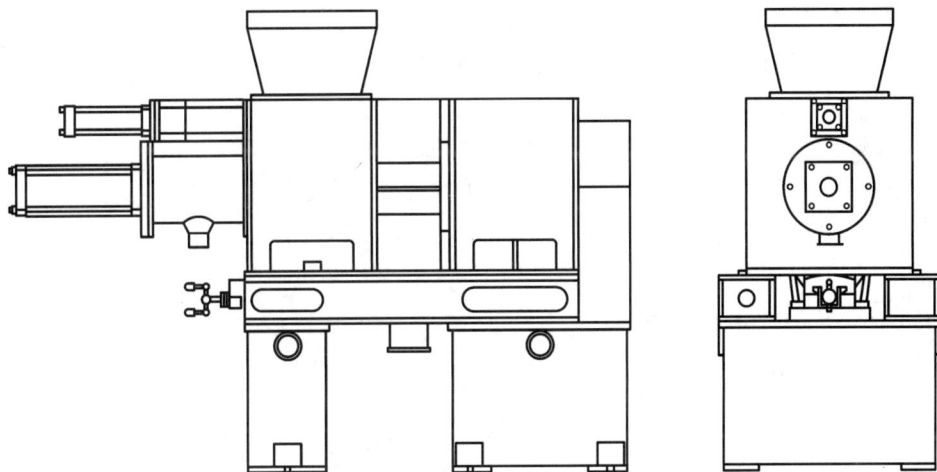

图 6-4　旋轮磨的工作原理图

✎ 随堂练习

一、填空题

1.对于锂离子电池正极材料而言，经过颚式破碎机破碎后的物料粒度应小于_____。

2.经过辊式破碎机破碎，可以将正极材料的粒度破碎至_____以下。

3.经过旋轮磨破碎后，正极材料的粒度一般可小于_____。

二、判断题

1.锂离子电池正极材料的粗粉碎只使用颚式破碎机就可以完成。（　　　）

2.正极材料从窑炉中拿出后，可以直接进入辊式破碎机进行破碎。（　　　）

3.正极材料从窑炉中拿出后，可直接进入旋轮磨进行破碎。（　　　）

任务二：认识细粉碎系统

扫码查看资源

✏️ 学习目标

【素质目标】

1. 树立品质意识，为不同的产品选择合适的设备；

2. 设备是企业生产的重要载体，爱护和保养好设备是主人翁意识的体现。

【能力目标】

1. 能概述高速机械冲击式粉碎机、气流磨的结构组成；

2. 能画出高速机械冲击式粉碎机、气流磨的工作过程示意图。

【知识目标】

1. 了解高速机械冲击式粉碎机、气流磨的结构组成；

2. 理解高速机械冲击式粉碎机、气流磨的工作过程。

6.2.1　高速机械冲击式粉碎机

高速机械冲击式粉碎机(high speed impact mills)也称气流涡旋超微粉碎机，它是利用围绕水平或直轴高速旋转的回转体(棒、锤、板等)对物料进行猛烈冲击，使其与固定体碰撞或产生颗粒之间的冲击碰撞，从而使物料粉碎的一种超细粉碎设备。目前，其主要类型有高速冲击锤式粉碎机、高速冲击板式粉碎机、高速鼠笼式(棒销)粉碎机等。根据转子的布置方式和锤子排数，其又可分为垂直立式与水平卧式及单排、双排和多排等类型。

ACM 超细粉碎机是一种典型的高速机械冲击式粉碎机，是生产细粉、微粉的一流粉碎机，该机是一种立轴反射型粉碎机，能同时完成微粉碎和微粒分选两道加工工序，适合用于加工各行业的多种物料，其产品粒度均匀，细度为 5~10 μm。

ACM 超细粉碎机的适用范围：钴酸锂、氧化钴等电池材料的粉碎；中低硬度的干式物料(含水率不超过 8%)，如化工、医药、染料、涂料、颜料、陶土、食品、饲料、农药等非金属矿物的粉碎；热塑性、纤维性物料的加工；化工、医药、饲料、塑料、烟草、非金属矿等行业的超细粉碎。湖南杉杉能源科技股份有限公司就是采用这种 ACM 超细粉碎机来粉碎物料的。

ACM 超细粉碎机的优点：采用刚玉陶瓷内衬，高耐磨无污染；采用程序控制，可实现变频、无级调速；其生产粒径调节范围广；不用停机，可通过直接调节分级轮来控制产品的细度；具有冷却功能，粉碎时温升低，特别适用于热塑性和纤维性物料的加工，且加工出的产品粒度均匀；生产效率高，噪声低；造型美观，占地面积小；技术性能稳定，耗电低，耗电量只有气流粉碎机的 1/5；维修、操作和清理方便，生产能力强。

ACM 超细粉碎机成套设备主要由 ACM 主机、捕集器、电气控制柜及连接部件组成，ACM 主机又由机架、机体、自动加料机、加料螺旋、粉碎系统、冷却系统，以及电机拖动系统等组成。其原理图如图 6-5 所示。

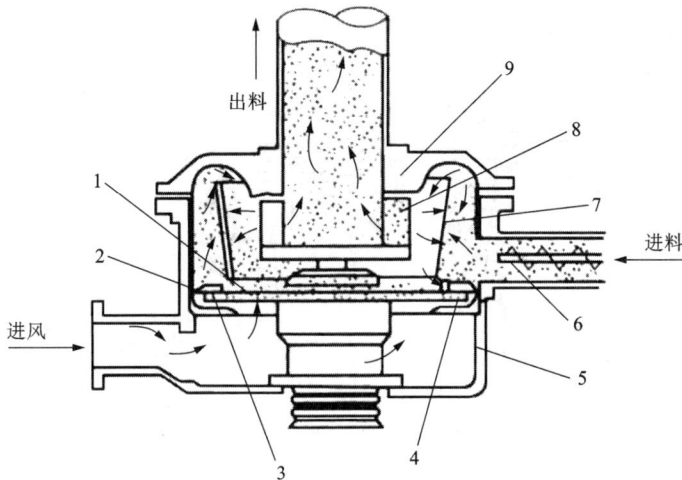

1—粉碎刀；2—齿圈；3—锤头；4—挡风盘；5—机架；
6—加料螺旋；7—导向圈；8—分级轮；9—机盖。

图 6-5 ACM 超细粉碎机原理图

物料由加料螺旋均匀地推入粉碎室，由于负压的作用，物料立即到达粉碎区，因同时受到粉碎刀的高速冲出力和剪切力，以及刚玉陶瓷磨圈齿的撞击力等作用而粉碎。粉碎后的粉体，因受到捕集器高压风机引风造成的负压而进入分级区，再经过分级轮的分选，细粉继续由负压带入旋风分离器或直接进入布袋捕集器进行气固分离，固体旋转落入布袋捕集器下端，最终成为产品，且被收集。滤袋滤下气体中的极少量尘埃状的微粉并收集，且将气体排空。

产品细度影响因素有：

①与分级轮的转速有关。分级轮转速越快，产品越细；相反，产品越粗。

②与粉碎刀的线速度有关。粉碎刀线速度越高，其冲击力和剪切力越大，产品越细；反之，产品越粗。

③与粉碎产量有关。粉碎产量越高，细度越差，即产品越粗；相反，产量越低，细度越细。

④与风机的风量、风压有关。风机风量、风压越高，产品越粗；相反，产品越细。

采用高速机械冲击式粉碎机可以将物料粒度粉碎至 D_{50} 为 1~20 μm。相对于气流粉碎而言，采用此种粉碎机，可以防止过度粉碎，其粉碎粒度分布较好，产品收率高，一般为95%以上，特别细的微粉占5%以下。一级收料从旋风分离器收集，一般为成品，通常要求占95%以上，二级收料从布袋捕集器收集，应小于5%，此种料称为微粉，其粒度很细，比表面大，振实密度小，一般不能作为成品销售，只能作为废品由专业回收公司回收。由于正极材料一般都比较贵，如钴酸锂、三元材料等，目前许多公司将此种材料进行二次烧结以使其粒度长大后再掺入正品中进行销售。图6-6是高速机械冲击式粉碎工艺流程图。

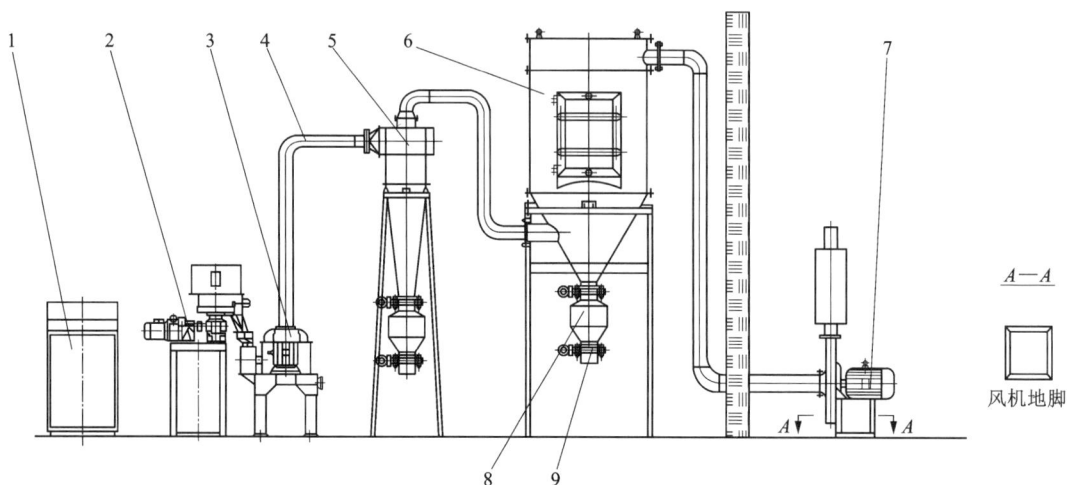

1—控制柜；2—自动加料机；3—高速机械冲击式粉碎机；4—软管；5—旋风分离器；
6—布袋捕集器；7—风机；8—过渡料仓；9—气动阀。

图 6-6　高速机械冲击式粉碎工艺流程图

6.2.2　气流粉碎机

气流粉碎机也称气流磨，它是利用高速气流（速度为 300～1200 m/s）喷出时形成的强烈多相紊流场使其中的颗粒自撞、摩擦或与设备内壁碰撞、摩擦而引起颗粒粉碎的一种超细粉碎设备。超细气流磨在工业上的应用始于 20 世纪 30 年代，现在超细粉碎技术的发展已经非常成熟。锂离子电池正极材料钴酸锂由于硬度比较大，用高速机械冲击式粉碎机粉碎时，对粉碎盘和分级轮磨损大，一般采用气流粉碎机进行粉碎。目前，适用于锂离子电池正极材料粉碎的气流磨主要有两种，即流化床气流粉碎机和扁平式气流粉碎机。

与其他超细粉碎机相比，气流粉碎机具有以下特点：

①产品细度为 1～25 μm，细度可调，粒度分布较窄，颗粒表面光滑、形状规则、分散性好。

②产品受污染少。因为气流粉碎机是根据物料的自磨原理对物料进行粉碎的，粉碎腔体对产品的污染少，若粉碎腔内壁采用陶瓷内衬，则基本上可以避免金属杂质的污染，因而非常适合于锂离子电池正极材料的粉碎。

③适合粉碎低熔点和热敏性材料及生物活性制品。因为气流粉碎机以压缩空气为动力，压缩气体在喷嘴处的绝热膨胀会使系统温度降低，所以工作过程中不会产生大量的热。

④生产过程连续，生产能力大，自控、自动化程度高。

图 6-7 是 AFG 型流化床逆向喷射气流磨原理图。压缩空气经拉瓦尔喷嘴加速成超音速气流后射入粉碎室，使物料呈流态化，因此每一个颗粒具有相同的运动状态。在粉碎室，被加速的颗粒在各喷嘴交汇点相互对撞粉碎。粉碎后的物料被上升气流输送至分级区，由水平布置的分级轮筛选出达到粒度要求的细粉，未达到粒度要求的粗粉返回粉碎室继续粉碎。合

格细粉随气流进入高效旋风分离器得到收集，含尘气体经收尘器过滤净化后排入大气。

设备组成：

①气源。它是气流粉碎机粉碎过程的动力，由空气压缩机提供。对压缩空气的要求为0.7~0.8 MPa，保持压力稳定，即使有波动，频率也不宜过高，否则会影响产品的质量。另外，气体质量要求洁净、干燥，应对压缩空气进行净化处理，把气体中的水分、油雾、尘埃清除，使被粉碎的物料不受污染，特别注意纯度要求较高的物料的粉碎要求也更高。

②原料供给。原料供给是用提升机把原料提升至原料仓内，然后通过输料阀把原料送入气流粉碎机的加料斗，经过螺旋加料器输送至粉碎室，一般要求初始粒度大于100目。

③粉碎与分级粉碎过程。该过程是将压缩空气从特殊设计加工的喷嘴射入粉碎室，使物料流态化，物料在超音速的喷射气流中被加速，

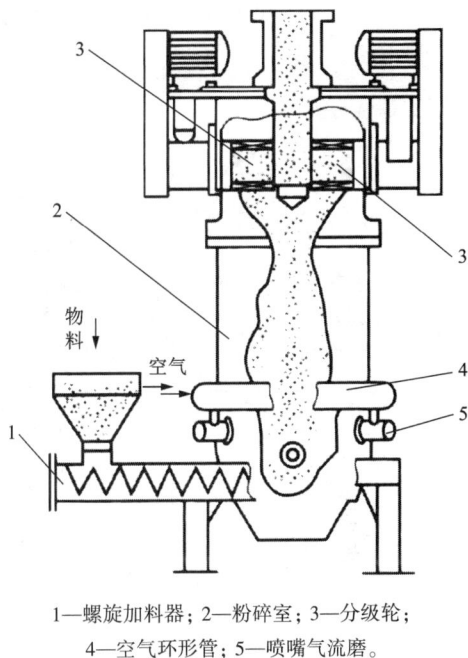

1—螺旋加料器；2—粉碎室；3—分级轮；
4—空气环形管；5—喷嘴气流磨。

图6-7　AFG型流化床逆向喷射气流磨原理图

在各喷嘴交汇处汇合，自身相互碰撞，从而达到粉碎的目的。当物料粒径被粉碎到分级粒径以下时，由分级器分级出合格的粒径产品。粉碎和分级在同一区域内进行，大大提高了粉碎和分级的工效，未被分级精选的粗料又返回到粉碎室继续粉碎，最后产品经输出管输送至微粉收集系统。微粉收集系统由旋风分离器和粉尘收集器组成。超细粉通过密封管道进入旋风分离器，气流在旋风分离器内旋转，把超细粉甩出降落，由排料系统排出包装，即得成品。旋风分离器可以用一级或两级，从旋风分离器飘出的气流，还有部分粉尘进入粉尘收集器，通过布袋收尘。

图6-8是气流粉碎流程图。对锂离子电池正极材料的粉碎而言，要求在旋风分离器中分离出来的产品越多越好，一般要求此级分离得到的产品收率要大于95%。布袋收尘得到超细微粉，可降级使用，或返回烧结工序重新烧结，以使其粒径长大。

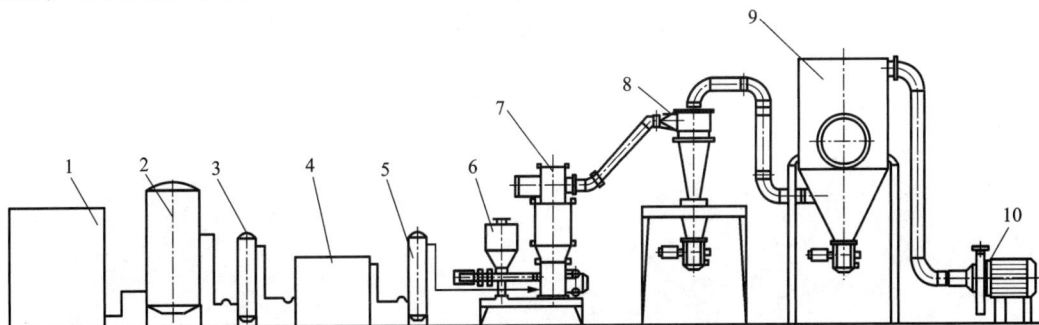

1—空气压缩机；2—储气罐；3—前置过滤器；4—冷冻干燥机；5—后置过滤器；
6—喂料系统；7—气流粉碎分级机；8—旋风收集器；9—除尘器；10—引风机。

图6-8　气流粉碎流程图

135

　　三元材料常见的粉碎工艺流程为颚式破碎→辊式破碎→气流粉碎(或机械粉碎)，如图 6-9 所示。

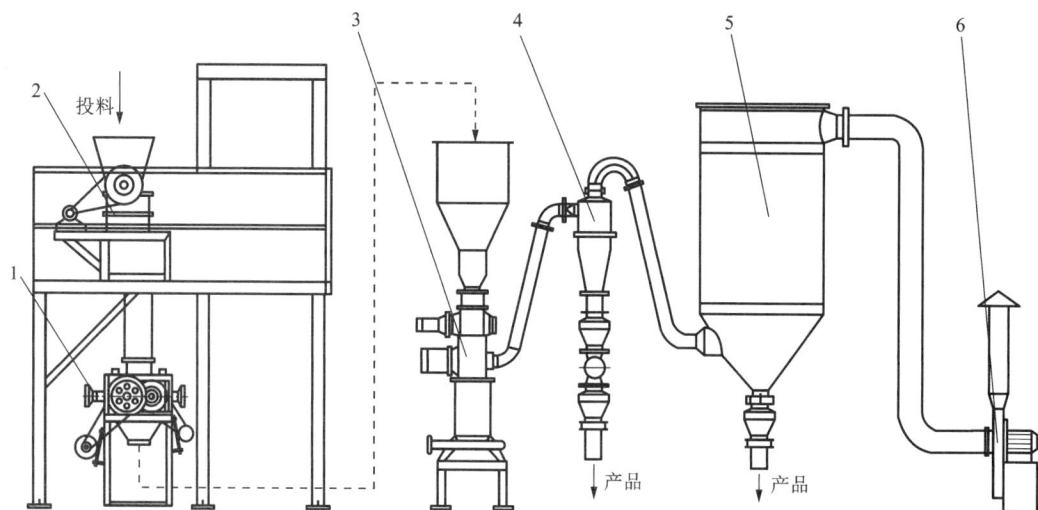

1—辊式破碎机；2—颚式破碎机；3—气流粉碎机；4—旋风分离器；5—收尘器；6—风机。

图 6-9　三元材料常见的粉碎工艺流程图

随堂练习

一、填空题

正极材料的细粉碎设备，粉碎后的成品率应该在＿＿＿＿＿＿＿＿以上。

二、判断题

1. 气流磨也适用于粉碎低熔点和热敏性材料。（　　　）

2. 在锂离子电池正极材料的粉碎设备中，和物料接触的位置都必须采用陶瓷材质。（　　　）

3. 正极材料经过细粉碎后，粒度过细的微粉可以作为正品出售。（　　　）

项目七　合批工序

✎ 学习目标

【素质目标】

1. 树立牢固的品质意识，要选择合适的工艺和设备生产特定的产品；

2. 设备是企业生产的重要载体，要提高爱护和保养好设备的意识。

【能力目标】

能概述合批设备的结构组成和工作过程。

【知识目标】

了解合批设备的结构组成和工作过程。

　　尽管在锂离子电池正极材料生产过程中采取了严格的产品管理手段，但为了保证产品的一致性，还需对不同批次生产的产品进行合批，以合成一个大批次，使同一个大批次的产品均匀化。目前，普遍采用大型混合机进行合批处理。

　　锥形混合机是一种经机械作用产生纵向、横向交错的立体混合运动轨迹，使两种或两种以上不同比例、不同理化特性的粉状或颗粒状物料，混合成一种连续、松散、均匀的混合物的机械设备。图7-1为锥形混合机外貌图。

　　锥形混合机广泛应用于锂电、化工、冶金、建筑、医药、生物工程、核能材料等行业的固-固（即粉体与粉体）混合、固-液（即粉体与液体）混合、液-液（即液体与液体）混合。该机器对混合物的适应性广，在对热敏性物料组成的混合中不会产生分层离析现象。该机器对粗料、细粒和超细粉等各种颗粒、纤维或片状物料的混合有很好的适应性。该机器的机械密封和独特的釜体之间的软密封，使物料可在真空下操作。锥形混合机的最终目的是使物料混合均匀，防止物料结团，促进物料流动，可作为物料缓存容器。

　　锥形混合机的搅拌部件为两条不对称悬臂螺旋；其长短各一，它们在绕自己的轴线转动（自转）的同时，可环绕锥形容器的中心轴转动（公转）。借助转臂的回转在锥体壁面附近做公转，该机器通过螺旋的公转、自转使物料反复提升，在锥体内产生剪切、

图7-1　锥形混合机外貌图

对流、扩散等复合运动，从而达到混合的目的。锥形混合机根据所使用企业的工艺要求，可在筒体外增加夹套，并通过向夹套内注入冷热介质来实现对物料的冷却或加热；冷却时一般用泵打入工业用水，加热可通入蒸汽或电加热导热油。

锥形筒体适用于对混合物料无残留的高要求，柔和的搅拌速度亦不会对易碎物料产生破坏，本机器的搅拌作用对物料的化学反应有更好的配合作用。筒体可电加热、蒸气加热及油水循环加热。筒体上的独特温度探测装置可确保温度无误差，夹套内盘管可实现冷却。筒体内壁为大型立车精加工，确保活动刮刀在旋转时把筒体内壁及筒底的物料完全刮掉。筒内另外两组高速分散器，使各种物料受到强烈的剪切与分散混合。筒内的搅拌桨与高速分散器的自转均采用变频调速，可根据不同工艺、不同黏度选择不同转速。

锥形混合机主要由电机、减速机、分配箱、检修孔、长转臂、进料口、传动头、短转臂、短螺旋轴、长螺旋轴、手动转盘阀、气动蝶阀、称重模块等组成，其结构图如图 7-2 所示。

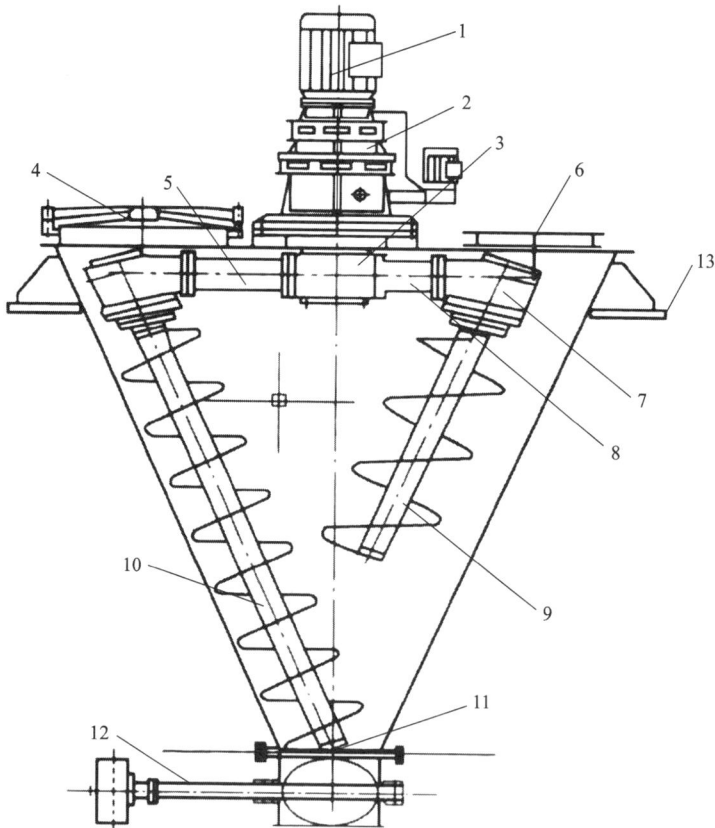

1—电机；2—减速机；3—分配箱；4—检修孔；5—长转臂；6—进料口；7—传动头；
8—短转臂；9—短螺旋轴；10— 长螺旋轴；11—手动转盘阀；12—气动蝶阀；13—称重模块。

图 7-2　锥形混合机结构图

工作原理：双螺旋的公转，使粉粒沿着锥体壁做周向运动。又由于螺旋叶片的自转，使粉体向锥体中央做径向运动。粉体从锥底向上升流，并沿螺旋外周围表面向上排出，进行物料混合。也可认为，锥形混合机两非对称螺旋的快速自转，使物料向上提升，形成两股非对称沿筒臂由下向上的螺旋物料流。转臂带动螺旋做公转运动,使螺旋外的物料不同程度进入螺柱包络线内,一部分物料被错位提升,另一部分物料被抛出螺柱,从而达到全圆周方位物料的不断更新扩散,被提到上部的两股物料再向中心凹穴汇合,形成一股向下的物料流,补充了底部的空穴,从而形成对流循环。由于上述运动的复合,物料在较短时间内获得了均匀混合,混合程度较高。螺旋自转引起的粉粒向下降流,正是由于螺旋在锥形混合机内的公转自转的组合,形成了粉体的四种流动形式,即对流、剪切、扩散、渗合的复合运动。因此,粉体在锥形混合机内能迅速混合均匀。

随堂练习

判断题

1. 三元材料进行合批时,需要采用夹套加热来干燥三元材料。(　　　)

2. 合批有助于下游企业产品性能的稳定。(　　　)

3. 锥形混合机的长短螺旋轴不仅做公转运动,还要做自转运动。(　　　)

项目八　除铁、包装工序

✎ 学习目标

【素质目标】

1. 将产品质量意识扎根在脑海中，深刻理解质量是产品的生命线；

2. 树立产品安全意识，只有质量过关的产品才能保证使用者的安全。

【能力目标】

1. 能概述除铁、包装设备的结构组成；

2. 能说出除铁、包装设备的工作过程。

【知识目标】

1. 了解除铁、包装设备的结构组成；

2. 理解除铁、包装设备的工作过程。

任务一：认识除铁设备

2006 年日本发生首起索尼笔记本电脑起火伤人事件，事后调查将起火归因于索尼锂离子电池，即很可能是因为电池某部分在制造过程中混入了细小金属颗粒从而引发微短路造成的过热。自此次事件后，锂离子电池生产企业对锂离子电池正极材料中的微量磁性异物控制非常严格，如韩国三星 SDI 在中国采购的正极材料要求单质铁的质量分数小于 $2×10^{-8}$。磁性单质铁通常是在加工过程中，因物料与不锈钢设备、管道以及车间设备磨损的微细铁屑进入空气中，再落入正极材料。因此，锂离子电池正极材料在整个生产过程要严格防止物料与金属设备或部件的接触。由于微量单质铁在正极材料中的分布是极不均匀的，有时带有很大的偶然性，所以为了确保产品的品质，目前在产品最后进入包装工序之前要加一套除铁工序。

除铁方法很多，现有的粉料除铁方法有淘洗法、水力旋流法、酸洗法、申泳分离法、高频感应法和磁选法等。磁选法尤其是电磁选法，因效率高、成本低、弃铁简单易行而被普遍采用。锂离子电池正极材料中的磁性物质含量通常情况下非常低，用电磁除铁时，要求磁场强度非常高，目前国内生产的电磁除铁机难以满足要求，通常从日本和韩国进口。

电磁除铁原理如图 8-1 所示。当粉料从加料口加入时，安装有多层分离栅网的振动分离筛筒在 2 台自同步感应电机的驱动下做垂直方向振动，同时通过磁轭产生磁场，铁杂质被吸附于栅网上，以达到粉料与铁杂质分离的目的。该机器工作一段时间后，要进行弃铁处理，弃铁时首先停止进料并排出料筒中的余料，使翻板盖住出料口，关闭励磁电源，继续振动数分钟以使栅网吸附的铁杂质全部从出铁口排出，然后又可恢复除铁工作。图 8-2 为电磁除铁机的结构示意图和实物照片。

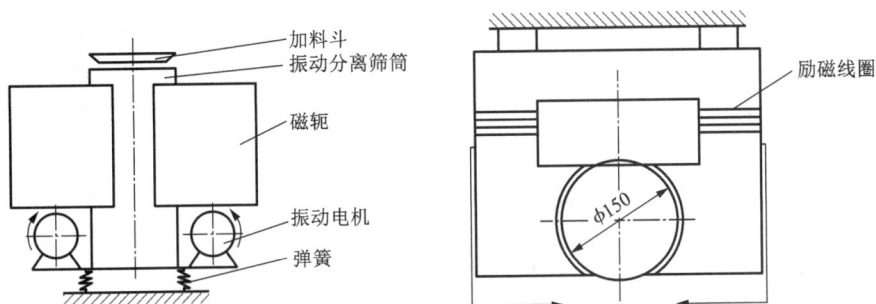

图 8-1　电磁除铁原理

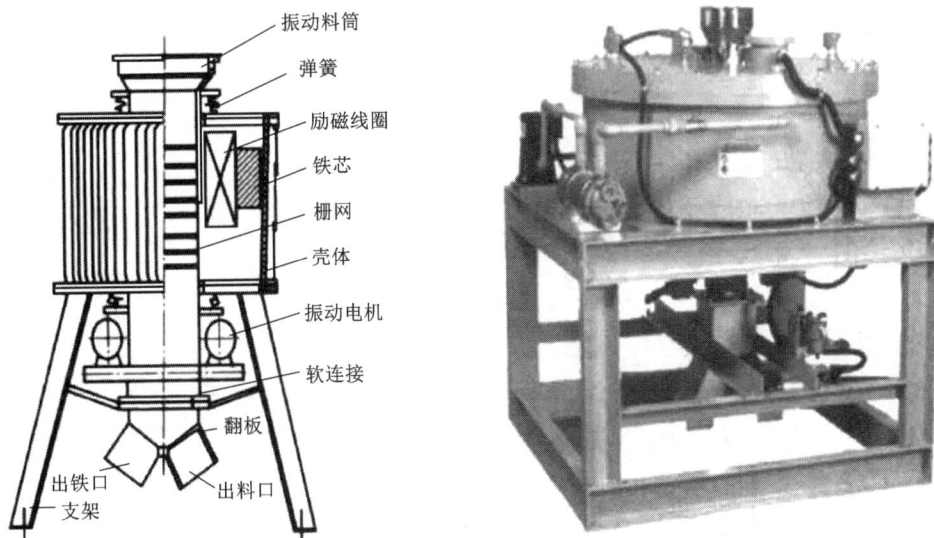

图 8-2　电磁除铁机

任务二：认识包装计量设备

锂离子电池材料无论是正极材料还是负极材料，都有很多品种和规格。在生产线上，其最终的成品是以粉料的形式存在的。成品粉料制备完成后，在供应给电池制作商之前还有一个储存及周转运输的过程。该周期可能较长，储存时间不确定，再加上这些成品料价格较贵，故应防止在储存和周转过程中使材料受到外界的污染。成品粉料在制备完成后应尽快装袋、计量和密封保存。为了在周转过程中对其外包装进行保护，还需对成品粉料装桶或装箱，并做好信息的贴标和记录登记。

当前，常用的成品粉料装袋容器材质为有一定强度和韧性的铝塑复合包装袋（中间为铝膜，内外均为 PE 膜），少数厂家直接用具有一定厚度的圆筒形 PE 袋。铝塑复合包装袋是将铝塑复合卷材剪裁成矩形后，两两相对，再用热塑办法将其三边热压后制成，而单纯的 PE 袋则是将圆筒状 PE 膜每隔一段距离热封后再切断制成的。目前，生产量较少的厂家往往用勺子进行人工灌装，用数字台秤进行称重计量，再用手工挤出袋中一部分空气后，以条状热封机对袋口热合密闭。这种办法劳动强度大，有粉尘飞扬，在通风除尘不好的场所，粉尘往往易被包装粉料的工人吸入体内，时间长了便会对人的呼吸系统造成伤害。在产量稍大一点的工厂中，成品粉料的包装计量则五花八门，有各种各样的半自动包装秤，但是常规的用于各种粉料行业的包装秤一般对锂离子电池材料的特殊性考虑不全，例如，金属材质的包装秤尤其是与物料接触的关键部件很容易使金属单质污染成品粉料。此外，普通的包装秤往往不太考虑全密封粉料灌装过程，因此其粉尘泄漏量较大，对环境和人身影响也相应较大。因此，目前锂离子电池材料成品料的包装计量还相对较为落后。

对于产能较大的工厂，锂离子电池材料成品粉料的包装分为 200 kg、500 kg、750 kg，甚至有 1000 kg 的包装要求，因此这种大包装量的秤一般采用有门架形式，并配合有动力的滚柱输送机，将有四个吊攀的塑料编织大包装袋或内衬铝塑复合包装袋的大圆桶送入或移出包装秤(俗称吨包装)，如图 8-3 所示。

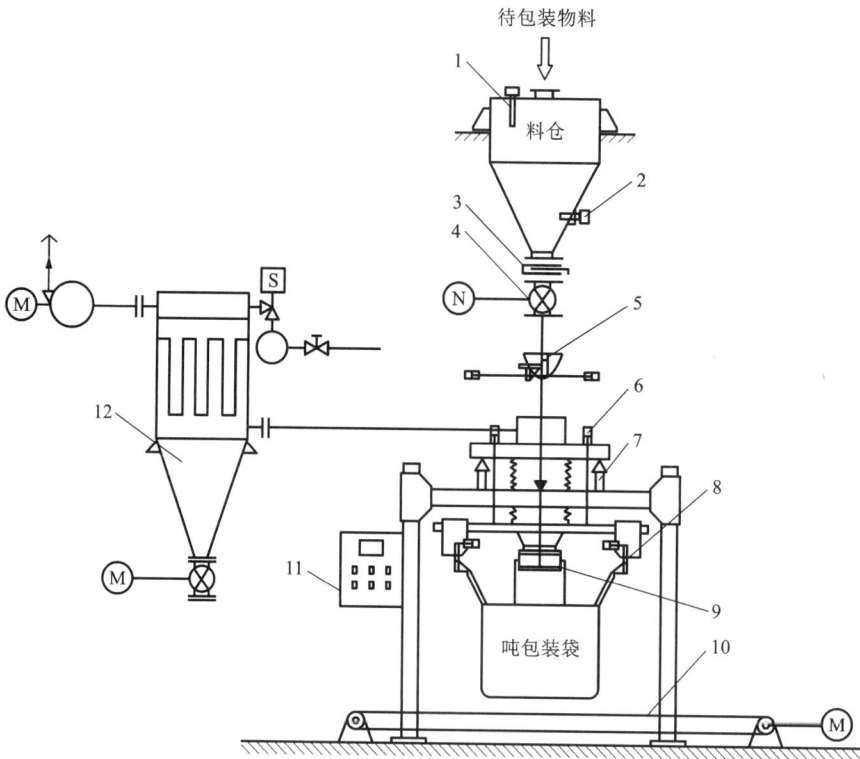

1—高料位计；2—低料位计；3—插板阀；4—星形给料机；5—料门；6—称量架升降气缸；7—称重传感器；
8—气动挂袋装置；9—气囊夹袋装置；10—滚柱输送机；11—电气控制箱；12—袋式除尘器。

图 8-3　吨包装机

吨包装袋外袋呈正方形，有内袋和外袋两层结构，外袋是强度很大的塑料编织袋，顶部四边有四个便于起重机悬挂的吊攀，中间有一个圆筒状的加料口；内袋除了没有吊攀以外，其形状与外袋基本相同，只是内袋中间的圆筒状加料口比较长，可伸出外袋加料口。这种秤的排料灌装口一般都采用外气囊夹袋形式，操作人员只需用内袋的加料口套住气囊，当气囊充气膨胀后，便可将内衬 PE 袋的袋口全部紧绷在气囊上，再将外袋的四个吊攀悬挂在秤的专用气动挂钩上，如此便可将整个吨包装袋提起。灌装启动前，先要通过灌装排料口的外筒通以压缩空气，使内袋撑张起来，而在计量开始内筒灌装粉料时，外筒要抽排出原先撑张内袋的空气。吨包装秤同样有两种结构，图 8-3 便是一种较先进的吨包装机。

还有一种较简易的吨包装秤，即在包装机的中间地上放置一台 1.2 m×1.2 m 的大平台秤，在平台秤上放置同样尺寸的无动力滚柱输送机，吨包装袋就放在该输送机上。吨包装袋的四个吊攀虽然仍悬挂在秤架上，但在结构上应保证即使吨包装袋充满物料时，这四个吊攀仍呈柔性，且处于不受力的状态。若是圆筒包装，那么可将圆筒直接放置在滚柱输送机上，将筒内内衬的 PE 透明包装袋或铝塑复合袋的袋口夹持在气囊夹袋机构上即可。一般情况下，内衬 PE 袋或铝塑复合袋比较长，在袋口被气囊夹持后或灌装完毕、袋内充实物料后，袋口仍呈柔性且处于不受力状态。所有的重力只由下方的平台秤承受，以此保持计量的准确性。

随堂练习

判断题

1. 除铁工序最好放在粉碎、合批工序之后，包装工序之前。（　　）

2. 电磁除铁器工作一段时间后，要进行弃铁处理才能继续使用。（　　）

3. 正极材料比较常见的包装规格为吨包和 25 kg 包。（　　）

4. 正极材料包装时要特别注意密封。（　　）

项目九　正极材料的改性和智能化生产

任务一：认识三元材料存在的问题和改性方法

✎ 学习目标

【素质目标】

1. 树立开拓创新的理念，只有创新才能促进材料更新迭代；

2. 在工作中要不断总结，不断进步，为技术创新总结经验。

【能力目标】

1. 能说出 NCM 三元材料的不足之处；

2. 能概述三元材料的改性工艺。

【知识目标】

1. 了解 NCM 三元材料的不足之处；

2. 理解三元材料的改性工艺。

扫码查看资源

9.1.1　三元材料存在的问题

9.1.1.1　随着 Ni 含量的增加，循环性能变差

由 1.3.2.1 节中的图 1-5 可知，随着三元材料中 Ni 含量的增加，电池循环性能变差。造成这一现象的主要原因是随着 Ni 含量的增加，电池材料在充放电过程中发生了多次相变。

图 9-1 给出系列三元材料首次充放电曲线的容量电压曲线，对于 $x=1/3$ 的材料，首次循环的氧化/还原峰分别为 3.76 V 和 3.72 V，但当 Ni 含量增加时，会在 3.64 V 增加 1 个新的氧化峰；当 $x=0.8$ 时，出现 4 对明显的氧化还原峰，氧化峰分别为 3.62 V、3.78 V、4.04 V 和 4.23 V，它们对应着六方相向单斜相（H1/M）、单斜相向六方相（M/H2）和六方相向六方相（H2/H3）的转变，相应的还原峰分别为 3.58 V、3.72 V、3.98 V 和 4.18 V。在循环过程中，对于 $x=1/3$ 的材料，其氧化还原峰非常稳定，而随着 Ni 含量的增加，氧化还原峰极化增大；对于 $x=0.8$ 的材料，循环 100 次时，3.62 V 的峰已经移向 3.76 V。H2 向 H3 的结构转变导致的体积收缩，是造成容量衰减的主要原因。随着 Ni 含量减少，没有发生 H2-H3 的相变，循环过程中体积变化小，这些材料主体结构稳定，因此就有好的可逆性。低镍材料具备好的循环性能，主要是由于抑制了 H2-H3 的相变。另外，当 Ni 含量增加时，随着循环的进行，放电电压降低，说明 Ni 含量增加，内阻增加。

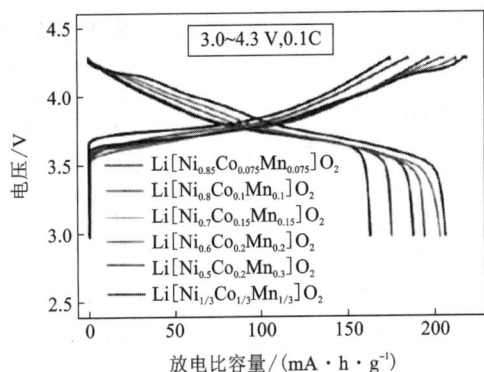

(a) Li/Li[Ni$_x$Co$_y$Mn$_z$]O$_2$(x=1/3、0.5、0.6、0.7、0.8 和0.85) 首次充放电曲线和相应的微分容量-电压曲线

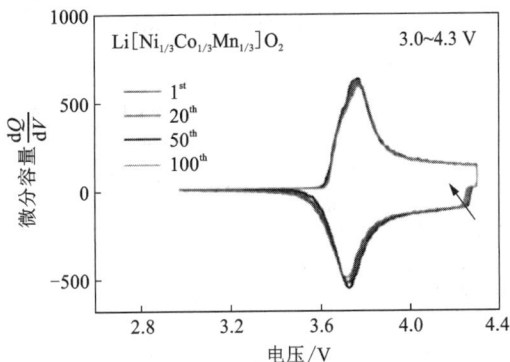

(b) x=1/3 的微分容量-电压曲线

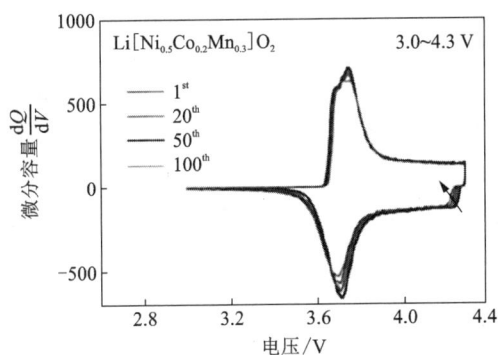

(c) x=0.5 的微分容量-电压曲线

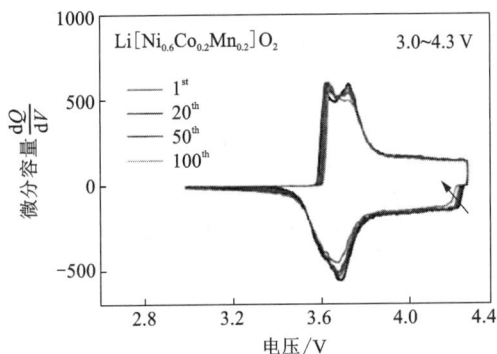

(d) x=0.6 的微分容量-电压曲线

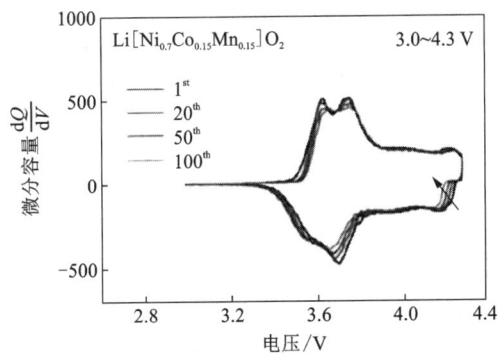

(e) x=0.7 的微分容量-电压曲线

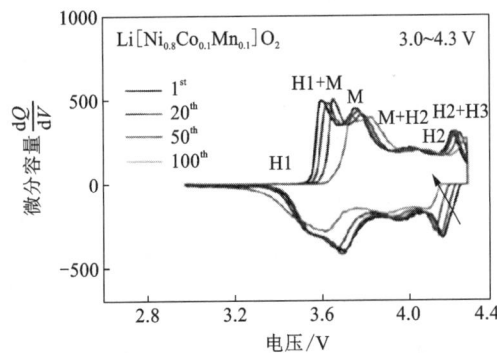

(f) x=0.8 的微分容量-电压曲线

图 9-1　Li/Li[Ni$_x$Co$_y$Mn$_z$]O$_2$ 首次充放电曲线和相应的微分容量-电压曲线[充放电电流密度 20 mA·g^{-1} (0.1C), 25 ℃, 电压为 3.0~4.3 V]

9.1.1.2　随着 Ni 含量的增加，表面 LiOH、Li$_2$CO$_3$ 含量增加

高镍 Li[Ni$_x$Co$_y$Mn$_z$]O$_2$ 材料，尤其是 x>0.6 的材料，在空气中很容易与 CO$_2$ 和 H$_2$O 发生反应，在材料表面生成 Li$_2$CO$_3$ 和 LiOH。LiOH 与电解液中的 LiPF$_6$ 反应产生 HF，Li$_2$CO$_3$ 会导致在高温储存时产生严重的气胀，尤其是在充电状态下。表 9-1 给出正极表面 LiOH 和 Li$_2$CO$_3$ 的含量，随着 Ni 含量的增加，LiOH 和 Li$_2$CO$_3$ 总量增

加，当 $x>0.7$ 时，LiOH 和 Li_2CO_3 含量快速增加，给电池的加工和电化学性能带来很大影响。

表 9-1　$Li[Ni_xCo_yMn_z]O_2$ 正极表面 LiOH 和 Li_2CO_3 的含量

单位：mg/kg

材料	LiOH	Li_2CO_3	合计
$Li[Ni_{1/3}Co_{1/3}Mn_{1/3}]O_2$	790	1008	1798
$Li[Ni_{0.5}Co_{0.2}Mn_{0.3}]O_2$	1316	1080	2396
$Li[Ni_{0.6}Co_{0.2}Mn_{0.2}]O_2$	2593	2315	4908
$Li[Ni_{0.7}Co_{0.15}Mn_{0.15}]O_2$	4514	6540	11054
$Li[Ni_{0.8}Co_{0.1}Mn_{0.1}]O_2$	10996	12823	23819
$Li[Ni_{0.85}Co_{0.075}Mn_{0.075}]O_2$	11285	15257	26542

9.1.1.3　随着 Ni 含量的增加，热稳定性变差

由图 9-2 可以清楚地看出，随着三元材料中 Ni 含量的增加，热分解温度降低，放热量增加。也就是说，随着 Ni 含量的增加，材料热稳定性变差。图 9-2 为将电池充电至 4.3 V 时的 DSC 实验结果。对于高镍含量的材料，由于在相同电位下脱出的 Li 要高于低镍含量的材料，且 Ni^{4+} 含量高，具有很强的还原倾向，容易发生 $Ni^{4+} \rightarrow Ni^{3+}$ 的反应，为了保持电荷平衡，材料会释放氧气，而使稳定性变差。

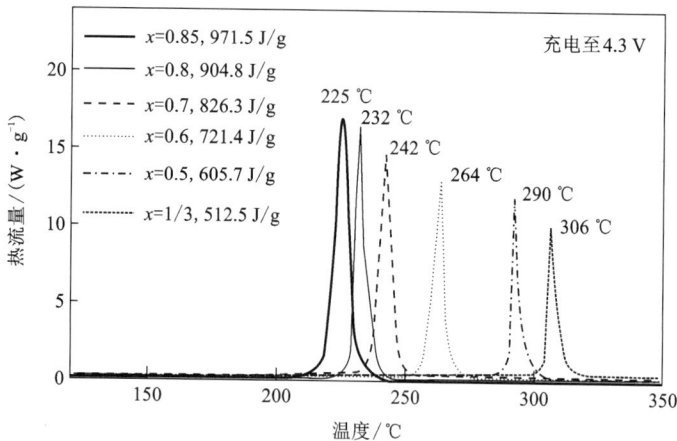

图 9-2　$Li_{1-\delta}[Ni_xCo_yMn_z]O_2$ 材料（$x=1/3$、0.5、0.6、0.7、0.8、0.85）DSC 实验结果

9.1.1.4　与电解液的匹配

在电解质和正极材料界面的反应及电荷传输会影响锂离子电池的性能和稳定性。活性材料的腐蚀和电解液的分解严重影响电荷在电极/电解液界面的传输。另外，对于高镍含量的三元材料，由于其表面 LiOH 和 Li_2CO_3 含量高，在电池储存时，尤其是在高温条件下，这些物质易与电解液发生反应，在 HF 的腐蚀下造成 Co 离子、Ni 离子的溶解，从而使循环寿命和存储寿命降低。

9.1.1..5　表面反应不均匀的影响

为了使电池具有高比能量,往往会采用高镍三元材料。Wang 等研究高镍正极材料时认为,虽然 NCA(高放电容量,约 200 mA·h/g)是电动汽车应用项目中有前途的正极材料,然而,这些材料在循环过程中会表现出快速的容量衰减、阻抗上升,以及热稳定性差等问题。他们用透射电子显微镜分析表征发现,充电时,在 NCA 粒子表面的晶体和电子结构是不均匀的。由于动力学的影响,粒子表面 Li 的脱出量更大,这就导致了结构的不稳定。这些不稳定导致过渡金属离子被还原,通过失去氧维持材料电中性,因此在材料表面形成了新相及孔隙。对于富 Ni 阴极材料,其结构的不稳定是对电池系统不利的根源。高温加速循环测试表明,NCA 阴极材料发生快速的功率衰减,主要是由于在表面生成了具有岩盐结构非电化学活性类 NiO 相。在过充电(高脱锂状态或过充电)条件下,富 Ni 阴极材料形成一个复杂的结构,核的组成是层状 $\overline{R3m}$ 结构,接下来是尖晶石结构,而表面是岩盐结构。这些相变伴随着氧气释放,而与易燃电解液反应可以加速热失控,从而导致灾难的发生。他们的研究结果表明,适当的表面涂层可能是提高电池寿命和电池稳定性的一个解决方案。

由于 Li 离子扩散受动力学因素影响,通过对三元材料的体相掺杂和表面改性,改善材料动力学性能,增大 Li 离子扩散系数是非常重要的。

9.1.2　三元材料的改性

扫码查看资源

三元材料(尤其是高镍三元材料)具有一些本征的缺点:在高电压下循环发生相变,造成循环稳定性不好;电子电导率低和 Li/Ni 混排,造成倍率性能差;与空气中的 CO_2 和 H_2O 发生反应,造成高温气胀和循环性能下降;高脱锂状态下,Ni^{4+} 因强氧化性而趋于还原生成 Ni^{3+},释放 O_2,造成热稳定性不好。针对这些问题,人们发现可以通过掺杂元素、表面包覆以及采用电解液添加剂等措施来改善三元正极材料的电化学性能。

9.1.2.1　掺杂元素对三元材料性能的影响

通过在三元材料晶格中掺杂一些金属离子和非金属离子,不仅可以提高电子电导率和离子电导率,提高电池的输出功率密度,还可以提高三元材料结构的稳定性(尤其是热稳定性)。常见的掺杂元素有 Al、Mg、Ti、Zr、F。不同元素的掺杂,其作用会有所不同。

(1)Mg 掺杂

当掺杂不等价阳离子时,会导致三元材料中过渡金属离子价态的升高或降低,产生空穴或电子,改变材料能带结构,从而提高其本征电子电导率。Fu 等合成了 Mg^{2+} 掺杂的 $Li(Ni_{0.6}Co_{0.2}Mn_{0.2})_{1-x}Mg_xO_2$。他们认为,$Mg^{2+}$ 取代 Co^{3+},当原子分数 $x(Mg^{2+})=0.03$ 时,电子电导率较未掺杂材料时提高了近 100 倍,电化学性能最优。在电压为 3.0~4.3 V、5C 倍率时,首次放电比容量可以达到 155 mA·h/g。同时,适当量的 Mg 掺杂能够显著提高材料的循环稳定性。

(2)Al 掺杂

Al 掺杂可以很好地提高三元材料的结构稳定性、热稳定性。Zhou 研究了不同 Al 含量替代 Co 对脱锂 $LiNi_{1/3}Mn_{1/3}Co_{(1/3-z)}Al_zO_2$ 材料与电解液高温反应的影响。研究发现,当 Al 替代 Co,且 Al 含量大于 0.06(物质的量之比)时,掺杂材料与电解液的反应小于尖晶石 $LiMn_2O_4$ 与电解液的反应。当 Al 含量为 0.1(物质的量之比)时,三元材料有很好的安全性能。Ding 的研究表明，当用 0.06 的 Al 替代 $LiNi_{1/3}Mn_{1/3}Co_{1/3-2}Al_zO_2$ 中 Mn 时，材料有很好的结构稳定性和循环性能，如图 9-3 所示。

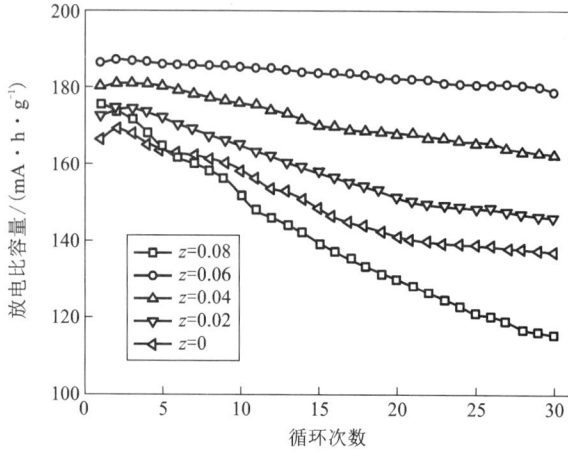

图 9-3　纳米纤维 $LiNi_{1/3}Mn_{1/3}Co_{(1/3-z)}Al_zO_2$ 材料的容量保持率

9.1.2.2　表面包覆对三元材料性能的影响

电极反应发生在电极/电解质界面，改变三元材料电化学性能的一个有效方法是对材料进行表面包覆（即涂层）处理。涂层可以改进材料的可逆比容量、循环性能、倍率性能和热性能。但涂层对电极性能的影响高度依赖于涂层的性能、含量、热处理条件等。常见的涂层有金属氧化物（Al_2O_3、ZrO_2、CeO_2、TiO_2、MgO、B_2O_3、ZnO）、氟化物（LiF、AlF_3）、磷酸盐（$SnPO_4$、Li_3PO_4）等。

（1）Al_2O_3 涂层

Al_2O_3 被认为是氧化物涂层中最好的氧化物，Al_2O_3 涂层是离子和电子的绝缘体，经热处理后生成 Li—Al—Co—O 层，该层会抵御 HF 对活性材料的腐蚀，可以降低表面阻抗，并提高材料的循环稳定性。Al_2O_3 涂层可以采用沉淀法、凝胶溶胶法得到，还可以采用沉积的方法得到。Riley 采用原子沉积方法（ALD）在 $Li(Ni_{1/3}Mn_{1/3}Co_{1/3})O_2$ 上沉积了 Al_2O_3，讨论了涂层厚度对材料性能的影响。通过 XRD、Raman 和 FTIR 试验检测，发现材料经表面涂层处理后，其结构未发生变化。电化学阻抗谱的研究结果表明，在 $Li(Ni_{1/3}Mn_{1/3}Co_{1/3})O_2$ 上沉积 4 层（8.8 Å）Al_2O_3 可以防止 HF 的侵蚀，其充电电压可以提高到 4.5 V 以上。只沉积 2 层 Al_2O_3，材料循环 100 次的容量保持率能从 65% 提高到 91%（用 C/2 倍率）。但涂层过厚，也会带来负面影响，如高的过电位和低的容量。他们认为，Al_2O_3 涂层形成的 Al—O—F 层和 Al—F 层，可以成为 HF 的清除剂，限制电解液中 HF 含量的增加。但 Al_2O_3 涂层厚度对电池性能有较大影响。采用 ALD 方法时，涂层厚度在 8.8 Å 以下会有较好的电化学性能。

（2）ZnO 涂层

Kong 采用原子沉积方法（ALD）在 $LiNi_{0.5}Co_{0.2}Mn_{0.3}O_2$ 正极材料沉积了超薄 ZnO 涂层。对材料表面进行涂层处理后，NCM523 材料的电化学性能得到有效提高。这是因为，涂层防止了活性材料中金属离子的溶解和 HF 的腐蚀，提高了在高电压下材料的结构稳定性。超薄的 ZnO 涂层并不阻挡充放电过程中锂离子的扩散，且有效提高了材料的放电比容量，如图 9-4、图 9-5 所示。

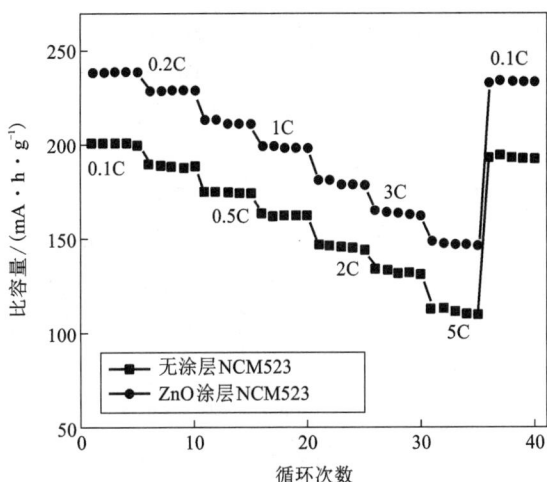

图 9-4　ZnO 涂层和无涂层 NCM523 电极在 25 ℃的倍率性能

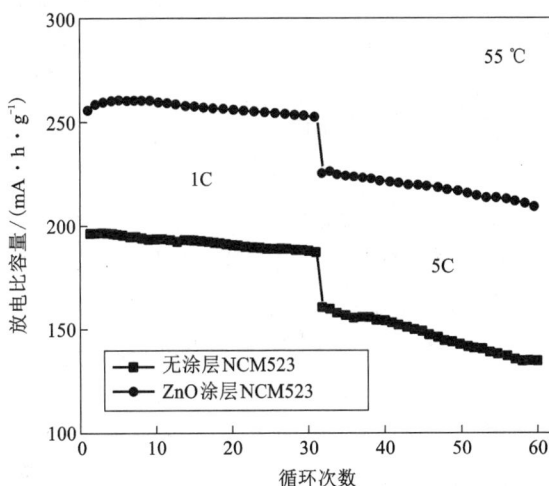

图 9-5　ZnO 涂层和未涂层 NCM523 电极在 55 ℃的循环性能(55 ℃, 2.5~4.5 V)

（3）AlF$_3$ 涂层

氟化物修饰也是一种用来提高层状化合物电化学性能的有效方法。Al$_2$O$_3$ 涂层会通过 Al—O—F 逐渐转变成稳定的 AlF$_3$，以此保护活性材料不被 HF 腐蚀。Myung 等人在三元材料上涂了 AlF$_3$，讨论了从室温到 600 ℃，AlF$_3$ 涂层对化学脱锂的 Li$_{0.35}$[Ni$_{1/3}$Co$_{1/3}$Mn$_{1/3}$]O$_2$ 材料热稳定性的影响。热重分析结果表明，涂层处理后，经由 O$_2$ 析出造成失重减少，未涂 AlF$_3$ 的粉体失重伴随着不可逆相转变，由 R$\bar{3}$m 相转变为立方尖晶石相 Fd$\bar{3}$m。高温 XRD 实验表明，涂层延迟了相转变，在有电解液的条件下，放热主峰向高温移动且放热量减少，主要是表层形成了 Li—Al—O。

（4）Al$_2$O$_3$、Nb$_2$O$_5$、Ta$_2$O$_5$、ZrO$_2$ 涂层

Myung 等研究了 Al$_2$O$_3$、Nb$_2$O$_5$、Ta$_2$O$_5$、ZrO$_2$ 涂层对 Li[Li$_{0.05}$Ni$_{0.4}$Co$_{0.15}$Mn$_{0.4}$]O$_2$ 电化学

性能的影响。金属氧化物涂层不参与电化学反应，大大提高了电池在 60 ℃ 时的循环性能。经表面修饰的三元材料有更高的容量和容量保持率，降低了循环过程的界面电阻。几种涂层中，Al_2O_3 涂层材料性能最好。金属氧化物涂层能够提高 $Li[Li_{0.05}Ni_{0.4}Co_{0.15}Mn_{0.4}]O_2$ 材料性能是由于在涂层和电解质间形成了 M—F 防护层，有效地防止了金属离子的溶解。

（5）复合阴离子涂层

复合阴离子涂层以磷酸盐为主。复合阴离子涂层中，P＝O 键可以提高材料的化学稳定性，保护电极材料不受电解液的酸腐蚀，强的 PO_4 共价键与金属离子的结合可以提高材料的热稳定性。$AlPO_4$、$Co_3(PO_4)_2$、$SnPO_4$ 可以改进电极的循环性和热稳定性，但是也有文献认为，这类涂层材料的导电性不好，阻碍了锂离子的扩散。他们认为，Li_3PO_4 基是锂离子导体，可以提高本体材料的电化学性能。

9.1.2.3　浓度梯度材料

电化学反应发生在电极电解液界面，材料界面的状况是非常重要的。一般核壳结构采用高容量的富镍材料作为核，而在高脱锂状态下常采用具有稳定结构的锰基材料作为壳（如 $Li[Ni_{0.5}Mn_{0.5}]O_2$）。然而在核壳结构界面，过渡金属组分的突变和结构之间的不匹配在循环过程中会引起体积变化，这种情况使 Li^+ 扩散受到阻碍，使其电化学性能变差。相比之下，具有富 Mn 表面层浓度梯度的壳可以使 Li^+ 平缓地过渡。它会具有更高的比容量、更好的循环性能和热稳定性。

Sun 等报道了采用共沉淀方法制备的 $Li[Ni_{0.67}Co_{0.15}Mn_{0.18}]O_2$ 材料性能，这种材料是以 $Li[Ni_{0.8}Co_{0.15}Mn_{0.05}]O_2$ 作为核材料、以 $Li[Ni_{0.57}Co_{0.15}Mn_{0.28}]O_2$ 作为壳的一种具有浓度梯度的材料 $Li[Ni_{0.67}Co_{0.15}Mn_{0.18}]O_2$。作者认为，性能提高的原因是壳层中 4 价 Mn 含量的增加和 Ni 含量的减少。浓度梯度材料相对于核壳材料有更好的性能，这是由于，壳层浓度分布均匀，避免了充放电过程中由组分差异过大造成的核壳的分离。

从图 9-6 的结果可以看出，虽然核心材料有高的放电比容量，但随着循环的进行，比容量急剧下降。这是因为，富镍的核心材料在充放电过程中会发生相变，导致性能变差。增加锰含量，降低了比容量，抑制了相变，提高了电池的循环性能。另外，根据交流阻抗实验数据可知，梯度材料膜电阻是核材料的 2 倍，但梯度材料反应电阻比核心材料反应电阻小，尤其是循环 50 次后，梯度材料的反应电阻仅为核心材料反应电阻的 20%。这也是浓度梯度材料性能改进的一个因素。

9.1.2.4　改性三元材料的生产工艺

所有的正极材料都是需要改性才能够投入使用的，改性在工业化的生产当中也是通过掺杂和包覆实现的。改性的三元材料需要进行二次烧结，在之前学习的工艺当中，都是经过一次烧结就可得到成品，这是基础的工艺，现在工艺上为了提高材料性能，需要进行二次烧结，甚至是三次烧结。图 9-7 为改性三元材料的生产工艺流程图。

原料准备环节：指对原料的各种检测并处理，比如原料水分比较多，需要先进行干燥，再进行配料；如果材料需要掺杂改性，则需要在配料这一步实现，即将掺杂元素作为第三种原料加入配方，掺杂的量通常非常少，所以需要精准称量。也有的工艺在制备前驱体时就已经进行了掺杂改性。

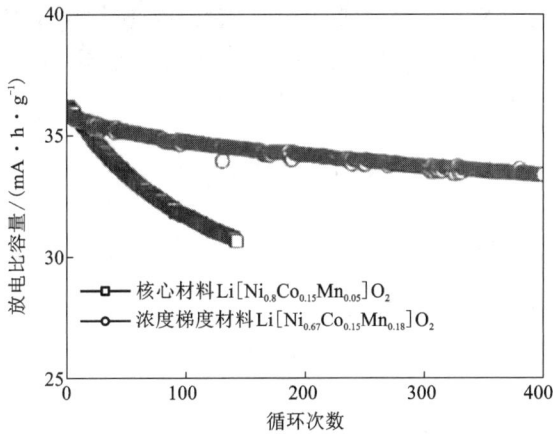

(a) 核心材料和Li[Ni$_{0.67}$Co$_{0.15}$Mn$_{0.18}$]O$_2$浓度梯度材料循环性能对比

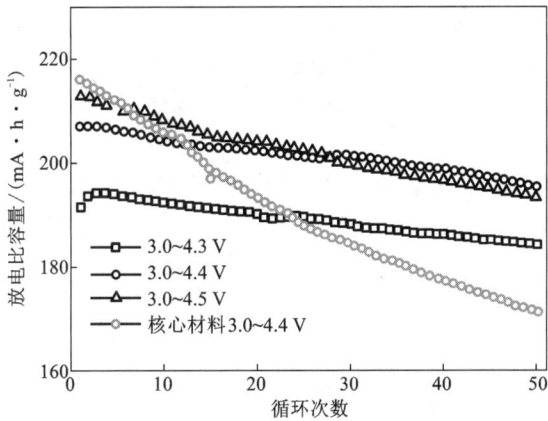

(b) 浓度梯度材料在不同截止电压放电比容量-循环次数与核材料Li[Ni$_{0.8}$Co$_{0.15}$Mn$_{0.05}$]O$_2$
在3.0~4.4 V，55 ℃条件下的循环性能对比

图 9-6　核心材料与浓度梯度材料循环性能对比

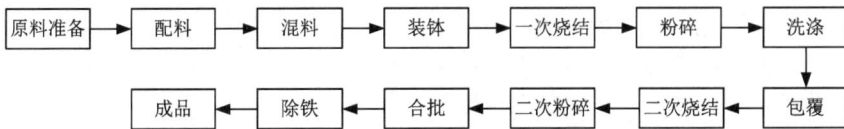

图 9-7　改性三元材料的生产工艺流程图

　　混料均匀后，装钵进行一次烧结，一次烧结的温度比较高，是合成正极材料反应，对于三元材料的生产，镍钴锰酸锂在此工艺中已经合成。烧结过后粉碎成小粒径，需要进行下一步的洗涤，此工艺的目的是除去材料表面的游离锂，并不是每种材料都需要洗涤，高镍材料的表面更容易残留游离锂，所以高镍的正极材料一定要经过洗涤，并且是水洗。水洗就是将一次烧结后粉碎得到的粉体放入釜中，加入水进行搅拌，一定时间之后，再过滤干燥。

　　经过洗涤之后一定要进行包覆，这是正极材料第二个非常重要的改性手段。形象的理解就是，给颗粒外面穿一层衣服。以较常用的氧化铝的包覆为例，可以使用干法包覆，即水洗干燥过后的粉体和氧化铝干法混合，混合均匀后，将混合物进行二次烧结，烧结温度在 500~600 ℃，此烧结实现的是氧化铝和镍钴锰酸锂的反应，也就是在表面形成了一层保护膜，二次烧结之后还会有板结现象，要经过二次的粉碎；之后合批和除铁，最终得到成品。

随堂练习

一、多选题

三元正极材料的改性方法主要包括(　　　　)。

A. 掺杂　　　　　　　B. 包装　　　　　　　C. 包覆　　　　　　　D. 混批

二、判断题

1. 实际生产中，通常一次烧结得到的正极材料就可以满足使用要求。(　　　　)
2. 日常应用的正极材料，大都经过改性处理。(　　　　)
3. 生产浓度梯度三元材料需要使用浓度梯度材料的前驱体。(　　　　)
4. 实际生产中，正极材料至少要经过 2 次烧结。(　　　　)

任务二：认识三元材料的智能化生产

学习目标

【素质目标】
1. 体会现代化智能工厂的整体性和自动化程度；
2. 能用发展的眼光看问题，了解技术的进步带给人们的便利。

【能力目标】
1. 能详述三元材料高温固相法的生产工艺流程；
2. 能画出智能化生产车间中，所有设备的连接方法。

【知识目标】
1. 掌握三元材料高温固相法的生产工艺流程；
2. 理解智能化生产车间中，所有设备的连接方法。

目前，先进的正极材料生产车间已完成了全产线的智能化改造，整体产线的人员数量可减少至 3~4 人。每道工艺间通过螺旋运输或机械手传递物料，可提高产线运行的可靠性并改善工人的劳动环境。

生产者从原料仓库领取了当天的原料后，在拆包站拆包，粉体原料经螺旋运输至称重料仓。称重料仓中的原料经自动配料系统，按照既定配方精确称量后输送至混合机。混合机按工艺要求把物料混合均匀，将混合好的物料运至原料仓暂存。自动装钵机将自动识别匣钵的高低，将信号传至定量秤，从原料仓排出准确的物料量后装至匣钵，匣钵经滚轮运输至整平机构进行物料整平，再运输至划块机构进行粉料划块。进炉前，匣钵由机械手叠放(一般叠放2层)、排列整齐(多为4列)后,送入辊道窑烧结。烧结完成后的带料匣钵由滚轮运至分钵机拆分成单层,后前行至全自动翻钵倒料机,将物料倒至颚式破碎机,空钵则运至自动清扫机清理后循环使用,坏钵将由自动识别系统选出后排出运输线。运至颚式破碎机的物料,需要再经过辊式破碎机粉碎后,再进入高速机械冲击式粉碎机或气流磨进行细粉碎。粉碎工序完成后,物料经螺旋运输系统进入合批设备中,将不同批次的产品合成一个大批次,三元材料可在合批时通入热媒进行干燥。合批后的物料经过电磁除铁器除铁后即可进入成品仓等待包装。包装采用自动包装计量设备,按客户要求进行吨包或小包包装,用热合封口机密封后运至仓库,等待出厂。

项目十　生产钴酸锂

钴酸锂也称为氧化钴锂或钴锂氧，其分子式为 $LiCoO_2$，简写为 LCO。古迪纳夫在 1980 年首次提出 $LiCoO_2$ 可以用作锂离子电池的正极材料。$LiCoO_2$ 具有放电平台高(4 V)、比容量较高(140 mA·h/g 左右)、循环寿命长、合成工艺简单等优势，已成为最早商业化应用的锂离子电池的正极材料。目前，$LiCoO_2$ 主要应用于手机、笔记本等小型锂离子电池中。本章将主要介绍钴酸锂和四氧化三钴的制备工艺。

任务一：认识钴酸锂

✎ 学习目标

【素质目标】

1. 提高生活质量的意识，鼓励为科技进步贡献力量；

2. 养成理论联系实际的思维方式，提升解决实际问题的能力。

【能力目标】

1. 能描述钴酸锂的结构特征和优缺点；

2. 能选择合适的钴酸锂合成方法；

3. 能对钴酸锂的生产制定改性措施。

【知识目标】

1. 掌握钴酸锂的特性和优缺点；

2. 熟悉常见的钴酸锂合成方法；

3. 了解生产钴酸锂的改性措施。

扫码查看资源

10.1.1　钴酸锂的特性

钴酸锂具有 α-$NaFeO_2$ 型层状结构($R\overline{3}m$ 空间群)，如图 10-1 所示，其中氧原子排列在立方密排堆(ccp)骨架中，Li^+ 和 Co^{3+} 排列在交替的(111)平面中，晶胞参数 $a = 2.816(2)$ Å 和 $c = 14.08(1)$ Å，晶体结构如图 10-1 所示。其摩尔质量为 97.87 g/mol，钴酸锂的理论密度为 5.06 g/cm³，压实密度为 4.2 g/cm³，离子电导率在 10^{-3} S/cm 左右，典型工作电压为 3.0~4.2 V。其理论放电比容量为 274 mA·h/g，实际容量为 140 mA·h/g，但如果拓宽工作电压，其实际容量还会不断提高。将电压提升到 4.6 V 后，钴酸锂的体积比能量能达到

3696.0W·h/L，目前基本上所有正极材料都难以达到这么高的能量。

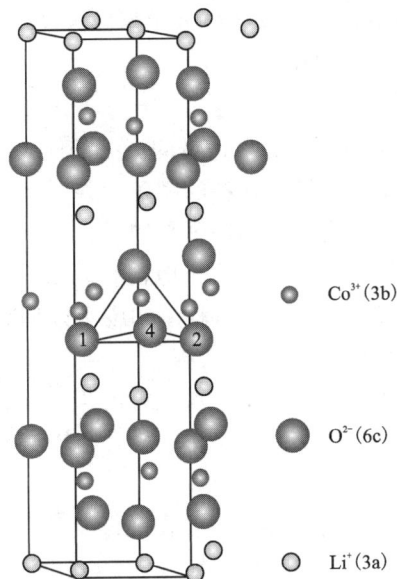

Co³⁺(3b)

O²⁻(6c)

Li⁺(3a)

图 10-1　钴酸锂结构图

10.1.2　钴酸锂的优缺点

钴酸锂作为锂离子电池的正极材料，具有以下优势：

①高能量密度，提供更大的电压和电流，储存大量的电能，使得电子设备的续航里程更长；

②电压平台稳定，能够提供稳定的电能输出；

③充放电效率高，适合大流量充放电，可以在短时间内完成充电；

④在工艺上容易合成，产品一致性好。

钴酸锂作为锂离子电池的正极材料，其主要缺点如下：

①成本高，钴资源短缺，价格昂贵，仅产于非洲的一部分地区，有地域纷争及价格变动的风险；

②比容量利用率低，电池正极实际利用比容量仅为其理论容量 274 mA·h/g 的 50% 左右；

③安全性差，钴酸锂电池过充可能发生锂枝晶短路，引起安全事故。

扫码查看资源

10.1.3　钴酸锂的合成

目前，合成钴酸锂的方法主要包括高温固相法、共沉淀法、喷雾干燥法、溶胶-凝胶法、水热法等。

（1）高温固相法

高温固相法一般是将锂源（碳酸锂、氢氧化锂等）和钴源（氧化钴、碳酸钴等）按照一定的化学计量比混合均匀，在高温下烧结，进行固相反应生成 $LiCoO_2$。高温固相法一般合成过程简单，易于工业化生产，是目前制备 $LiCoO_2$ 正极材料的主要方法之一。但高温固相法也有缺陷,比如反应温度较高、时间长,产物颗粒粗大、需要后期破碎处理等。另外,高温固相法中,不同的 Co_3O_4 原料对生成的 $LiCoO_2$ 的性能会产生一定的影响,采用比表面积较大的 Co_3O_4 为原料合成的 $LiCoO_2$ 具有更高的首次放电比容量,而采用微晶尺寸较大的 Co_3O_4 为原料合成的 $LiCoO_2$ 则具有更好的循环性能。

(2)共沉淀法

共沉淀法是将金属可溶性盐溶解后加入适量的沉淀剂使各组分按比例同时沉淀,然后进行预烧处理得到前驱体,以供下一步进行材料的制备。共沉淀法不仅可以制备各组分均匀分布的材料,也可以根据要求制备核壳材料和梯度材料。该法具有合成温度低、前驱体颗粒和形貌易于控制、过程简单等优点,已广泛应用于电池材料的制备当中。共沉淀法也有缺点,如混入沉淀物中的杂质离子需要反复洗涤、过程中的废水处理等问题。在采用共沉淀法合成的过程中,沉淀剂的用量和 pH 会对产物产生影响。

例如:以硝酸钴为原料,以氢氧化钠和氨水混合溶液作沉淀剂首先制备出钴的沉淀物,然后再加入氢氧化锂和碳酸氢铵离心得到前驱体,最后经烧结得到 $LiCoO_2$。

(3)喷雾干燥法

喷雾干燥法是将锂盐和钴盐混合后加入聚合物进行喷雾干燥。该工艺的优点是各组分原料可以混合均匀,但是由于喷雾干燥时的温度较低,所以制备的前驱体结晶度较低,需要进一步的高温处理。

例如:碳酸钾和乙酸钴按照 $n(Li):n(Co)=1.04:1$ 的比例在水溶液中混合后进行喷雾干燥,最后经过高温处理得到 $LiCoO_2$ 产品。以乙酸锂和乙酸钴为原料,采用气流式喷雾干燥器干燥得到乙酸盐的混合粉体,最后经过高温烧结制备出性能良好的 $LiCoO_2$。

(4)溶胶-凝胶法

溶胶凝胶法是指将金属有机化合物加入有机酸或聚合物等螯合物中来固定金属离子,通过调节 pH 等工艺条件来加速络合反应,至形成固态凝胶后,再进行热处理,得到最终产物。溶胶-凝胶法能够使金属化合物在聚合或混溶过程中均匀地分布在分子链上,从而达到原子或分子级水平上的混合,使混合更为均匀,促进反应的进行。溶胶-凝胶法是近年来兴起的材料制备方法,该法可以制备性能优异的材料,但是由于制备过程复杂,大多采用有机物酸作螯合剂,因此不适合产业化生产,但它是实验室阶段合成材料的重要方法之一。

例如:以硬脂酸锂和乙酸钴为原料,2-甲氧基乙醇和乙酸为溶剂成功制备出 $LiCoO_2$ 薄膜。碳酸锂和硝酸钴溶解于柠檬酸的水溶液中,用氨水控制 pH 为 3~4,在真空下蒸发多余的溶液得到前驱体,最后经过高温煅烧制备出两种结构的 $LiCoO_2$。

(5)水热法

水热法一般是在高压、高温(100~300 ℃)的条件下,在水溶液/水蒸气或者其他液相流体中进行的化学反应过程。水热法在制备橄榄石结构材料上应用广泛,而用来合成 $LiCoO_2$ 则较少见。

10.1.4　钴酸锂的改性

尽管相比于其他金属氧化物正极材料,$LiCoO_2$ 的循环稳定性比较出众,但其在长期循环过程中还是存在明显的容量衰减。此外,在循环过程中还存在相变,即从层状结构向尖晶石结构的转变。为了提高正极结构的稳定性,提升容量保持率,尤其是在提高温度时延长循环寿命,通常对钴酸锂进行改性,其中最重要的方法是掺杂与包覆。

(1)掺杂

掺杂元素可以是金属元素,例如 Li、Mg、Al、Ti、Cr、Ni、Fe、Mn 和 Zr 等,也可以是非金属元素 B。其中,富锂也可以认为是掺杂,特别是当 Li:Co=1:1 时,对应电极的可逆容量最大,达到 140 mA·h/g,接近理论容量的一半。当锂的含量进一步增加时,Co 的含量则相对下降,电极的容量开始相应地减小。研究发现,过量的锂离子并没有导致 Co^{3+} 的还原,而是生成了新价态的氧离子,结合能力更强,导致处于氧八面体间隙中的锂离子被固定。

①掺杂镁离子不仅不会影响锂离子的可逆性,而且会使锂离子依然表现出很好的循环效果。其主要原因是掺杂镁离子形成的并不是多相的结构,而是一种固溶体。掺杂镁离子的量($LiCo_{1-x}Mg_xO_2B$)即使达到 $x=0.2$ 时,也可以保持均匀的固溶体状态,且不会出现相分离。

②掺杂铝离子不仅可以提高电压,使结构更稳定,容量得到提高,还能让循环性能得到改善。这种稳定晶格的作用和掺杂镁离子的效果是类似的,也能反映在掺杂后电极发生化学脱锂反应时对应的结构变化中。当掺杂的量变大时,锂的脱嵌不会影响这种晶相结构。

③Fe 掺杂不利于 $LiCoO_2$ 的电化学性能的优化,尤其是循环性能。Fe 相对锂离子也有电化学活性,在首次放充电之后,Fe 的位置从有序变成了无序,部分占据锂离子的传输通道,抑制了锂离子的高速扩散,导致可利用容量降低,循环性能下降。

④Mn 掺杂容易导致相结构发生转变,所以掺杂量非常关键。当掺杂量(原子数,下同)小于 0.3 时,Mn 掺杂的 $LiCoO_2$ 仍然保持层状结构,同时阳离子的有序性增加。而当掺杂量大于 0.3 时,则得到了尖晶石结构,不利于循环性能的稳定。通常保持掺杂量低于 0.3,如掺杂量为 0.2 时,电极对应的容量为 138 mA·h/g;当掺杂量进一步增加时,容量开始下降。这是因为掺杂量在 0.2 时,层状结构较为稳定,锂离子扩散通道保持畅通,扩散电阻最小,极化过程不明显。

⑤Zr 的掺杂有助于提高 $LiCoO_2$ 的循环稳定性,可能是因为 Zr^{4+} 的半径与 Li^+ 的半径相近。在锂离子发生脱嵌时,Zr^+ 可以部分占据 Li^+ 在二维层状 CoO_2 中的位置,有利于结构的保持,防止晶体发生形变,稳定锂离子的扩散通道,减少极化。

(2)包覆

$LiCoO_2$ 的包覆材料有很多,可以大致分为无机氧化物和导电碳材料两种。其中,无机氧化物主要有 Al_2O_3、SiO_2、MgO、$AlPO_4$、Li_2CO_3 和 ZrO_2,导电碳材料主要有导电碳和导电聚合物等。

①无机氧化物包覆方法相对多样。例如可以通过气体喷雾法在 $LiCoO_2$ 表面包覆一层 Al_2O_3。因为 Al_2O_3 含量很低,不影响 $LiCoO_2$ 的层状结构。Al_2O_3 由于惰性,不与电解液反应,可以有效地减少电极材料与电解液的副反应,减少活性物质损失,提升电极的循环稳定性。此外,Al_2O_3 的包覆还可以在一定程度上提升 $LiCoO_2$ 的热稳定性,扩展电池的工作区间。因为 Al_2O_3 是惰性的,含量过高必然影响电极活性位点与外界的接触,降低电化学性能,所以必须严格控制 Al_2O_3 的量。通常来讲,包覆 0.2% Al_2O_3 得到的 $LiCoO_2$ 的综合电化学性能最优。

②包覆 $AlPO_4$ 也可以明显提升 $LiCoO_2$ 的电化学性能。因为 $AlPO_4$ 与 Al_2O_3 类似,且对电解液具有惰性,所以可以抑制活性物质与电解质的副反应,减少不可逆容量,提升电极的容量保持率。此外,$AlPO_4$ 也可以提升电极的耐过充电性能,且提升程度与包覆的量成单调关系。例如:当 $AlPO_4$ 包覆厚度为 300 nm~1 μm 时,电池充电电压即使超过 12 V,也只是发生热膨胀而不会爆炸。但是 $AlPO_4$ 具有电化学惰性,如果使用过多的 $AlPO_4$,则必然要牺牲一

定的电化学性能。因此决定 $AlPO_4$ 的最优含量需要综合考虑放电容量和安全性能两个方面。

③SiO_2 也可以作为 $LiCoO_2$ 的包覆材料，而且合成方法相对简单。例如，只需将 $LiCoO_2$ 加入到 SiO_2 分散的乙醇溶液中，然后慢慢干燥和热处理即可。与其他金属氧化物包覆类似，SiO_2 的包覆可以显著提升电极的循环稳定性，其最优的含量为 1%（质量分数），此时对应的循环稳定性提升最高，为 3~9 倍。与其他氧化物不同的是，SiO_2 也可以与 $LiCoO_2$ 发生反应，形成 Si 掺杂复合氧化物 $LiSi_yCo_{1-y}O_{2+0.5y}$。

④使用 MgO 包覆可以明显提高 $LiCoO_2$ 层状结构的稳定性。例如当充放电电压从 4.3 V 提升至 4.5 V 和 4.7 V 时，对应的可逆容量从 145 mA·h/g 提升至 175 mA·h/g 和 210 mA·h/g。除了可以支持高压充放电提升容量以外，MgO 包覆还可以显著提升电极的热稳定性和大电流下的循环性能。但是当 MgO 掺杂量过高时，Mg^+ 容易进入 CoO_2 的二维层状结构中，占据锂离子的位点，抑制锂离子的扩散，增大极化。因此，MgO 包覆的最优量通常为 1%（质量分数）。

⑤碳材料也是一种优秀的包覆材料。碳材料的电化学稳定性、化学稳定性、电子导电性，使其不仅可以像无机氧化物一样稳定结构，减少电极与电解液的反应，而且可以提升电极的倍率性能。常用的碳材料的前驱体有柠檬酸、聚乙二醇和纤维素等，将碳材料与 $LiCoO_2$ 按照一定比例混合，然后在惰性气体中煅烧得到碳包覆的 $LiCoO_2$。这样制备的碳包覆材料的电化学性能（包括放电容量和循环稳定性）有明显的提高。值得一提的是，碳包覆与添加导电炭黑的作用大不相同。添加导电炭黑并不会增加电极的容量，而碳包覆可以显著地提升电极的可逆容量，尤其是大倍率下的放电容量。

随堂练习

一、多选题

1. 你所了解的钴酸锂应用于哪些领域？（　　　）

A. 电站大型储能领域　　　B. 手机　　　　　C. 3C 数码产品　　　　D. 新能源汽车

2. 目前钴酸锂主要存在哪些问题？（　　　）

A. 高压充放电条件下，锂离子大量脱出，晶体结构被破坏

B. 成本高

C. 与电解液发生反应，钴溶解

D. 性能太差

3. 钴酸锂的主要改性手段有哪几种？（　　　）

A. 掺杂　　　　　　　B. 降低烧结温度　　　C. 包覆　　　　　　　D. 降低成本

二、判断题

1. 钴酸锂是尖晶石结构。（　　　）

2. 钴酸锂是最早商品化的正极材料。（　　　）

三、计算题

试计算钴酸锂和锰酸锂的理论比容量，要求写清楚过程。已知钴酸锂的摩尔质量为 98 g/mol，锰酸锂的摩尔质量为 181 g/mol。

任务二：生产四氧化三钴

✐ 学习目标

【素质目标】

1. 树立牢固的环境保护意识，生产过程中废液废料的处理须达到排放标准；

2. 树立牢固的产品质量意识，了解生产四氧化三钴所用原辅料的品质要求，重视产品关键质量指标的控制。

【能力目标】

1. 能说出由碳酸钴和氢氧化钴生产四氧化三钴所用的原料；

2. 能绘制由碳酸钴和氢氧化亚钴生产四氧化三钴的工艺流程图。

【知识目标】

1. 了解由碳酸钴和氢氧化钴生产四氧化三钴所用的原料；

2. 熟悉由碳酸钴和氢氧化钴生产四氧化三钴的工艺流程。

Co_3O_4 为黑色粉末状材料(图 10-2)，放大后可看到微球形结构(图 10-3)。电池级四氧化三钴作为生产钴酸锂重要的原料之一，其品质好坏、成本高低很大程度上影响甚至决定了钴酸锂的产品品质及成本。四氧化三钴的生产工艺对产品的品质、成本和对环境的友好性至关重要，将直接影响高品质钴酸锂的市场竞争力。

图 10-2 四氧化三钴粉末

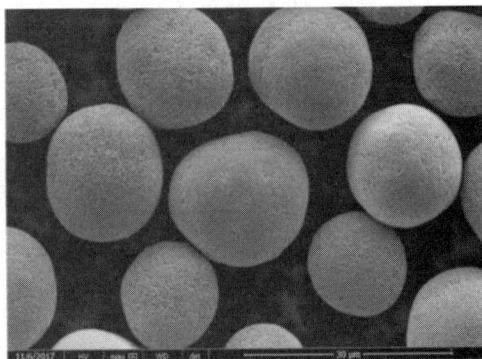

图 10-3 四氧化三钴扫描电镜图

虽然四氧化三钴合成工艺技术路线有多种，如水热法、溶剂热法、溶胶凝胶法和均匀沉淀法等，但由于四氧化三钴生产的经济性、环护要求和产品品质等方面的制约，到目前为止，能够实现工业化生产的工艺只有湿化学沉淀-高温煅烧工艺、喷雾热解工艺和钴盐直接热解工艺三种。

10.2.1 湿化学沉淀-高温煅烧工艺

该生产工艺分为湿化学沉淀和高温煅烧两个阶段。湿化学沉淀阶段是先将氯化钴、硫酸钴或硝酸钴等钴盐配置成 Co^{2+} 浓度为 $80\sim120$ g/L 的钴盐溶液，在 $40\sim80$ ℃ 温度下，与作为沉淀剂的氢氧化钠、碳酸氢铵或者草酸铵等溶液，并流加入反应釜中，在强烈的搅拌条件下发生沉淀反应，生成具有一定粒度分布的球形、椭球形或枝状微米级的二价钴沉淀物，如氢氧化亚钴、草酸钴或者碳酸钴等前驱物。产物经过洗涤和液固分离之后，在 $600\sim900$ ℃ 及空气气氛中进行高温煅烧，产出电池级的四氧化三钴。

根据湿化学沉淀阶段采用的沉淀剂以及合成体系气氛的不同，该工艺又主要可以分为氢氧化物法、碳酸盐法和羟基法等。氢氧化物法是以氢氧化钠溶液作为沉淀剂、氨水作为络合剂，沉淀产物为椭球形氢氧化亚钴(图 10-4)。碳酸盐法主要是以碳酸氢铵溶液作为沉淀剂，沉淀产物为球形碳酸钴(图 10-5)。上述沉淀产物经过高温煅烧后生成椭球形或球形四氧化三钴，其形貌如图 10-6 和图 10-7 所示。在四氧化三钴生产初期，产品供不应求时，也有用草酸铵作为沉淀剂得到枝状草酸钴沉淀，然后通过高温煅烧生产枝状的四氧化三钴。羟基法主要以氢氧化钠作为沉淀剂、氨水等作为络合剂，采用双氧水或者空气等作为氧化剂生成羟基氧化钴，经过高温煅烧产出小粒度、高振实密度的四氧化三钴。

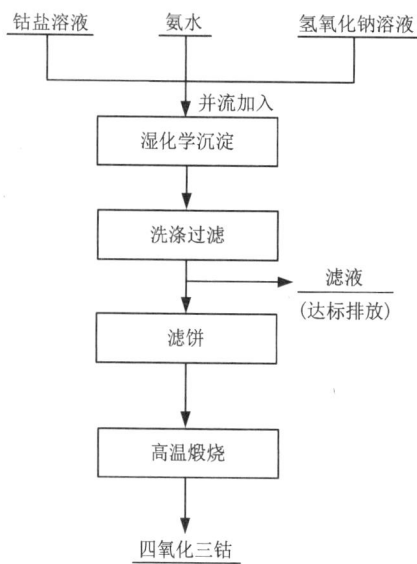

图 10-4　氢氧化物法四氧化三钴生产流程

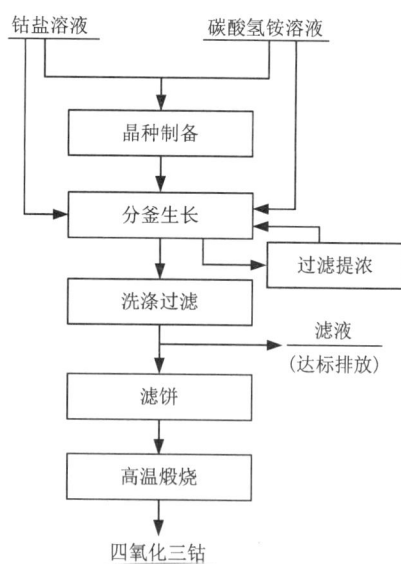

图 10-5　碳酸盐法四氧化三钴生产流程

图 10-6　氢氧化物法四氧化三钴形貌(左 1000 倍, 右 4000 倍)

图 10-7　碳酸盐法四氧化三钴形貌(左 1000 倍, 右 4000 倍)

氢氧化物法的化学反应机理为:

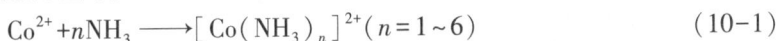

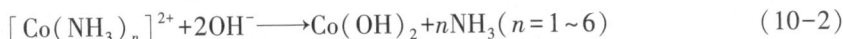

$$Co^{2+}+nNH_3\longrightarrow[Co(NH_3)_n]^{2+}(n=1\sim6) \tag{10-1}$$

$$[Co(NH_3)_n]^{2+}+2OH^-\longrightarrow Co(OH)_2+nNH_3(n=1\sim6) \tag{10-2}$$

碳酸盐法的化学反应机理为:

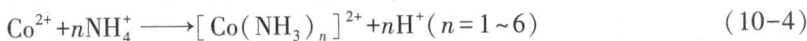

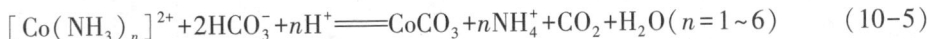

$$NH_4HCO_3\longrightarrow NH_4^++HCO_3 \tag{10-3}$$

$$Co^{2+}+nNH_4^+\longrightarrow[Co(NH_3)_n]^{2+}+nH^+(n=1\sim6) \tag{10-4}$$

$$[Co(NH_3)_n]^{2+}+2HCO_3^-+nH^+=\!\!=\!\!=CoCO_3+nNH_4^++CO_2+H_2O(n=1\sim6) \tag{10-5}$$

羟基法的化学反应机理为:

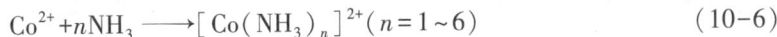

$$Co^{2+}+nNH_3\longrightarrow[Co(NH_3)_n]^{2+}(n=1\sim6) \tag{10-6}$$

$$[Co(NH_3)_n]^{2+}+H_2O_2+OH^-\longrightarrow CoOOH+H_2O+nNH_3(n=1\sim6) \tag{10-7}$$

10.2.2　喷雾热解工艺

喷雾热解是实现电池级四氧化三钴规模化生产的另一种工艺(图 10-8)。该工艺在 20 世纪 70 年代由奥地利人 Ruthner 应用于钢铁行业冷轧板酸洗废酸的再生, 到 20 世纪 90 年代, 国内钢铁企业实现了废酸喷雾热解再生工艺

扫码查看资源

的国产化。比利时 Umicore 公司最早将喷雾热解工艺应用于四氧化三钴的生产，到 2010 年左右，国内建成了第一条喷雾热解四氧化三钴生产线，实现了喷雾热解工艺技术的国产化。该工艺采用钴浓度为 120~180 g/L 的精制高纯氯化钴溶液作为原料，原料液经过超声雾化成一定尺寸的小液滴，小液滴在喷雾热解炉内 700~800 ℃ 的高温下瞬间结晶和热解成四氧化三钴和氯化氢气体。热解气体先经过两级旋风收尘，其中的微粉返回到热解炉重新参加反应继续长大，收尘后气体在预浓缩器中与原料液氯化钴溶液进行热交换后，通过两级逆流吸收和一级洗涤将其中的氯化氢气体制成浓度为 160~180 g/L 的盐酸，用于钴原料的处理或生产精制盐酸。其化学反应机理见式（10-8），典型形貌如图 10-9 所示。

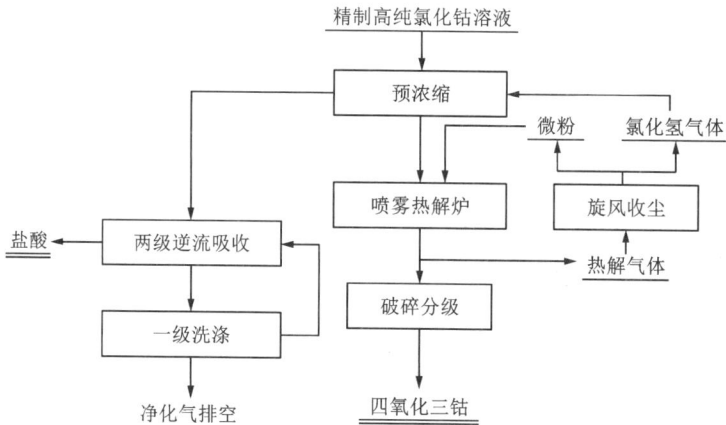

$$6CoCl_2 + O_2 + 6H_2O \longrightarrow 2Co_3O_4 + 12HCl \tag{10-8}$$

图 10-8　喷雾热解生产四氧化三钴工艺流程

图 10-9　喷雾热解四氧化三钴典型形貌（左 1000 倍、右 10000 倍）

10.2.3　钴盐直接热解工艺

钴盐直接热解主要是采用硫酸钴、草酸钴等钴盐晶体利用辊道窑、回转窑在空气气氛中进行高温煅烧来生产四氧化三钴。这种工艺流程短、设备简单、投入小，但由于一方面产品的形貌粒度难以控制，另一方面根据原料的不同，热解过程中产生大量的二氧化硫和水蒸气等，对环境污染大、设备腐蚀严重，早期有国内企业在四氧化三钴供应紧张时短暂采用过，现在基本已经没有采用此种工艺的厂家了。

10.2.4　主要生产工艺技术优劣势分析

由于钴盐直接热解工艺生产四氧化三钴工艺基本没有被采用，故只对湿化学沉淀–高温煅烧与喷雾热解两种规模化生产四氧化三钴的工艺进行优劣势分析，主要体现在以下几个方面：

①对原辅材料品质要求不一样。湿化学沉淀–高温煅烧工艺对原料的纯度要求低于喷雾热解工艺，这主要是由于原料中一些杂质元素（如 Ca、Mg 和 Fe 等）在湿化学沉淀–高温煅烧工艺的湿法段会有一部分进入母液中而被开路。对于喷雾热解工艺而言，其原料中所有的杂质在热解过程中没有开路的地方，会全部进入产品中。因此为了保证四氧化三钴产品中 Ca、Mg、Fe 和 Ni 等杂质含量满足产品质量要求，其所用的原料必须为经过深度除杂的高纯原料，这无疑会增加喷雾热解工艺生产四氧化三钴产品的成本。

②工艺流程复杂程度。喷雾热解工艺流程短，一步热解即可以得到四氧化三钴产品。相比较而言，湿化学沉淀–高温煅烧工艺是一个湿法与火法联合的工艺过程，其工艺复杂，流程长，需进行质量控制的点比较多。

③产品关键质量指标的控制。通过调整湿法段反应体系的温度、pH、反应物的浓度和流量、体系的液固比和搅拌强度、高温煅烧段时物料炉内停留时间、煅烧的温度曲线等工艺参数，湿化学沉淀–高温煅烧工艺能够比较容易实现四氧化三钴产品微观形貌、粒度大小和粒度分布、比表面积、振实密度等关键技术指标的调控，能够生产出粒度为几个微米到几十微米且粒度分布可控的单晶或多晶四氧化三钴产品。同时，湿法段还能够通过钴离子与掺杂元素共沉淀方式实现原子级别的均匀掺杂以及在中间产物氢氧化亚钴表面包覆改性来满足市场多元化的需求，如高电压钴酸锂产品，铝元素的掺杂改性就是在湿法段进行的。喷雾热解工艺由于是在高温下进行的热解反应，其反应速度快、产物在炉内停留时间短，粒度小且粒度分布宽，颗粒二次团聚严重，难以精确控制产品粒度分布，故产品的一次合格率比较低。

④生产组织的灵活性。喷雾热解工艺的产线由于系统中残留物料难以清理，只适合单一规格、需求量大的小粒度单晶产品的生产，而湿化学沉淀–高温煅烧工艺的产线能够较好满足多品种、多规格产品的生产要求，能够实现产品间的快速切换，更快捷应对市场需求的变化。

⑤装备成熟度。湿化学沉淀–高温煅烧工艺的产线装备（包含从配液、合成、洗涤过滤、高温煅烧及除铁等全流程的设备）非常成熟。国内产业化的四氧化三钴喷雾热解工艺的生产技术主要从钢铁企业喷雾焙烧法盐酸废液再生转变而来，没有根据四氧化三钴生产要求进行有针对性的工程化研究，目前还存在一些瓶颈问题（如喷雾四氧化三钴微观形貌呈现多面体，且硬度非常高），因此在输送、破碎分级以及除铁等过程中，四氧化三钴对设备的磨损非常大，即使采用碳化钨涂层及陶瓷内衬也不能满足要求。

⑥在对环境的影响方面，喷雾热解工艺具有十分明显的优势。喷雾热解工艺能够做到闭路循环，真正实现零排放。而湿化学沉淀–高温煅烧工艺会产生大量的高盐高氨氮废水，要巨大的投入和运行成本才能实现达标排放。

为了满足 3C 便携式电子产品对高能量密度锂离子电池的需求，钴酸锂产品不断朝着大粒度、高压实和高电压方向进行迭代，这些高端钴酸锂产品对四氧化三钴的品质要求也越来越高。湿化学沉淀–高温煅烧工艺由于具有能够精确调控四氧化三钴产品的微观形貌、粒度大小、粒度分布、比表面积和振实密度等关键技术指标的优点，特别是能够在湿法段实现原子级别均匀掺杂和包覆改性，生产装备成熟可靠，生产组织灵活，因此在今后很长时间内，在四氧化三钴的生产中都将居于绝对的主导地位。

随堂练习

一、选择题

1. Co_3O_4 为（　　）粉末状材料。

A. 黑色　　　　　　　B. 白色　　　　　　　C. 绿色　　　　　　　D. 红色

2. 关于 Co_3O_4 的合成工艺，能够实现工业化生产的有（　　）。

A. 湿化学沉淀–高温煅烧工艺　　　　　B. 溶胶–凝胶法

C. 钴盐直接热解工艺　　　　　　　　　D. 喷雾热解工艺

3. 根据湿化学沉淀段所采用的沉淀剂以及合成体系气氛的不同，可以分为（　　）。

A. 氢氧化物法　　　B. 碳酸盐法　　　C. 氧化物法　　　D. 羟基法

二、判断题

1. 2010 年，国内建成了第一条喷雾热解四氧化三钴生产线。（　　）

2. 钴盐直接热解主要是采用硫酸钴、草酸钴等钴盐晶体利用辊道窑、回转窑在还原性气氛中进行高温煅烧来生产四氧化三钴。（　　）

3. 湿化学沉淀–高温煅烧工艺对原料的纯度要求低于喷雾热解工艺。（　　）

任务三：生产钴酸锂

学习目标

【素质目标】

1. 树立牢固的产品质量意识，了解生产钴酸锂所用原辅料的品质要求，重视产品关键质量指标的控制，满足产品的性能标准；

2. 树立牢固的安全生产意识，实操过程中严格遵守规章制度和操作规范。

【能力目标】

1. 会选择生产钴酸锂的原料，能绘制高温固相法制备钴酸锂的工艺流程图；

2. 能运用实训室的设备，采用高温固相法制备钴酸锂。

【知识目标】

1. 掌握高温固相法生产钴酸锂的原料标准，识记工艺流程；

2. 识记高温固相法生产钴酸锂工艺流程中的关键参数。

钴酸锂生产以四氧化三钴、碳酸锂及其他掺杂元素为原料，进行计量、配料、混合、烧结、粉碎分级、除铁、包装等工序。早期钴酸锂生产一般采用间歇式半自动化生产。由于间歇式半自动化生产作业环境恶劣，工人劳动强度大，产品一致性差，目前一些品牌企业已经采用全自动化生产线进行生产。

10.3.1　主要原料及标准

10.3.1.1　四氧化三钴

工业生产钴酸锂的钴原材料主要有碳酸钴、草酸钴、氢氧化钴、羟基氧化钴、三氧化二钴、四氧化三钴等。由于碳酸钴、草酸钴、氢氧化钴在干燥过程中易分解，造成钴含量不稳定，且在合成钴酸锂过程中会放出二氧化碳和水蒸气等气体造成失重大、产能小等，工业上目前很少采用。羟基氧化钴和三氧化二钴成分不太稳定，计量操作不方便，目前应用也很少。四氧化三钴结构稳定，钴含量高且非常稳定，目前成为生产钴酸锂的主要原材料。

四氧化三钴通常由沉淀法生产的碳酸钴或氢氧化钴经过高温煅烧而成，其化学成分比较稳定，其钴含量稳定在 73.5% 左右。四氧化三钴的标准参见 YS/T 633—2015。表 10-1 为某公司四氧化三钴的入库标准。

表 10-1　某公司四氧化三钴的入库标准

测试项目	标准	典型值
$w(\text{Co})/\%$	73.3~73.8	73.4
$w(\text{Ni})/\%$	<0.02	0.005
$w(\text{Fe})/\%$	<0.02	0.005
$w(\text{Ca})/\%$	<0.03	0.01
$w(\text{Mg})/\%$	<0.02	0.005
$w(\text{Na})/\%$	<0.02	0.01
$w(\text{Mn})\%$	<0.01	0.005
$w(\text{Cu})/\%$	<0.01	0.005
$w(\text{H}_2\text{O})/\%$	<0.1	0.03
粒径 $D_{50}/\mu m$	4~8	6
振实密度/$(\text{g}\cdot\text{cm}^{-3})$	2.4~3.2	2.8
比表面积/$(\text{m}^2\cdot\text{g}^{-1})$	0.5~1.5	0.7

10.3.1.2　碳酸锂

工业生产钴酸锂的锂原材料主要是氢氧化锂和碳酸锂。氢氧化锂由于含有结晶水，锂含量常有波动；而且其刺激性很强，操作环境恶劣，其成本比碳酸锂高。因此，目前生产钴酸锂全部采用碳酸锂为原料。碳酸锂性能稳定，相对于氢氧化锂，其刺激性小。电池级碳酸锂的标准参见工业和信息化部公告 2013 年第 23 号，行业标准备案公告 2013 年第 7 号（总第

163 号）标准号：YS/T 582—2013。表 10-2 为某公司电池级碳酸锂的入库标准。

表 10-2　某公司电池级碳酸锂的入库标准

项目	指标（质量分数）	单位
主含量	电池级≥99.5	%
水分	≤0.2	%
灼失量	≤0.5	%
Na	≤0.02	%
Fe	≤0.002	%
Ca	≤0.005	%
Mg	≤0.005	%
SO_4^{2-}	≤0.06	%
Cl^-	≤0.003	%
Si	≤0.002	%
D_{50}	3~6	μm
S_{BET}	0.5~1.0	m^2/g

10.3.2　计量配料与混合工序

钴酸锂是一种成分和物相纯度要求很高的锂离子电池正极材料，其对原料配方要求很精确。因此其对原料计量准确度和精确度要求很高，对混合均匀性也要求很严格，否则将造成钴酸锂局部不均匀，产生杂相，影响产品性能。

图 10-10 为钴酸锂生产-计量配料与混合工序流程。

10.3.2.1　计量配料

钴酸锂自动化生产线中的计量配料工序采用自动计量与配料设备。原料仓 A 为四氧化三钴料仓，原料仓 B 为碳酸锂料仓，原料仓 C 为掺杂元素（如氧化铝、氧化镁、二氧化钛等）料仓，原料仓 C 可根据钴酸锂的型号作为可选件。由于钴酸锂材料对金属单质含量要求极低，因此料仓内壁要求采用涂层或内衬，如四氟涂层或塑料内衬等。

目前，计量配料工艺多采用料仓称重，混合机称重系统、配料秤及自动定量秤都是重力式装料衡器，它们都包含供料装置、称重计量、显示装置、控制装置以及具有产能统计、通信等功能，最后，再由中央控制将各部分连成一

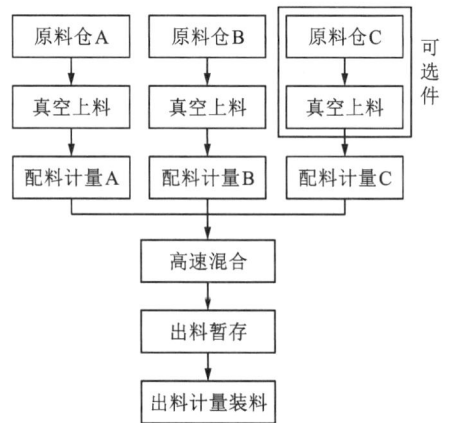

图 10-10　钴酸锂生产-计量配料与混合工序流程

体，构成一个闭环自动控制系统。

　　钴酸锂配料的关键是配方，钴酸锂生产原料主要是四氧化三钴和碳酸锂，根据反应方程式确定两种原料的计量比。由于钴酸锂合成温度很高，最高温度为 950~1000 ℃，碳酸锂在高温下会挥发，使得实际得到的钴酸锂成分的锂钴原子比按理论计量比设计的配方合成的钴酸锂成分的锂钴原子比偏小。因此，在实际生产过程中，一般将配方中的锂钴原子比设计为 1.01~1.05。配方中锂钴原子比越高，钴酸锂产品中的残留锂含量越高，产品 pH 越高，产品粒度、产品振实密度和压实密度也越高，但产品循环性能变差。若要生产电化学性能优异的产品，则要求钴酸锂产品的锂钴原子比为 1.00±0.02，pH = 10.0~11.0。由于各厂家生产设备与工艺参数不一样，即使使用同样的配方，最后产品的锂钴原子比也有较大差异，因此钴酸锂生产配方一般是一个经验数据，需要生产厂家严格进行品质管控。

10.3.2.2　混合工艺

　　混合工艺要求将物料混合得非常均匀，不同厂家采用的混合设备与工艺也有所不同。早期国内外钴酸锂生产工艺均采用湿法混合，如采用搅拌球磨机，以乙醇或丙酮为分散介质，以氧化锆球为球磨介质，在进行超细研磨的同时达到混合均匀的目的。采用湿法混合工艺，由于产生了机械化学活化效果，物料分散和混合效果最佳，使烧结过程时间缩短，高温固相反应更充分，反应转化率高，产品电化学性能优。但湿法混合工艺需要乙醇、丙酮等有机溶剂，其成本高、设备需要防爆；另外，有机溶剂属易燃易爆物质，故使得工艺的生产安全存在风险和隐患。采用湿法混合工艺还需增加干燥工序，这导致工艺复杂化和成本更高，因此，目前自动化生产钴酸锂已弃用湿法混合工艺，而采用干法混合工艺。尽管干法混合工艺的混合效果不如湿法混合工艺，但干法混合工艺成本低、效率高、环保安全，同时可以保证不破坏前驱体的形貌，产品性能可以通过调节烧结工艺参数(如烧结温度、时间、气氛等)来保证。干法混合工艺的设备有高速混合机、高效循环混合机和机械融合机等。图 10-11 为高速混合机。干法混合工艺的每批次的混合量为 100~1000 kg，时间为 20~40 min。

(a)　　　　　　　　　　　　　　　　(b)

图 10-11　高速混合机

10.3.3　烧结工序

烧结工序是钴酸锂生产的最核心工序，是生产过程中最关键的控制点。钴酸锂的烧结工序流程如图 10-12 所示。

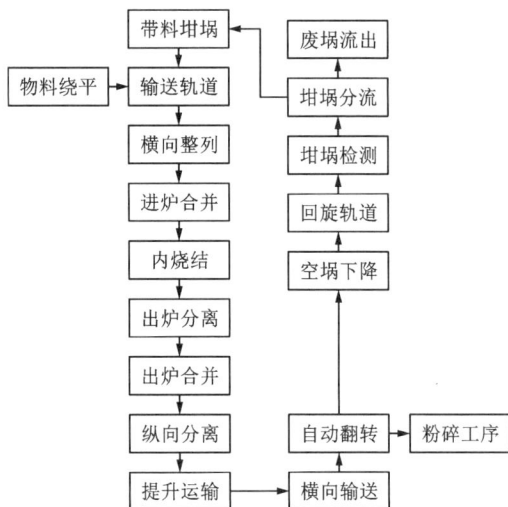

图 10-12　钴酸锂的烧结工序流程

早期的烧结设备一般采用电加热连续式隧道推板窑，推板窑一般设计成 2 列 2 层或 3 层。推板尺寸一般为 340 mm（长）×340 mm（宽）×10 mm（高），推板材质为莫来石或碳化硅。装料容器称为匣钵，匣钵尺寸一般为 320 mm（长）×320 mm（宽）×（60～110）mm（高）。常用钵的外形图如图 5-3 所示。

由于推板窑炉膛截面高度较大，使得炉膛内温度分布均匀性较差，有些企业为了提高产能，在推板窑每块板上放置 3 层匣钵，造成上中下各层匣钵温度差别较大，使烧结的产品性能差异较大、一致性差。推板窑的推板会带来热损耗，推进过程由于磨损产生粉尘，推板也会阻碍炉膛内气氛的流通，这些缺点使得推板窑烧结工艺时间长、能耗高、产品均匀性差等。此外，由于推板窑推进过程中容易造成拱板（即推板位置错乱）以及推进摩擦阻力的存在，使得推板窑的长度不能太长，因而推板窑产能有限，推板窑的长度一般不超过 35 m。

目前，钴酸锂生产普遍采用辊道窑。辊道窑由于炉膛截面高度小，温度均匀性比推板窑好。由于没有推板，其气氛流动性好，烧结的产品性能优于推板窑。物料在辊道窑中的前进靠辊棒的滚动来实现，滚动摩擦阻力比推板窑的滑动摩擦小，辊道窑理论上可以设计得很长，有些辊道窑长度可大于 100 m，钴酸锂生产用的辊道窑长度一般为 40～60 m。辊道窑一般设计成单层 4 列，最多的有 6 列，由于温度和气氛均匀性好，烧结时间也短。

烧结工序的主要工艺参数是烧结温度、时间、气氛。

10.3.3.1　烧结温度

钴酸锂的合成反应：

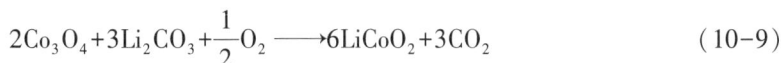

$$2Co_3O_4+3Li_2CO_3+\frac{1}{2}O_2 \longrightarrow 6LiCoO_2+3CO_2 \tag{10-9}$$

钴酸锂的最小合成温度约为250℃。考虑动力学因素，结合碳酸锂作锂源，碳酸锂的熔点为720℃，当加热到熔点附近后，碳酸锂开始发生分解：

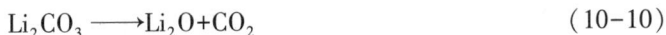

$$Li_2CO_3 \longrightarrow Li_2O + CO_2 \qquad (10-10)$$

实际情况下，碳酸锂在650℃左右发生软化，处于半熔融状态。为了促进钴酸锂的烧结，通常将钴酸锂的烧结曲线设计成从室温升至650~750℃并保温一段时间，在此温度下碳酸锂处于熔融状态，有助于高温下离子的扩散迁移。本来钴酸锂的合成为高温固相反应，但由于碳酸锂的液化，使得固-固反应变成了固-液反应或者部分固-液反应，可以降低钴酸锂反应的活化能，提高反应速率和转化率，在此阶段锂离子可以扩散和渗透至四氧化三钴分子周围和孔穴中，与四氧化三钴发生反应，初步生成钴酸锂。于650~750℃保温一段时间后，再升至900~1000℃保温一段时间，在此阶段，碳酸锂发生分解变成Li_2O，并同时与四氧化三钴发生化学反应生成钴酸锂，钴酸锂的晶体生长并趋于完整化。

早期的钴酸锂一般为小颗粒团聚的二次粒子，钴酸锂的结晶性较差，其振实密度和压实密度偏小，后来由于电池厂家追求锂离子电池的体积能量密度，要求钴酸锂的压实密度越高越好，目前钴酸锂的压实密度由早期的3.6 g/cm³ 提高到了4.0 g/cm³ 以上。当温度继续升高，如大于1000℃时，合成钴酸锂的电化学容量不但没有升高，反而有所下降。实际上，在高于1000℃的煅烧温度下，钴酸锂可能发生分解，特别是锂的挥发增加，煅烧所生成的产物中可能还含有CoO、CO₃O₄及缺锂型钴酸锂，它们在高温下形成固溶体，冷却后形成坚硬的烧结块状物，使产物出现板结现象，随着温度升高，板结程度加剧。这给粉碎分级等后续工序带来很大的困难，且使产品的电化学性能急剧恶化。因此，950℃为合成钴酸锂的较佳温度。从800℃至950℃，随着温度的升高，钴酸锂的晶粒长大，晶型趋于完整，形成单晶状钴酸锂，此种钴酸锂粒度分布好，结晶度高，制作电池时压实密度高，电池的体积能量密度高。

10.3.3.2　烧结时间

钴酸锂的烧结时间取决于混料的均匀度、烧结设备以及对产品性能的要求。液相混合由于均匀度好，烧结时间较短，辊道窑由于温度均匀性和气氛均匀性好，烧结时间相对推板窑要短很多。有时为了调整产品的某项指标，如为了获得更大粒度的钴酸锂，也可以通过延长烧结时间来实现。工业生产中，在保证产品质量的前提下，一般要求烧结时间尽可能缩短。

对于辊道窑烧结来说，钴酸锂的烧结时间可以设计为：从室温升至第一保温时间（650℃）为2~4 h，第一保温时间为3~5 h，然后从第一保温时间升至高温段（950℃）1~3 h，高温段保温时间为6~10 h，然后降温至100℃以下，需要6~8 h，降温不能太快，否则装料的匣钵会由于急降温发生破裂。整个烧结时间为15~25 h。图10-13为钴酸锂参考烧结工艺曲线。

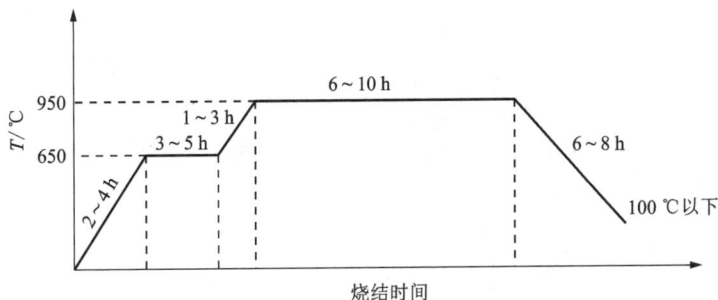

图 10-13　钴酸锂参考烧结工艺曲线

10.3.3.3 烧结气氛

钴酸锂的生产原料是四氧化三钴和碳酸锂，四氧化三钴分子式为 Co_3O_4，即 $CoO \cdot Co_2O_3$，钴的化合价平均为 2.67 价。而钴酸锂 $LiCoO_2$ 中钴的化合价为 3 价，因此钴酸锂的合成反应必须在氧化气氛中进行。工业上生产钴酸锂采用空气气氛，自动化生产线采用流量计进行精确自动调节，以确保产品的一致性。

10.3.4 粉碎分级工序

锂离子电池生产过程中对正极材料钴酸锂的粒度及其分布有严格要求，其粒度大小的表示为：D_{50} 表示平均粒径，D_{10} 表示小颗粒的粒径，D_{90} 表示大颗粒粒径。粒度大小影响材料的许多性能，如粒度影响电池制浆工艺的加工性能、极片的压实密度、电池的倍率性能等。一般来说，粒度分布好，电池制浆加工性能和极片光滑柔韧性就好。如果粒度分布差，如细粉偏多，材料比表面积偏大，则浆料的黏结性能差，极片容易发脆掉粉。若材料的粗颗粒偏多，则有可能刺穿隔膜造成电池短路，严重时引起燃烧爆炸。因此，工业上对钴酸锂材料的粒度及其分布制定了严格的标准。

目前，商业化钴酸锂的粒度要求：D_{50} 为 10~20 μm；D_{10} 为 1~5 μm；D_{90} 为 20~30 μm。D_{50} 越小，材料的倍率性能越好，但压实密度小，电池体积密度偏小；D_{50} 越大，材料的倍率性能越差，但压实密度大，电池体积密度大。早期钴酸锂的粒度比较小，D_{50} 在 6~12 μm，后来为了提高材料的压实密度，钴酸锂的粒度 D_{50} 在 10~20 μm，甚至有大于 20 μm 的钴酸锂出现。

经过窑炉烧结合成的钴酸锂结块严重，必须经过颚式破碎将粒度破碎至 1~3 mm，再经过辊式破碎将粒度破碎至 0.15~0.3 mm，最后经过机械粉碎或气流粉碎使 D_{50} 为 10~20 μm，D_{10} 为 1~5 μm，D_{90} 为 20~30 μm。图 10-14 为钴酸锂生产过程中的粉碎工序流程。

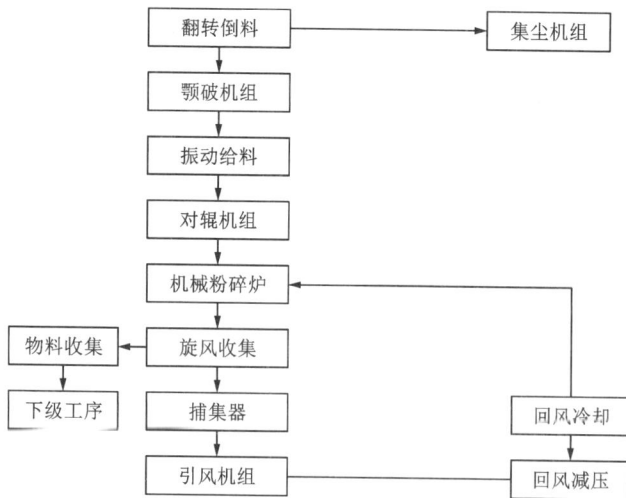

图 10-14 钴酸锂生产过程中的粉碎工艺流程

钴酸锂破碎和粉碎过程中应注意的事项：

①防止单质铁的带入。凡是与物料接触的易磨损的部件均需要采用非金属陶瓷，而与物

料接触的管路应采用塑料，料仓可用不锈钢材质且表面喷特氟龙涂层。

②要防止过粉碎。目前，粉碎设备均带有分级轮，粗颗粒由于不能通过分级轮而进行循环粉碎，主要是要防止过粉碎造成细粉偏多。目前，钴酸锂经过机械粉碎或气流粉碎，其一级旋风收料应大于95%，而布袋捕集器收料应小于5%。布袋捕集器收的物料粒度偏小，不能作为钴酸锂正品使用。

钴酸锂的粉碎至关重要，早期粉碎设备主要是机械粉碎机，也称高速机械冲击式粉碎机，目前国内能生产。由于钴酸锂粒度越来越大，钴酸锂的硬度和相对密度也越来越大，对高速机械式粉碎机的磨损严重，且机械式粉碎机粉碎效率太低，目前其已被气流粉碎机取代。

10.3.5　合批工序

钴酸锂经过配料混合、烧结、粉碎分级等工序后，产品已成型。但每一批次的产品质量总是存在或大或小的差别，必须将不同批次产品的质量均匀化或一致化，因此，粉碎分级后将不同批次原料、不同设备、不同时间生产的小批次产品经过混合合成一个大批次，这对下游客户对产品的使用是非常有益的。目前，合批工序使用的设备主要有锥形混合机(图7-1)和卧式螺带混合机。根据生产规模和客户需求，合批的单一批次的数量一般是5~10 t。

10.3.6　除铁工序

正极材料中的 Fe 在充电过程中会溶解，然后在负极上还原成铁，铁的晶核较大，又具有一定的磁性，晶体生长很快，所以很容易在负极形成铁枝晶，有可能会造成电池的微短路，使电池的安全性能存在很大隐患。国际一线品牌电池企业对钴酸锂中的单质铁质量分数要求为在 20×10^{-9} 以下。

单质铁的引入来源有：原材料、制造过程中金属设备、生产环境中机器磨损、门窗开关磨损造成的空气中微量铁带入等。因此，要求原材料厂家预先除铁，且所有与物料接触的机器设备采用非金属陶瓷部件或内衬和涂覆陶瓷或特氟龙涂层等。早期除铁采用永磁磁棒制造的除铁器，效果不佳。现已改用高磁场强度的电磁除铁器除铁，效果好，产能大，效率高。早期的除铁设备基本上从日本或韩国引进，现在国内已能生产。除铁工序最好放在粉碎、合批工序之后和包装工序之前。图 10-15 为钴酸锂生产过程中的除铁工艺流程。

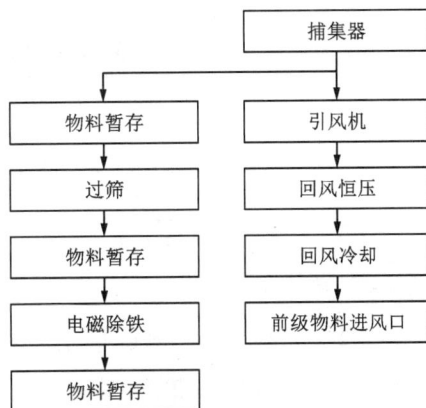

图 10-15　钴酸锂生产过程中的除铁工艺流程

10.3.7　包装工序

钴酸锂是一种易扬尘的粉末，价格比较高，对包装要求严格，精度要求高。规模企业均采用自动化的粉体包装机，采用铝塑复合膜真空包装，10~25 kg/袋，置于牛皮纸桶或塑料桶内，为了降低包装成本，现在也用吨袋包装。包装车间最好与生产车间隔离，要求恒温除湿，相对湿度最好小于30%。包装车间的墙、顶、门窗等不要采用金属材质，以防带入金属杂质。

10.3.8 钴酸锂的产品标准

钴酸锂已有国家标准，具体参见 GB/T 20252—2014。根据客户的需求不同，厂家在满足国家标准的条件下对钴酸锂的产品标准进行了调整，以下是某厂家的企业标准。

名称：钴酸锂。

外观：黑色粉末固体，无结块。

用途：锂离子电池正极活性物质。

包装：铝塑复合膜真空包装，12.5 kg/袋，2 袋/桶，置于牛皮纸桶或塑料桶内。

（1）物理性能（表 10-3）

表 10-3　钴酸锂物理性能

测试项目		单位	LCO-1
粒度分布	D_{10}	μm	≥4.0
	D_{50}		8.0~12.0
	D_{90}		≤25
	D_{max}		≤45
比表面积		m^2/g	0.2~0.5
振实密度		g/cm^3	≥2.5

（2）化学成分与电化学性能（表 10-4）

表 10-4　钴酸锂化学成分与电化学性能

测试项目		单位	LCO-1
金属质量分数	锂（Li）	%	6.80~7.20
	钴（Co）	%	59.00~61.00
	钠（Na）	%	0.002~0.005
	钙（Ca）	%	0.002~0.005
	铜（Cu）	%	0.0005~0.0010
	磁性异物	10^{-9}	≤25
pH		—	10.00~12.00
水分含量		%	≤0.08
压实密度		g/cm^3	≥3.90
1C 初始容量（vs. C）		$mA \cdot h/g$	≥145
每周容量衰减率		%	≤0.05
初始 3.6 V 平台率（vs. C）		%	≥85

随堂练习

一、选择题

1. 高温固相法生产正极材料钴酸锂的原料是( )和( )。

A. 氧化钴，Co_3O_4 B. 氢氧化锂，LiOH

C. 碳酸锂，Li_2CO_3 D. 二氧化锰，MnO_2

2. 钴酸锂的生产原料的纯度级别是( )。

A. 工业级 B. 电池级 C. 食用级 D. 没有特别要求

3. 高温固相法生产钴酸锂的工艺中，烧结的温度约为( )。

A. 950 ℃ B. 750 ℃

C. 850 ℃ D. 800 ℃

4. 高温固相法生产钴酸锂的配料工艺中，Li 元素与过渡金属的物质的量之比为? ( )

A. 对于常见的富锂工艺，该参数约为 1.10

B. 对于常见的富锂工艺，该参数约为 1.05/2

C. 对于常见的富锂工艺，该参数约为 1.05

D. 对于常见的富锂工艺，该参数约为 0.5

5. 高温固相法生产钴酸锂的烧结工艺中，保温时间为( )。

A. 3~4 h B. 6~10 h C. 12~20 h D. 20~30 h

二、简答题

以四氧化三钴、碳酸锂为原料生产钴酸锂主要包括哪些工序? 简述各工序的作用。

项目十一　生产磷酸铁锂

锂离子电池具有能量密度高、循环性能优异等优势，被广泛应用于电动载具、储能、光伏、智能电子产品等领域。锂离子电池由正极、负极、隔膜、电解质等部分组成，其中正极材料对电池的能量密度与循环寿命具有最重要的影响。目前，锂离子电池市场的主流正极材料有两类，分别是以镍钴锰（NCM）、镍钴铝（NCA）等三元材料为代表的层状正极材料和以磷酸铁锂（LFP）为代表的橄榄石结构材料。镍钴锰酸锂正极，尤其是高镍 NCM，具有更高的能量密度与倍率性能，而磷酸铁锂正极则在循环性能、成本、安全性与环境友好方面具有优势，因此形成了高低搭配的局面。磷酸铁锂在储能、光伏及相对低端的电动汽车上占据了绝对的优势，成为目前市场占比最高的锂离子电池正极材料，当前主要应用高温固相法与液相法进行合成。

相对于三元材料，磷酸铁锂材料的化学组成更确定，因此不同企业生产的磷酸铁锂材料性能接近，且产量巨大，这进一步促进了磷酸铁锂的广泛应用。本章将以磷酸铁锂规模化生产为例，介绍当前大规模生产磷酸铁锂的主要工艺流程及关键设备。

任务一：磷酸铁锂的应用及合成工艺

学习目标

【素质目标】

1. 培养推陈出新的意识，了解材料的快速更新换代；
2. 培养爱岗敬业的工匠精神。

【知识目标】

1. 了解磷酸铁锂的应用领域，性能特征，最新技术水平；
2. 熟悉磷酸铁锂的不足之处和改性方法。

【能力目标】

1. 能表述磷酸铁锂的应用领域、性能特征，目前的发展水平；
2. 能概述磷酸铁锂的性能不足之处和改性方法。

扫码查看资源

11.1.1　磷酸铁锂的应用

11.1.1.1　新能源汽车行业的应用

由于磷酸铁锂电池具有安全性、成本低等优点，而被广泛应用于乘用车、客车、物流车、低

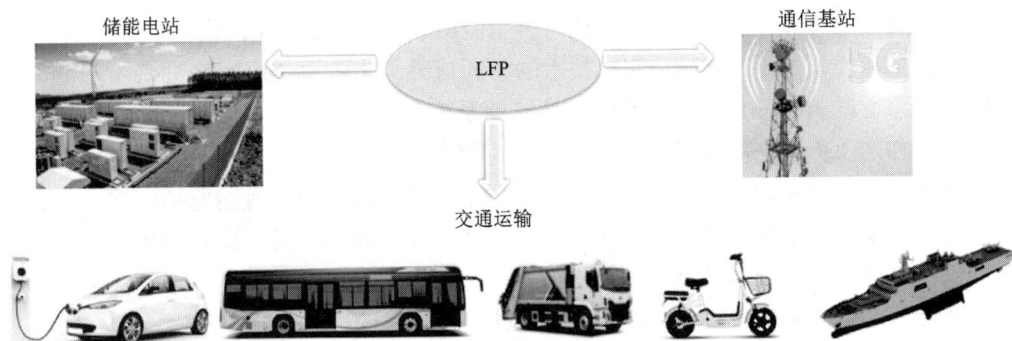

图 11-1　磷酸铁锂的应用领域

速电动车等领域(图 11-1)，虽然，在当前新能源乘用车领域，受国家对新能源汽车补贴政策影响，凭借能量密度的优势，三元电池一度占据着主导地位，但是磷酸铁锂电池仍在客车、物流车等领域占据不可替代的地位。最新数据显示，磷酸铁锂电池在总电池出货量中，占据了半壁江山。

11.1.1.2　启动电源上的应用

启动型磷酸铁锂电池除具备动力锂电池特性外，还具备瞬间大功率输出能力，用能量小于一度电的功率型锂电池代替传统的铅酸电池，用 BSG 电机代替传统的启动电机和发电机，不但具有怠速启停功能，还具有发动机停机滑行、滑行与制动能量回收、加速助力和电巡航功能。

11.1.1.3　储能市场的应用

磷酸铁锂电池具有工作电压高、能量密度大、循环寿命长、自放电率小、无记忆效应、绿色环保等一系列独特优点，并且支持无级扩展，适合于大规模电能储存，在可再生能源发电站发电安全并网、电网调峰、分布式电站、UPS 电源、应急电源系统等领域有着良好的应用前景。

随着储能市场的兴起，近年来，一些动力电池企业纷纷布局储能业务，为磷酸铁锂电池开拓新的应用市场。一方面，磷酸铁锂由于超长寿命、使用安全、大容量、绿色环保等特点，其向储能领域转移将会延长价值链条，推动全新商业模式的建立。另一方面，磷酸铁锂电池配套的储能系统已经成为市场的主流选择。据报告，磷酸铁锂电池已经被尝试用于电动公交车、电动卡车、用户侧以及电网侧调频。

①风力发电、光伏发电等可再生能源发电安全并网。风力发电自身所固有的随机性、间歇性和波动性等特征，决定了其规模化发展必然会对电力系统安全运行带来显著影响。随着风电产业的快速发展，特别是我国的多数风电场属于"大规模集中开发、远距离输送"，大型风力发电场并网发电对大电网的运行和控制提出了严峻挑战。

光伏发电受环境温度、太阳光照强度和天气条件的影响，呈现随机波动的特点。我国光伏发电呈现出"分散开发，低电压就地接入"和"大规模开发，中高电压接入"并举的发展态势，这对电网调峰和电力系统安全运行提出了更高要求。

因此，大容量储能产品成为解决电网与可再生能源发电之间矛盾的关键因素。磷酸铁锂电池储能系统具有工况转换快、运行方式灵活、效率高、安全环保、可扩展性强等特点，在国家风光储输示范工程中开展工程应用，将有效提高设备效率，解决局部电压控制问题，提高可再生能源发电的可靠性和电能质量，使可再生能源成为连续、稳定的供电电源。

随着容量和规模的不断扩大，集成技术的不断成熟，储能系统成本将进一步降低，经过安全性和可靠性的长期测试，磷酸铁锂电池储能系统有望在风力发电、光伏发电等可再生能源发电安全并网及提高电能质量方面得到广泛应用。

②电网调峰。电网调峰的主要手段一直是抽水蓄能电站。抽水蓄能电站需建上、下两个水库，故受地理条件限制较大，在平原地区不容易建设，而且占地面积大，维护成本高。采用磷酸铁锂电池储能系统取代抽水蓄能电站，应对电网尖峰负荷，不受地理条件限制，选址自由，投资少、占地少，维护成本低，在电网调峰过程中将发挥重要作用。

③分布式电站。大型电网自身的缺陷，难以满足电力供应的质量、效率、安全可靠性要求。对于重要单位和企业，往往需要双电源甚至多电源作为备份和保障。磷酸铁锂电池储能系统可以减少或避免由电网故障和各种意外事件造成的断电，在保证医院、银行、指挥控制中心、数据处理中心、化学材料工业和精密制造工业等安全可靠供电方面发挥重要作用。

④UPS 电源。中国经济的持续高速发展带来的 UPS 电源用户需求分散化，使得更多的行业和更多的企业对 UPS 电源产生了持续的需求。

磷酸铁锂电池相对于铅酸电池，具有循环寿命长、安全稳定、绿色环保、自放电率小等优点，随着集成技术的不断成熟、成本的不断降低，磷酸铁锂电池在 UPS 电源蓄电池方面将得到广泛应用。

11.1.2 磷酸铁锂的合成工艺

$LiFePO_4$ 在自然界中以磷铁锂矿（triphylite）的形式存在，但是由于杂质的影响，其电化学性能很差，不能直接用于锂离子电池当中。目前研究使用的 $LiFePO_4$ 多是人工合成的。$LiFePO_4$ 的合成方法有很多，按照合成工艺不同，分为高温固相法、水热法、共沉淀法、溶胶-凝胶法和微波法等。其中高温固相法是使用最多的一种合成方法，经过 30 多年的改进，高温固相法又结合了机械活化法和碳热还原法等工艺，更适合产业化生产。

11.1.2.1 高温固相法

高温固相法是最为传统的合成 $LiFePO_4$ 的方法，亦是当前工业生产中较为常用的一种方法。其典型的工艺流程为：选取 Li_2CO_3、$LiOH \cdot H_2O$ 或 CH_3COOLi 等锂盐作为锂源，选取 $FeC_2O_4 \cdot 2H_2O$ 或 $Fe(CH_3COO)_2$ 等亚铁盐作为铁源，选取 $(NH_4)_2HPO_4$ 或 $NH_4H_2PO_4$ 等作为磷源。将上述这些原料遵照一定的配比进行研磨或者球磨，达到均匀混合的效果，之后低温预加热得到 $LiFePO_4$ 前驱体。将前驱体放入马弗炉或者管式炉内，在惰性气体（N_2、Ar 等）保护气氛中进行高温煅烧，烧结一段时间后冷却至室温即可获得 $LiFePO_4$ 材料。整个过程如图 11-2 所示。

国内外学者对高温固相法合成 $LiFeO_4$ 的研究非常多。1997 年，Goodenough 首次报道的 $LiFePO_4$ 就是采用该方法合成的。其制备方式是以 $FeC_2O_4 \cdot 2H_2O$、$(NH_4)_3PO_4$、Li_2CO_3 为原料，按照化学计量比混合研磨后，在惰性气氛保护下先以 $300 \sim 350 ℃$ 低温预加热，使得各原材料发生预分解，预分解后的产物相互作用生成 $LiFePO_4$ 前驱体。接着将磷酸铁锂前驱体置于管式炉内 $800 ℃$ 高温烧结 $24 h$，冷却后得到磷酸铁锂晶体，产物在 $0.05 mA/cm^2$ 的电流密度下首次放电比容量为 $110 mA \cdot h/g$。王秋明以 $LiOH$ 作为锂源，

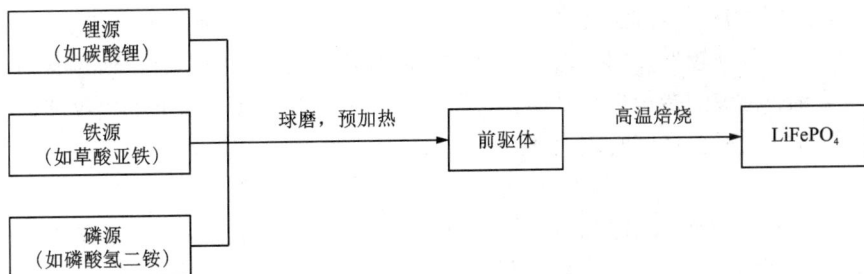

图 11-2　高温固相法工艺流程图

$C_{12}H_{22}O_{11}$ 作为碳源,采用高温固相法比较了不同铁源制备的 $LiFePO_4$ 材料性能。研究结果表明,当铁源是硝酸铁时,650 ℃煅烧 18 h 合成的 $LiFePO_4$/C 在 0.2C 时的容量为 120 mA·h/g,在 0.5C 倍率下的放电比容量达 105 mA·h/g。而当铁源被换成磷酸铁时,同等条件下制备出的样品在 0.2C 时的容量同硝酸铁一样,而在 0.5C 时则降到 95 mA·h/g。

此方法的优点为:生产设备易于操作,合成工艺简便,利于工业化生产控制。然而使用该方法制备出来的 $LiFePO_4$ 颗粒材料粒度大,物相不均,且生产周期长,产物的一致性较差,极易混入影响目标材料性能的杂质,而且在反应过程中会生成大量 NH_3 污染大气环境。大量研究结果表明,采取高温固相法合成 $LiFePO_4$ 时,合成材料的颗粒形貌、晶形、粒径、纯度及放电比容量等性能与煅烧的温度及时间有着紧密的联系,选取合适的原料、煅烧温度、煅烧时间对于合成性能优良的磷酸铁锂材料至关重要。

11.1.2.2　水热法

水热法属于液相合成法,它是一种先将原料溶解于去离子水中,然后置于水热合成釜内,经高温高压条件反应后过滤焙烧制得所需目标材料的方法。其工艺流程图如图 11-3 所示。

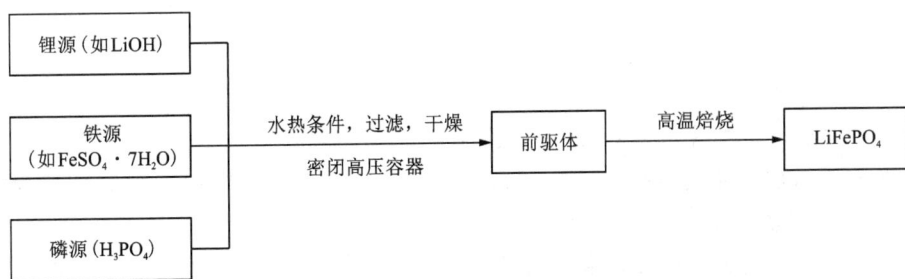

图 11-3　水热法工艺流程图

Whittingham 等首次通过水热法合成了 $LiFePO_4$,按照 $FeSO_4$·$7H_2O$:H_3PO_4:LiOH·H_2O=1:1:3 的物质的量之比,使 $FeSO_4$ 和 H_3PO_4 先反应以避免生成 $Fe(OH)_2$,从而避免生成 $Fe(OH)_3$,然后加入 LiOH 溶液,移入水热釜,120 ℃水热处理 5 h,制得 $LiFePO_4$ 晶体。Chen 等研究发现,水热合成温度低于 180 ℃时,易于造成 Li 和 Fe 的错位,会阻碍锂离子扩散的一维通道。Pei 等在水热合成过程中引入了表面活性剂 $C_{18}H_{29}NaO_3S$(SDBS),成功制得了 $LiFePO_4$/C 纳米棒及纳米板。

相比于高温固相法，该方法是在溶液中进行合成的，获得的材料颗粒细小，粒径窄，物相均匀，且样品一致性较好。但是由于此种方法的反应条件是高温高压，所以它对反应设备的要求极为苛刻，相应的造价也会升高，而且其合成工艺较为烦琐，每批次仅能制备少量的粉体材料，所以它只适合在试验室内使用，难以应用于大规模的工业化生产。

11.1.2.3 共沉淀法

共沉淀法是先把锂源、铁源和磷源等的原料混合在一起形成溶液，然后选取合适的沉淀剂添加到原料溶液内，使其产生磷酸铁锂前驱体沉淀，对沉淀物干燥处理后，再高温焙烧，即可获得粉体磷酸铁锂。其流程如图11-4所示。

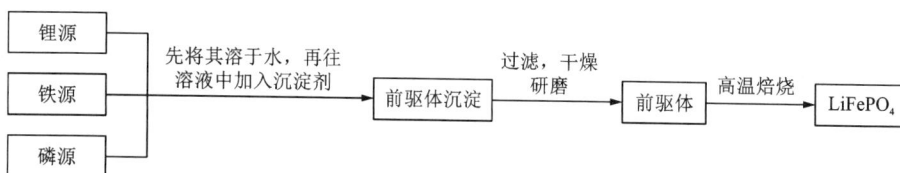

图 11-4 共沉淀法工艺流程图

Delacourt 等将 $FeSO_4 \cdot 7H_2O$、H_3PO_4 和 LiOH 作为原料，在 N_2/H_2 气氛下 500 ℃ 恒温 3 h 制得的 $LiFePO_4$ 颗粒粒径为 100～300 nm，经过热处理后的样品具有良好的电化学性能，这是由于样品颗粒粒径小，能够缩减电子的传导路径和离子的脱嵌路径。刘振新等研究了沉淀法的制备细节，合成了平均粒径 30～500 nm 的无碳型 $LiFePO_4$ 纳米颗粒以及相应的 $LiFePO_4/C$ 复合材料，在无碳型磷酸铁锂可以摒除碳层影响的前提下，发现平均粒径为 50～500 nm 的无碳型 $LiFePO_4$ 纳米颗粒，其与放电比容量之间呈"火山型"关系，即平均粒径既非越小越好，又非越大越好，无碳型 $LiFePO_4$ 平均粒径约为 200 nm 时放电比容量达到最大。

共沉淀法具备液相合成拥有的优点，即合成的材料颗粒细小，粒径窄，物相均匀等。但是该方式需要添加特殊的沉淀剂，导致各原料之间必须要有相似的水解条件，因此原料来源变得单一局限，并且需要进行沉淀物处理，增加了制备工艺的复杂性。

11.1.2.4 溶胶-凝胶法

溶胶-凝胶法是一种首先利用络合剂使锂源、铁源和磷源溶液形成溶胶，然后改变溶胶溶液的 pH 并进行加热使其转变成凝胶，再进行干燥和高温煅烧获得 $LiFePO_4$ 粉体材料的方法。其典型的工艺流程如图11-5所示。

Xie 等以柠檬酸为有机碳源和络合剂来抑制颗粒的生长，通过增大柠檬酸与金属离子总浓度比例的方法，在溶胶-凝胶合成中有效地降低了核壳型 $LiFePO_4/C$ 晶体的尺寸，表现出了优异的电化学性能。He 等以 $Fe(NO_3)_3 \cdot 9H_2O$、$LiNO_3$、$NH_4H_2PO_4$、柠檬酸为原料，用 HCl 或 NH_4OH 调节 pH，对比了不同 pH(pH 为 1、2、3、4、5、6)对制备 $LiFePO_4/C$ 的影响，得出 pH=6 时合成的磷酸铁锂最好，0.1C 时的容量达 143 mA·h/g，颗粒粒径范围为 100～300 nm。

与水热法相比，溶胶-凝胶法无须使用昂贵的压力釜，还可以避免高压反应带来的安全问题，并且可以原位包覆碳前体。但该法制备工艺复杂，材料合成周期长，粉体在干燥时会大大收缩，不宜工业化生产，且络合剂的大量添加亦增加了材料的制备成本。

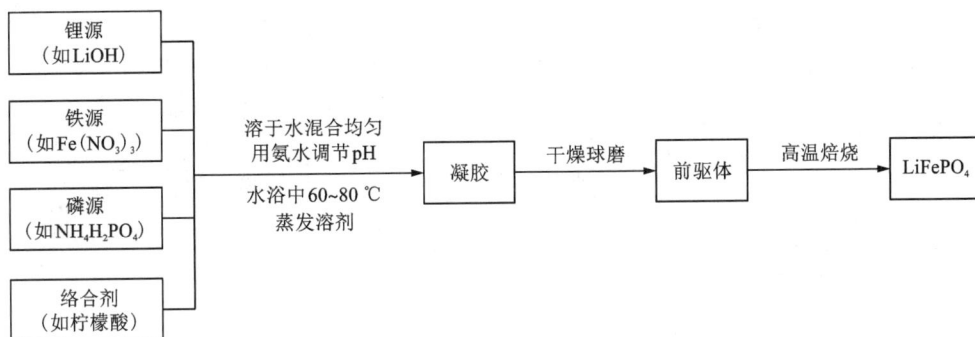

图 11-5　溶胶-凝胶法工艺流程图

11.1.2.5　微波法

一般说来，物质在吸收了微波能量后，其内部的温度会升高。微波法就是利用这一点，使各原料通过吸收微波能量达到加热的效果，促进反应的发生，从而获得目标材料。该方法能使样品在吸收能量后以很短的时间迅速地被加热，其热能利用率高、受热平稳。为了防止 Fe^{2+} 被氧化成 Fe^{3+}，通常情况下会在原料中加入一些还原性的炭。

Li 等首先将乙酸锂和磷酸氢二铵研磨后煅烧，然后加入草酸亚铁、柠檬酸以及 Na_2MoO_4，用 3.0 GHz 的微波以 850 W 的功率加热 15 min，制得的掺杂 Mo 的磷酸铁锂复合材料性能表现优异。Huang 等以 $NH_4H_2PO_4$、CH_3COOLi、$FeC_2O_4 \cdot 2H_2O$ 为原料，分别以不同的化合物（$C_6H_{12}O_6$、$C_6H_8O_7$、聚乙二醇 4000）为碳源，在 3.0 GHz、750 W 的微波炉中恒温 15 min 获取磷酸铁锂，结果表明，以 $C_6H_8O_7$ 作为碳源制得的材料性能最佳，0.5C 放电比容量为 112 mA·h/g。

11.1.2.6　碳热还原法

碳热还原法亦属于固相法，只是为了降低生产成本，将原料中较为昂贵的二价铁离子换成了廉价的三价铁离子，通常选用 Fe_2O_3 或 $FePO_4$ 等作为铁源，并添加足量的 $C_6H_{12}O_6$ 或 $C_{12}H_{22}O_{11}$ 等作为碳源，配以绝对的还原性气氛，以致在高温环境中，Fe^{3+} 几乎能完全还原成 $LiFePO_4$ 所需的 Fe^{2+}，减少三价铁杂物相的产生，且多余的 C 在 $LiFePO_4$ 产物中起着导电剂的作用，增强了 $LiFePO_4$ 的导电性。锂源和磷源一般为 Li_2CO_3、LiH_2PO_4。各个原料经研磨或者球磨混合均匀后，在高温条件和惰性气体（Ar 或 N_2）保护气氛下烧结，冷却后即为 $LiFePO_4$ 材料。碳热还原法工艺流程如图 11-6 所示。

王文华选取 Li_2CO_3、$FePO_4$ 和 $C_6H_{12}O_6$ 作原料，采用碳热还原法研究了锂铁比、烧结工艺、碳用量以及分散介质等因素对磷酸铁锂的影响。结果表明，锂铁比为 1.02，葡萄糖用量为 19%（质量分数），水作分散剂，750 ℃烧结 12 h 制备出的 $LiFePO_4$ 综合性能最优。Ojczyk 等用 $FeC_2O_4 \cdot 2H_2O$、$NH_4H_2PO_4$、Li_2CO_3 为原料，以丙酮为工作液体球磨后在高纯 Ar 气氛中碳热还原，合成了纯相 $LiFePO_4$；在 Li_xFePO_4 的配料中将 x 调整为 0.99 或 0.97，合成了 $LiFePO_4$-Fe_2P 复合材料，有效提高了材料导电性。

该合成方法除了包含高温固相法拥有的优点外，还降低了生产成本，同时加入的过量的碳还提高了材料的导电性，且不含有生成 NH_3 的原料；但是对于铁源的要求较高，且生产周期长，产物性能较差，原料浪费较为严重。

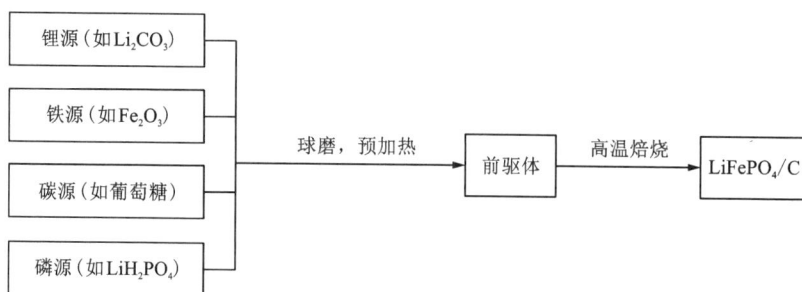

图 11-6 碳热还原法工艺流程图

磷酸铁锂正极材料制备工艺优缺点对比见表 11-1。

表 11-1 磷酸铁锂正极材料制备工艺优缺点对比

制备方法		优点	缺点
固相法	高温固相法	1)成本较低,步骤简单,流程可靠; 2)铁、磷、锂含量易于通过配料控制; 3)循环和低温性能良好	1)耗时长、能耗高、需惰性和还原性气氛保护; 2)所得产物易出现氧化态的三价铁; 3)颗粒团聚严重,产物颗粒较大,纯度较低,尺寸分布不均匀,批次一致性差,电化学性能相对较差; 4)出气量大,氧分压难以保证; 5)表面能高,加工性能不好; 6)容易存在氨气污染问题
	碳热还原法	1)原料廉价易得、化学稳定性好; 2)能耗低,制备工艺简单	1)操作复杂,生产周期长,能耗大,产生废气; 2)对原料要求高,混料的均匀性影响非常大; 3)原料磷酸铁的成分难以控制一致
	微波法	1)能量高效利用; 2)循环性能较好、形貌规则; 3)合成温度较低、时间较短; 4)避免惰性气体的使用	反应迅速,产物易发生团聚,不利于电化学性能的改善
液相法	水热法	1)能耗低、合成效率高; 2)产品粒度均一,一次稳定性好; 3)可直接合成单晶型磷酸铁锂,便于直接分析本征性质; 4)技术成熟	1)产品结构不一,堆积密度和压实密度较小; 2)高温高压下,设备要求高; 3)水热法产品易发生替代错位,影响性能; 4)仍需经高温烧结碳包覆; 5)成本高,需投资建设锂回收装置
	溶胶-凝胶法	可实现纳米级别的均匀混合,可同时实现碳包覆	1)耗时长; 2)工艺条件难控制; 3)工业化存在较大难度
	共沉淀法	1)工艺过程易控制,合成周期短,能耗低; 2)颗粒粒度小,且分布均匀	1)共沉淀过程中的 pH 不易控制,且容易出现偏析; 2)合成的材料性能不稳定,成为工业化难点

综上所述，传统制备 $LiFePO_4$ 正极材料的原料一般为二价铁，如草酸亚铁、乙酸亚铁等，但考虑二价铁源成本较高，且合成过程中容易氧化，而且在工业生产中，用二价铁源合成 $LiFePO_4$ 时，会产生大量的 CO_2 气体，不仅污染空气，还会对生产设备造成腐蚀，因此，目前有部分企业以磷酸铁为原料，在提高 $LiFePO_4$ 的倍率性能的同时，开发出了适合工业化生产的高温固相法，合成了具有可逆容量高、倍率性能好和循环寿命长的正极材料。

随堂练习

一、选择题

1. 磷酸铁锂的结构是（　　）。
A. 尖晶石结构　　　　B. 橄榄石结构　　　　C. 层状结构　　　　D. 六方晶系

2. 目前，锂电池正极材料主要有五种比较成熟的技术路线：钴酸锂、锰酸锂、磷酸铁锂、镍钴锰三元材料（NCM）和镍钴铝三元材料（NCA）。国内动力锂电正极材料的主流是（　　）和（　　）。
A. 磷酸铁锂　　　　B. 三元材料　　　　C. 钴酸锂　　　　D. 锰酸锂

二、判断题

1. 磷酸铁锂资源丰富、环境友好、安全性好、循环稳定，对锂离子电池的大型应用具有非常重要的意义。（　　）
2. 磷酸铁锂电池主要应用于3C电脑产品、电动汽车、大规模储能。（　　）

任务二：磷酸铁法制备磷酸铁锂工艺

学习目标

【素质目标】
1. 甘于平凡，在自己的岗位上脚踏实地，一丝不苟完成自己的工作；
2. 培养规则意识，严格按照岗位规则工作。

【知识目标】
1. 掌握磷酸铁法生产磷酸铁锂所用原料种类以及原料标准；
2. 掌握磷酸铁法生产磷酸铁锂的工艺流程和主要设备使用方法。

【能力目标】
1. 能表述磷酸铁法生产磷酸铁锂所用原料及其原料标准；
2. 能识记磷酸铁法生产磷酸铁锂的工艺流程和主要设备使用方法。

在制备磷酸铁锂材料的厂家中，碳热还原法是目前应用广度仅次于草酸亚铁法的技术。其主要原料中的铁原料是三价铁，包括磷酸铁和氧化铁等。采用磷酸铁、氧化铁两种不同的原料体系，反应过程有较大的差别，得到的材料性能也有差异。磷酸铁法属于短工艺流程，磷酸铁原料可同时提供铁离子和磷酸根离子，配料体系制造只要加入锂盐和碳盐即可。磷酸铁法制备磷酸铁锂典型配方见表 11-2。

表 11-2　磷酸铁法制备磷酸铁锂的典型配方

原料体系		分子式	规格/%	配料物质的量之比	配料质量比例
磷酸铁法	磷酸铁	$FePO_4$	99.0	1.00	157.42
	碳酸锂	Li_2CO_3	99.5	1.03	38.24
	葡萄糖	$C_6H_{12}O_6$	99.5	0.1~0.2	18~36

随着装备技术不断提升，工艺技术不断成熟，目前，国际、国内部分公司已经开始推广使用铁酸锂工艺路线。该工艺路线主要包括：配料混料、物料干燥、物料烧结、物料破碎等。具体工艺介绍如下。

11.2.1　准备原料

11.2.1.1　磷酸铁

磷酸铁 $FePO_4$，又称为正磷酸铁，它的密度为 2.74 g/cm^3，自然界存在的 $FePO_4$ 又叫作蓝铁矿，$FePO_4$ 铁为三价铁，以二水合物居多，除了硫酸之外，它难溶于其他酸，几乎不溶于水、醋酸、醇。

磷酸铁应用领域广泛，可用于农业，作为灭螺剂使用，与传统的灭螺剂四聚乙醛不同，磷酸铁对动物、作物无毒无害，且对环境无污染；可用于制造钢铁及其金属制品，可以提高金属材料的抗腐蚀性、抗氧化性；食品级的磷酸铁可作为铁源，用于食品添加剂，大多用于蛋制品、米制品等，以增加微量强铁含量；磷酸铁因其稳定的结构也可用于食品的长期保存。其最主要的用途是作为前驱体参与磷酸铁锂的制备，相比于其他的锂电池正极材料，磷酸铁锂由于原料来源丰富、价格低廉、容量高、安全性好等优点，成为近年来的研究热点。磷酸铁生产流程如图 11-7 所示。

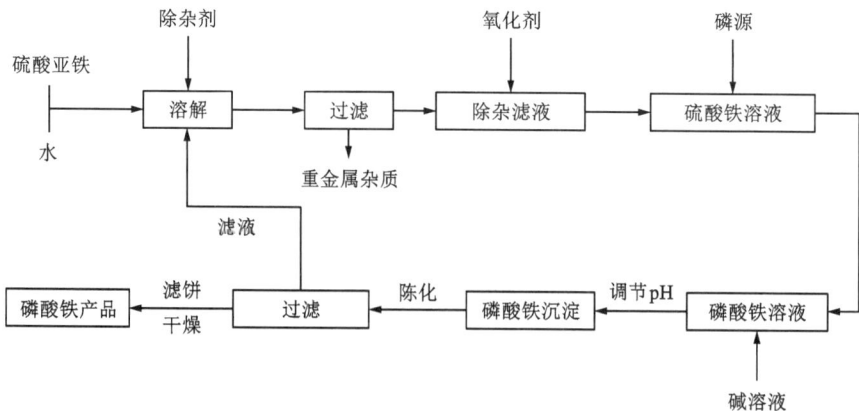

图 11-7　磷酸铁生产流程

目前常见的 $FePO_4$ 的制备方法如下。

①共沉淀法。共沉淀法是指溶液中含有两种或多种阳离子，它们以均相形式存在于溶液中，加入沉淀剂，经沉淀反应后，可得到各种成分的均匀的沉淀。它是制备 $FePO_4$ 的传统方法。其过程如下：将铁源与磷源溶解之后，加入其他的化合物，使析出沉淀，之后进行洗涤、干燥、煅烧，即可以得到产物。Kandori 等通过共沉淀法制备出许多粒度均匀性比较好、纯度较高的超细磷酸盐，如磷酸钴、磷酸镍、磷酸铝等。

②水热法是一种湿化学方法。Mal 等分别以氯化铁和磷酸苯二钠为铁源和磷源，以十二烷基硫酸钠为表面活性剂，混合均匀之后，于 180 ℃下进行水热反应，成功制备出了复合介孔 $FePO_4$。水热反应发生在高压反应釜中，外界环境为高温高压，因此难溶的物质在该反应体系中可以溶解和重结晶。另外，由于水热反应操作温度温和，工艺简单，产品的结晶度高，而且易于批量生产，因此得到很多人的青睐。

③其他方法。叶焕英等通过喷雾干燥方法获得具有单斜晶系二水 $FePO_4$，以六水氯化铁和磷酸分别为铁源和磷源，蒸馏水为溶剂，在一定量的阳离子表面活性剂 CTAB 的存在下，反应一段时间得到单斜晶型 $FePO_4 \cdot 2H_2O$，其平均粒径约为 $1.5\mu m$，获得的产物粒度分散性较好。龚福忠等分别以硝酸铁和硫酸亚铁为铁源，采用均相沉淀法和氧化-液相沉淀法制备出六方晶系的 $FePO_4$ 粉体，运用前一方法得到的产物形貌为均匀的圆片状，而后一方法得到的产物为无定形态。武玉玲等以硝酸铁为铁源，采用控制结晶技术合成了纳米 $FePO_4 \cdot xH_2O$，将获得的材料在 500℃ 热处理 4 h 之后可以得到 $FePO_4$ 前驱体，通过碳热还原法制备 $LiFePO_4/C$ 复合材料，并得出当倍率为 0.1C、1C、5C、10C 和 15C 时，放电比容量分别为 156.5 mA·h/g、134.9 mA·h/g、105.8 mA·h/g、90.3 mA·h/g 和 80.9 mA·h/g，样品具有好的倍率性能和容量保持率。

11.2.1.2　碳源

碳源是影响锂离子电池正极材料电化学性能的关键因素之一。目前学术界关于碳源对磷酸铁锂正极材料性能的研究文献很多，但还缺乏系统性的理论支持。不同的磷酸铁锂制备工艺中，碳源对性能的影响也有所不同。

在碳热还原法中，使用磷酸铁等三价铁源、加入锂源和碳源通过高温碳热还原合成磷酸铁锂。由于其工艺较成熟简单，制备条件容易控制，也是目前工业化生产主要的方法之一。常用的碳源包括高比表面活性炭、石墨烯、多壁碳纳米管、葡萄糖、蔗糖、淀粉、柠檬酸、聚乙二醇、硬脂酸、酚醛树脂等。研究表明，碳源(聚丙烯腈、丹宁酸、没食子酸、葡萄糖酸内脂)对材料的形貌、微结构和电化学性能具有重要的影响。相比聚丙烯腈、丹宁酸，没食子酸和葡萄糖酸内脂热分解得到碳具有更高的石墨化度，且制备的材料具有更好的碳层包覆完整性、更高的结晶度和更好的电化学性能。

用廉价易得的工业硫酸亚铁作为铁源，采用液相沉淀法制备出纯度高、粒径小、粒径分布窄的 $FePO_4 \cdot H_2O$；并以 $FePO_4 \cdot H_2O$ 及 $LiOH \cdot H_2O$ 为原料，分别以酚醛树脂、葡萄糖、柠檬酸为还原剂，采用碳热还原法合成了 $LiFePO_4/C$ 复合正极材料，所得产物为橄榄石结构 $LiFePO_4/C$。以酚醛树脂为碳源时制得样品的 $LiFePO_4/C$ 颗粒更细小，分布更均匀，电导率比为未加碳源时提高了 6 个数量级，分别比葡萄糖和柠檬酸所制备的材料大 2 个和 3 个数量级。相对于以葡萄糖、柠檬酸为碳源的样品，以酚醛树脂为碳源的样品不仅有更高放电比容量，而且有更好的循环性能。

11.2.2 工艺实施

11.2.2.1 配料和混料工序

（1）配料

配料工艺过程：实际生产中，磷酸铁法所用到的聚乙二醇为标准袋包装（单袋 25 kg），$FePO_4$、Li_2CO_3 和葡萄糖为吨袋包装（400~500 kg）。一般在车间的高层进行开袋工序，使用单轨吊将物料提升至投料站上方，人工解开包装绳使物料落入投料站，利用投料站配置的磁性格栅进行除铁，并利用振动电机辅助物料下落进入对应的暂存仓中，经过 5 目过滤器过筛以及旋转永磁除铁器除铁后，由仓泵发送至减量秤上方的接收料仓，并使用减量秤进行精确的配料，将四种原材料及辅料在分散釜中与纯水进行混合，制备湿法工序所需要的浆料。

配料工艺要点：四种物料分别在对应的投料站进行开袋，并通过各自专用的配料线进入分散釜，各配料线包含了不同型号的暂存仓、仓泵和减量秤。其中，聚乙二醇是标准袋包装，一般采用手工投料站进行人工投料。葡萄糖在配料阶段必须采用干冷气体，否则容易引起葡萄糖吸水，严重降低流动性。在分散釜中添加物料时，一般先加配方中一半的水，再人工投入辅料，同时添加主料，再加入剩余的水。分散釜连接有均质泵，将釜内浆料抽出后经过过滤除铁再输入釜中，循环一定时间，配合分散釜内部的搅拌叶将浆料分散均匀。分散后浆料的固含量一般为 35%~40%，密度为 1.1~1.2 g/cm^3，黏度为 700~2000 cp，温度被控制在 40 ℃以下。

（2）混料

为保证物料充分混合均匀，配好的物料需要进行研磨。

混料工艺过程：在分散釜中分散后的物料经过 50 目过滤器过筛后用非金属隔膜泵输送至粗磨罐。粗磨罐中的浆料由隔膜泵抽至棒削砂磨机内进行研磨，经过板式换热器进行冷却后返回粗磨罐，经过一定时间粗磨后，物料被隔膜泵输送至细磨罐，湿法研磨后的物料会经历搅拌及电磁除铁过程，为后续喷雾造粒做准备。

混料工艺要点：粗磨过程中所用的研磨体主要为搅拌棒和 ZrO_2 小球。研磨过程会产生大量的热，所以需要利用板式换热器将浆料温度控制在 40 ℃以下。粗磨完成后，物料被送入细磨罐。细磨罐及其配套的棒削砂磨机等设备与粗磨工序完全相同，唯一的区别是采用了直径更小的 ZrO_2 研磨球，可以将浆料进一步研磨至能通过 100 目过滤器。

混料工艺流程如图 11-8 所示。

11.2.2.2 喷雾造粒料工序

将搅拌好的胶料，通过压力喷出，经过喷雾干燥机后变成颗粒。喷雾干燥机是一种可以同时完成干燥和造粒的装置，可按工艺要求调节料液泵的压力、流量、喷孔的大小，得到所需的按一定大小比例的球形颗粒。其工作原理为空气经过过滤和加热，进入干燥器顶部空气分配器，热空气呈螺旋状均匀地进入干燥室；料液经塔体顶部的高速离心雾化器，旋转喷雾成极细微的雾状液珠，与热空气并流接触，在极短的时间内可干燥为成品。成品连续地由干燥塔底部和旋风分离器中输出，废气由引风机排空。喷雾干燥工序图如图 11-9 所示。

11.2.2.3 烧结工序

将混合好的物料进行烧结，使其形成磷酸铁锂晶体。烧结过程中需要控制温度和时间，以获得理想的晶体结构。同时，为了保证产品性能，烧结过程需要在保护气氛或真空条件下进行。

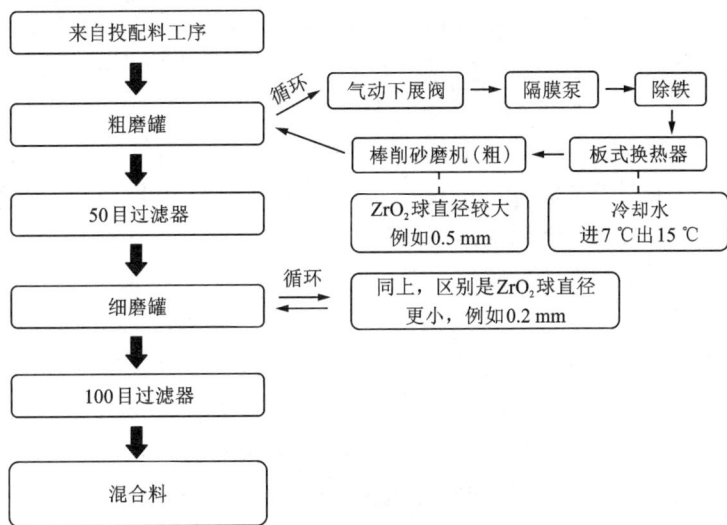

图 11-8 混料工艺流程

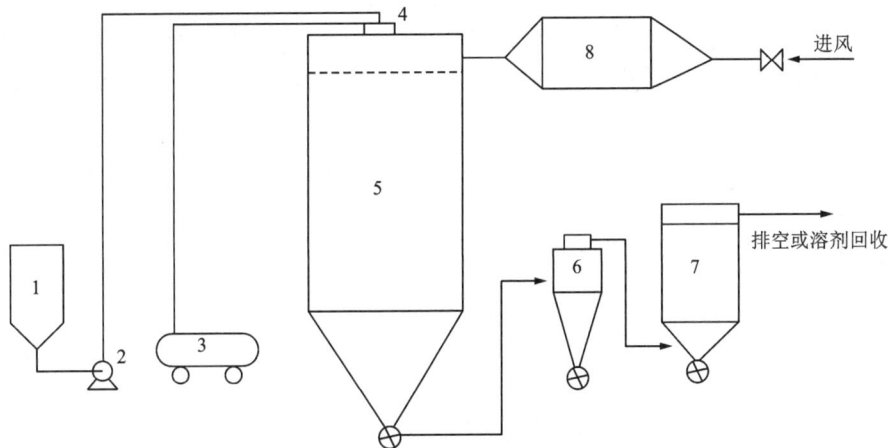

1—料液罐；2—料液泵；3—压缩空气；4—气流喷嘴；5—干燥塔；6—旋风分离器；7—布袋除尘器；8—加热器。

图 11-9 喷雾干燥工序图

磷酸铁锂正极材料烧结工艺是制备高性能磷酸铁锂正极材料的关键步骤之一。下面将对烧结工艺的流程进行详细的介绍。

①预处理阶段：首先，对原料进行预处理，包括粉碎、筛分和干燥等步骤。这些步骤的目的是确保原料的粒度均匀，并且纯度较高。此外，还要对原料进行化学分析，以确保其化学组成符合要求。

②混合阶段：将预处理后的原料按一定比例混合，并加入适量的黏结剂和润滑剂等辅助材料。这些辅助材料的加入可以提高材料的加工性能和电化学性能。混合的目的是获得理想的化学组成和颗粒大小分布，以保证材料的性能稳定且一致。

③成型阶段：将混合后的粉末制成片状、柱状、球状等形状，并按一定压力压制成型。

成型过程中需要注意控制压制压力、模具温度等参数，以确保获得具有致密结构的材料。

④烧结阶段：将成型后的物体在高温下进行烧结，去除其中的挥发性成分，使其结晶成为一定形态和结构的固体材料。烧结过程中需要控制烧结温度、烧结时间和气氛等参数，以确保材料具有优异的电化学性能和结构稳定性。

除了以上四个步骤外，磷酸铁锂正极材料烧结工艺还包括后续处理阶段，如冷却、卸料、包装等。这些步骤的目的是将烧结后的材料进行降温、收集和包装，以备后续使用或销售。

总之，磷酸铁锂正极材料烧结工艺是一个多步骤的过程，每个步骤都需要严格控制参数和操作条件，以确保获得高性能的磷酸铁锂正极材料。

11.2.2.4 粉碎工序

锂离子电池正极材料经过高温烧结工序制备的半成品一般还需要经过粉碎分级才能达到产品标准，不同的正极材料烧结温度不同，有些材料由于烧结温度较高，结块比较严重，需要进行不同级别的粉碎，如需要颚式破碎、辊式破碎和超细粉碎等，主要涉及的设备有颚式破碎机、辊式破碎机、旋轮磨、高速机械冲击式粉碎机和气流粉碎机。

磷酸铁法生产的磷酸铁锂正极材料物料烧结后依然呈粉状，没有明显结块现象。同时，为了得到更高纯度的物料，目前磷酸铁锂正极材料粉碎主要用气流磨，其工作原理是在气流磨主机下部利用拉瓦尔喷嘴将压缩空气加速至超音速并汇聚于一点，从气流磨主机上方落入的物料被高速气流冲击，引起颗粒与颗粒、颗粒与仓壁的碰撞、摩擦和剪切，从而将颗粒粉碎。气流磨主机的内壁通常采用陶瓷贴片进行保护，增加抗磨损能力。气流磨工艺流程图可参考图 6-8。

✎ 随堂练习

一、多选题

1. 磷酸铁法工艺路线的原料（　　）。

A. 正磷酸铁　　　　　B. 碳酸锂　　　　　　C. 有机碳源　　　　　D. 磷酸二氢铵

2. 磷酸铁法生产磷酸铁锂的优点有（　　）。

A. 工艺简单，能耗少，烧成率接近 70%

B. 容易实现自动化流程控制

C. 产品粒径可以控制且晶粒形貌规则，呈近球形

D. 具有优秀的低温性能和倍率性能

二、判断题

1. 磷酸铁的价格偏高导致该生产工艺线生产成本较高。磷酸铁工艺路线在未来的发展中将克服成本方面的障碍，体现更优良的性价比，该路线将成为未来主流的工艺路线。（　　）

2. 在磷酸铁锂的生产过程中，由于磷酸铁锂具有很高的比表面积和特殊的结晶形态，因此需要通过高效的干燥工艺来保证其质量和性能。（　　）

3. 球磨混合工序是非常重要的环节，在此阶段完成磷酸铁、锂源和有机碳源的破碎、分散和混匀。（　　）

任务三：磷酸铁锂的其他生产工艺

📝 学习目标

【素质目标】

1. 感知工艺的推陈出新，促进材料性能的提高；
2. 培养爱岗敬业，精益求精的工匠精神。

【知识目标】

1. 掌握磷酸铁锂的其他生产工艺所用原料种类以及原料标准；
2. 掌握磷酸铁锂的其他生产工艺流程。

【能力目标】

1. 能表述磷酸铁锂的其他生产工艺所用原料及其原料标准；
2. 能识记磷酸铁锂的其他生产工艺流程。

扫码查看资源

11.3.1 草酸亚铁法

目前，制备磷酸铁锂正极材料的铁源主要为草酸亚铁、磷酸铁。以草酸亚铁为铁源具有以下优点：①草酸盐在合成过程中不易引入杂质相；②草酸亚铁合成的磷酸铁锂正极材料结晶度较高且键合力大，有助于稳定合成产物的骨架结构；③草酸亚铁在反应过程中会分解放出气体，可抑制颗粒的团聚和晶粒的长大。草酸亚铁的形貌、振实密度和粒度是影响磷酸铁锂正极材料性能的重要因素，若振实密度过低，粒度过大，会导致生成的磷酸铁锂材料颗粒粗大，导电性能差，能量密度降低，进而限制其在大功率锂离子电池方面的应用。草酸亚铁法制备工艺流程图如图 11-10 所示。

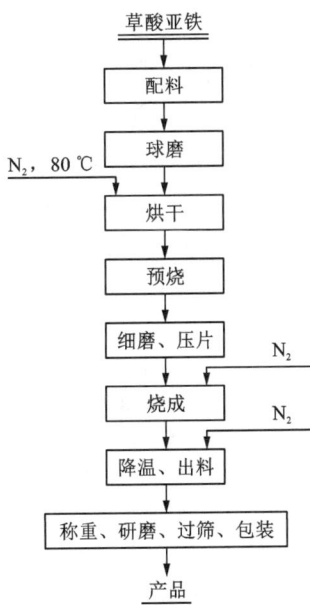

11.3.2 水热法

水热（hydrothermal）一词起源于地质学，最早是用来描述高温高压条件下地壳中的岩石形成，许多矿物就是地球表层长期演化变迁过程中发生水热反应的产物。1851 年，De 以密闭玻璃容器为反应器，并将此反应器置入高压釜内以防爆炸。他用这种方法合成了许多氧化物、碳酸盐、氟化物、硫酸盐及硫化物，其中包括具有很好的电学特性、在现代固体化学中起重要作用的 Ag_3AsS_3。现在，水热制备技术已经广泛应用于合成各种形貌和性能的纳米材料。水热法（hydrothermal synthesis）是指在特制的密闭反应器（如高压

草酸亚铁

↓

配料

↓

球磨

↓ N₂，80 ℃

烘干

↓

预烧

↓

细磨、压片 ← N₂

↓

烧成 ← N₂

↓

降温、出料

↓

称重、研磨、过筛、包装

↓

产品

图 11-10 草酸亚铁法制备工艺流程图

扫码查看资源

釜)中，采用水溶液作为反应体系，通过对反应体系加热、加压(或自身蒸气压)，创造一个相对高温、高压的反应环境，使通常难溶或不溶的物质溶解并且重结晶而进行无机合成与材料处理的一种有效方法，属液相化学的范畴。用水热法制备的超细粉末，最小的粒径已经达到了纳米水平。水热法之所以能够引起人们重视，主要是因为其采用低中温液相控制、能耗较低，且适用性广，可以制备纳米粉体、无机功能薄膜、单晶等各种形态的材料；而且原料相对价廉易得、产率高、物相均匀、纯度高、工艺较为简单、不需要高温焙烧处理就可直接得到结晶完好、粒度分布窄的粉体，产物分散性良好，无须研磨，避免了由研磨造成的结构缺陷和引入杂质；合成反应始终在密闭的反应釜中进行，有利于利用那些对人体健康有害的有毒物质体系，尽可能地减少环境污染。

水热反应在合成其他材料方面已有百年的发展历史，但直到 2001 年，Whittingham 小组才将这种方法用于合成 $LiFePO_4$ 正极材料。他们以 $FeSO_4$、H_3PO_4、$LiOH$ 为原料，120 ℃水热反应 5 h 得到浅绿色沉淀，经表征发现得到的是 $LiFePO_4$ 晶相。目前，用水热法制备 $LiFePO_4$ 已应用于工业化生产，图 11-11 为连续水热合成工序图。溶液 1 中含有 Fe^{2+} 和 PO_4^{3-}，溶液 2 中含有 Li^+，经过预热的去离子水，溶液 1、2 在混合器中混合均匀，经过反应器晶化成核，再通过冷却器冷却，最后通过过滤器进入收集器。虽然这种工艺得到的 $LiFePO_4$ 只有 0.45 mol(75 mA·h/g) 的锂离子可以发生可逆脱嵌，但这对于取代传统高温固相法具有指导性意义。

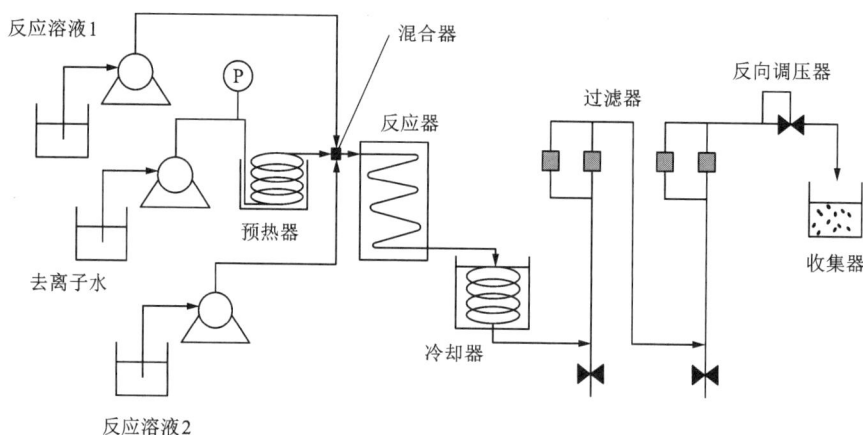

图 11-11　连续水热合成工序图

11.3.3　氧化铁红法

扫码查看资源

　　靳晓景等利用氧化铁红制备电池级磷酸铁产品，不仅扩展了氧化铁红的应用范围，还解决了氧化铁红的过剩产能问题，并且通过对磷酸浓度、反应温度、磷酸用量、搅拌转速及反应时间等反应条件的探索与优化，开发出了氧化铁红一步法制备磷酸铁的合成工艺。

　　氧化铁工艺路线由美国 Valence 最早开发，目前久兆科技、杭州金马能源也采用此工艺。其一般工艺过程：以磷酸二氢锂、铁红和碳源为原料，采用循环式搅拌磨进行混料(也有引入超细砂磨工艺），选用的分散溶剂为水或乙醇，然后进行喷雾干燥（氧化铁红具有较大的表面活性，不宜采用其他接触式干燥设备），干燥后的物料用窑炉（推板炉、辊道窑、回转炉等）进行一次烧结。烧结后的物料进行气流粉碎分级处理，随后根据客户的需要增加包碳融合步骤，最后就是成品包装的环节。

因该法采用两种原料，混料均匀性控制较好，无须考虑铁源在混合、干燥过程中的氧化问题，且高温合成中炉内气氛稳定，增强碳包覆的均匀性，易于控制批次稳定性，一致性好。工艺过程出气量少，成品率高达83%，收率最高。铁红易于制造，成本低廉，不过用于电池级的铁红要严格控制纯度和粒度分布。该工艺主要问题是磷酸二氢锂中的磷酸根和锂不易实现准确的化学计量，而且磷酸二氢锂容易吸水，在使用和保存过程中应十分注意环境湿度的控制。

随堂练习

一、选择题

1. 目前草酸亚铁的工艺路线最为成熟，原料为（　　　）。

A. 草酸亚铁　　　　　B. 碳酸锂　　　　　C. 磷酸二氢锂　　　　　D. 磷酸二氢铵

2. 氧化铁红生产磷酸铁锂工艺路线一般过程为：以（　　　）为原料，采用循环式搅拌磨进行混料（也有引入超细砂磨工艺），选用的分散溶剂为水或酒精，然后进行喷雾干燥（氧化铁红具有较大的表面活性，不宜采用其他接触式干燥设备），干燥后的物料用窑炉（推板炉、辊道窑、回转炉等）进行一次烧结。烧结后的物料进行气流粉碎分级处理，随后的工序根据客户的需要增加包碳融合步骤，然后就是成品包装的环节。

A. 磷酸二氢锂　　　　B. 碳酸锂　　　　　C. 碳源　　　　　D. 铁红

二、判断题

1. 氧化铁红法生产磷酸铁锂采用两种原料，混料均匀性控制较好，无须考虑铁源在混合、干燥过程中的氧化问题。（　　　）

2. 水热法制备磷酸铁锂原料成本低，品质容易控制，颗粒形貌和粒度可控，工艺重复性好。（　　　）

3. 水热法制备磷酸铁锂工艺路线是液相过程，受到原料溶解度的限制，批产量较低。（　　　）

项目十二　生产 NCA

任务一：NCA 的应用

✏️ 学习目标

【素质目标】

1. 促进学生全面发展，增强行业自信；

2. 树立人类命运共同体思想。

【能力目标】

1. 能搜索资料，查找 NCA 材料最新的发展方向；

2. 能表述 NCA 材料的优缺点。

【知识目标】

1. 了解 NCA 材料的应用方向；

2. 理解 NCA 材料的优缺点。

镍钴铝酸锂（NCA）材料是在镍酸锂材料基础上演化而来的，镍酸锂与 $LiCoO_2$ 相似。镍的储量比钴大，且价格便宜。但是镍酸锂合成困难，循环稳定性差，纯相 $LiCoO_2$ 实用性不大。为了得到更加稳定的高镍固溶体材料，除了加入钴外，添加 Al 也可以进一步提高材料的稳定性和安全性，此种材料就是目前非常热门的 NCA 材料。镍钴铝酸锂（NCA）与镍钴锰酸锂（NCM）相似，这两种材料都建立在高镍含量以保证高容量低成本的基础上，通过引入 Co 来降低阳离子混排程度，并与 Ni 共同形成六方晶系 $\alpha-NaFeO_2$ 层状结构。

NCA 材料（典型组成 $LiNi_{0.8}Co_{0.15}Al_{0.05}O_2$）综合了 $LiNiO_2$ 和 $LiCoO_2$ 的优点，不仅可逆比容量高，材料成本较低，同时掺铝（Al）后增强了材料的结构稳定性和安全性，进而提高了材料的循环稳定性，因此 NCA 材料是目前商业化正极材料中研究热门的材料之一。NCA 材料的产业化和普及应用对提高锂离子电池能量密度，扩大锂离子电池产业，促进锂离子电池大型化、高功率化具有十分重大的意义，将使锂离子电池在中大容量 UPS、中大型储能电池、电动工具、电动汽车中的应用成为现实。

NCA 产品主要的应用领域为电动汽车和小型电池，如 AESC 为日产（Leaf）、Panasonic 为美国 Tesla、PEVE 为丰田（Pruisa）等车型提供的动力电池，小型电池主要为电动工具和充电宝使用的圆柱形电池。另外，在特斯拉效应的带动下，国内已有多家企业开始中试和小批量试产，如广州锂宝、当升科技、湖南杉杉新材料有限公司、深圳天骄科技开发有限公司（简称

"深圳天骄")、宁波金和新材料股份有限公司等。其前驱体生产厂家有当升科技、金瑞新材料科技股份有限公司、湖南邦普循环科技有限公司、深圳天骄等。

目前，全球 NCA 市场规模约为 100 亿美元，预计未来几年仍将保持高速增长。这主要是由于电动汽车市场的快速发展以及能源储存市场的增长。电动汽车市场是 NCA 的主要需求方，其占据了 NCA 全球市场需求的 60% 以上。而能源储存市场也将成为未来的增长点，尤其是储能系统的需求日益增长。目前，全球 NCA 市场主要由亚洲企业垄断，例如三星 SDI、LG 化学和宁德时代等。这些企业拥有先进的生产技术和大规模的生产能力，处于行业的领先地位。其他厂家包括美国的特斯拉和 CATL 等。

近年来，我国政府对镍钴铝酸锂行业发展高度重视。2023 年 4 月，工业和信息化部发布《中华人民共和国工业和信息化部公告(2023 年第 7 号)》，文件明确提到行业标准《镍钴铝酸锂》(YS/T 1125—2023)于 2023 年 11 月 1 日正式实施，该标准对镍钴铝酸锂的分类以及检验检测等内容进行了严格规定。预计未来，规范化将成为我国镍钴铝酸锂行业发展主流趋势。

受益于国家政策支持以及本土企业自主研发实力提升，我国锂离子电池行业景气度不断提高。工业和信息化部发布的数据显示，2022 年我国锂离子电池产量达到 750 GW·h，同比增长超过 130%。镍钴铝酸锂属于高镍正极材料，随着下游行业发展速度加快，其市场需求不断增长。

长远锂科、杉杉股份、海南矿业、融通高科先进材料等为我国镍钴铝酸锂代表企业。长远锂科专注于高效锂离子电池正极材料的研发、生产及销售，其参与制定了行业标准《锂离子电池用镍钴铝酸锂(NCA)》(T/CIAPS 0008—2020)。镍钴铝酸锂具有绿色环保、倍率大等优势，作为一种常用锂离子电池正极材料，其市场需求旺盛。近年来，受益于下游行业的快速发展，我国镍钴铝酸锂市场空间不断扩展。未来伴随国家政策支持以及本土企业自主研发实力提升，我国镍钴铝酸锂行业将逐渐往规范化方向发展。

未来几年，NCA 市场将呈现以下几个趋势：

①高能量密度。NCA 具有高能量密度的优势，可以提供更高的续航里程和更好的性能表现。随着电动汽车市场的高速发展，对高能量密度电池的需求将持续增加。

②低成本。降低成本是电动汽车产业的重要目标，NCA 作为一种有竞争力的电池材料，具有低生产成本和高性能的特点，将受到市场的青睐。

③新兴市场。除了传统的电动汽车市场，新兴市场如无人机、电动自行车和能源储存市场也将对 NCA 产生需求，这将为 NCA 行业带来更多的增长机遇。

✎ **随堂练习**

一、单选题

1. NCA 材料的结构为(　　)。

A. α-NaFeO$_2$ 六方层状结构　　　　　　　　B. 尖晶石结构

C. 正交晶系橄榄石结构　　　　　　　　　　D. 六方晶体结构

2. 镍钴铝酸锂(NCA)材料是在镍酸锂材料基础上演化而来的，(　　)与 LiCoO$_2$ 相似。镍的储量比钴大，且价格便宜。

A. 钴酸锂　　　　　　B. 锰酸锂　　　　　　C. 镍酸锂　　　　　　D. 镍钴锰酸锂

二、判断题

1. NCA 材料不仅可逆比容量高，材料成本较低，同时掺铝(Al)后增强了材料的结构稳定性和安全性，进而提高了材料的循环稳定性，因此 NCA 材料是目前商业化正极材料中研究热门的材料之一。（　　）

2. 未来几年，NCA 市场将呈现出高能量密度、低成本、新兴市场等趋势。（　　）

任务二：选择合成方法

✏️ 学习目标

【素质目标】

1. 了解中国在电池材料及电池技术同领先国家的差距，树立技能报国的理念；
2. 从电池材料发展的角度思考科技创新的重要性，树立创新意识。

【能力目标】

1. 能说出 NCA 正极材料制备的主流方法；
2. 能描述锂离子电池 NCA 正极材料主要制备方法的过程及特点。

【知识目标】

1. 了解锂离子电池 NCA 正极材料的主要制备方法；
2. 了解锂离子电池 NCA 正极材料不同制备方法的特点及区别。

锂离子电池正极材料制备中，其原料性能和合成工艺条件都会对最终结构和电化学性能产生影响。因此，人们开发了高温固相法、共沉淀法、喷雾热解法、溶胶-凝胶法、流变相法、熔盐法、微波法和水热法等 10 余种方法来制备镍系正极材料。在 NCA 材料的合成中，常见的合成方法有高温固相法、喷雾热解法、溶胶-凝胶法和共沉淀法。目前合成三元材料的主流方法为：首先采用共沉淀法合成三元前驱体，然后采用高温固相法合成最终产品。也有一些其他方法的报道，例如低热固相法。

12.2.1 高温固相法

高温固相法是一种制备锂离子电池正极材料的传统方法，通常将锂化合物（Li_2O、Li_2O_2、$LiOH \cdot H_2O$、Li_2CO_3、$LiNO_3$ 或 $LiCH_3COO \cdot 2H_2O$ 等）与钴化合物 [Co_3O_4、$CoCO_3$、$Co(OH)_2$、$CoOOH$、$Co(NO_3)_2$ 和 $Co(CH_3COO)_2 \cdot 4H_2O$ 等]、镍化合物 [NiO、$NiCO_3$、$Ni(OH)_2$、$NiOOH$、$Ni(NO_3)_2$ 和 $Ni(CH_3COO)_2 \cdot 4H_2O$ 等]、铝化合物 [Al_2O_3、$Al(NO_3)_3 \cdot 9H_2O$、$Al(OH)_3$ 和 $Al(CH_3COO)_3 \cdot 6H_2O$ 等] 及其他掺杂化合物按一定比例混合均匀，在高温下焙烧以获得所需产物。高温固相法制备工艺流程简单，原料易得，易于工业化生产。但是，该法原料混合均匀性差，焙烧温度高，焙烧时间长；产品中各元素分布不均一，粒度和形貌难以控制；材料电化学容量有限，性能稳定性不好，批次与批次之间质量一致性差。

12.2.2 喷雾热解法

喷雾热解法是将金属氧化物或金属盐按目标产物所需化学计量比配制成前驱体浆料或溶液,经雾化器雾化后,由载气带入高温反应炉中,快速完成溶剂蒸发,使溶质沉淀形成固体颗粒且发生热分解,然后烧结成型的方法。

喷雾热解法可以在非常短的时间内实现热量和质量的快速转移,制备的材料化学计量比精确可控,且具有非聚集、球形形貌、粒径大小可控、分布均匀、颗粒之间化学成分分布均匀等优点,因而在锂离子电池正极材料制备领域具有独特的优势。但喷雾热解法得到的前驱体含有大量酸根离子(如氯离子、硫酸根离子、硝酸根离子),高温烧结合成 NCA 时会产生大量的有毒废气(如氯气、氯化氢气体、二氧化硫气体、二氧化氮气体等),一方面污染环境,另一方面腐蚀设备,因此喷雾热解法没有真正用于生产实践。而采用醋酸盐喷雾热解法,尽管只有二氧化碳气体产生,但醋酸盐价格昂贵,生产成本高,故也没有工业应用价值。

12.2.3 溶胶-凝胶法

溶胶-凝胶法是将金属醇盐或无机盐经溶液、溶胶、凝胶而固化,再经干燥和热处理制备出所需材料的过程。溶胶-凝胶法制备锂离子电池正极材料过程中,具有各组分比例容易控制、化学均匀性好、粒径分布窄、纯度高、反应易控制、合成温度低等优点,但是其原料价格较高、处理周期长,且工业化难度较大。

12.2.4 共沉淀法

共沉淀法在液相化学合成粉体材料中的应用最为广泛,一般是向原料溶液中添加适当的沉淀剂,使溶液中已经混合均匀的各组分按化学计量比共同沉淀出来,或在溶液中先反应沉淀出一种中间产物,再把它煅烧分解,以制备出目标产品。采用该工艺可根据实验条件对产物的粒度、形貌进行调控,产物中有效组分可达到原子、分子级水平的均匀混合,设备简单,操作容易。

共沉淀法制备 $LiNiO_2$ 基正极材料的重点主要在前驱体的合成上,可分为常规共沉淀法和改良型共沉淀法(或控制结晶法)。常规共沉淀法一般是将镍、钴及其他掺杂元素的可溶性盐配制成混合溶液,再往其中滴入碱性沉淀剂,得到无定形的 Ni-Co-M(M 为 Al,Mn 等)氢氧化物前驱体。改良型共沉淀法(或控制结晶法)则是将镍、钴及其他掺杂元素的可溶性盐配制成混合溶液后,以碱性溶液作沉淀剂,氨水或碳酸氢铵等作络合剂,通过控制 pH 合成球形Ni-Co-M 氢氧化物或碳酸盐前驱体;然后将洗涤处理后的前驱体与锂源按一定比例混合均匀,进行高温焙烧制,再得所需产物。

制备镍基正极材料的前驱体常用的方法就是控制结晶法。在 NCA 前驱体的制备过程中,将一定浓度的盐混合溶液(分开或混合)、一定浓度的 NaOH 溶液、络合剂溶液连续加入反应釜中,反应物料在充满反应釜后自然溢流排出。严格控制反应体系的温度、pH、固含量、金属离子浓度、加料速度、搅拌强度、停留时间及流体力学条件,使 $Ni_{0.8-x-y}Co_xAl_y(OH)_2$ 晶体的成核和生长速率保持合适的比例。在此条件下,从溶液中不断析出的 $Ni_{0.8-x-y}Co_xAl_y(OH)_2$ 即可经成核、长大、集聚和融合过程逐渐生长成为具有一定粒度分布的沉淀物料。用容器接收溢流出的反应液,经过洗涤、干燥后得到球形 $Ni_{0.8-x-y}Co_xAl_y(OH)_2$ 前驱体。在镍钴铝前驱体的制备过程中，控制 Al(OH)$_3$ 的单独形核是关键。所以选择络合剂和工艺路线非常重要。

共沉淀法可以精确控制各组分的含量，使不同元素之间实现分子、原子级水平的均匀混合，容易制备出起始设计比例的最终材料。常规共沉淀法制备的材料容易团聚，呈片状或多角形，物理性能不好，实用价值不大。控制结晶法制备的材料，其颗粒大小可控，振实密度高，流动性好，电化学性能稳定，重现性好，深受人们青睐。对于富镍系正极材料而言，球形正极材料具有高堆积密度、高体积比容量的突出优势，将其应用于锂离子电池时，可以显著提高电池的体积能量密度。球形材料被证明有利于降低电池容量的损耗。球状的正极材料相较于不规则的正极材料，其优点有高堆积密度、高体积电容量与高分散性；另外，在表面包覆上也可以更均匀。此外，球状表面有部分孔洞，这可帮助电解液接触球状正极材料内部，有助于锂离子的迁出。而控制结晶法是目前普遍采用的球形前驱体制备方法，因此，控制结晶法成了 NCA 和 NCM 前驱体生产的首选方法。

✎ **随堂练习**

一、单选题

(   )是将金属醇盐或无机盐经溶液、溶胶、凝胶而固化，再经干燥和热处理制备出所需材料的过程。

A.高温固相法　　　　B.喷雾热解法　　　　C.溶胶–凝胶法　　　　D.共沉淀法

二、多选题

1.在 NCA 材料的合成中，常见的合成方法主要有(   )。

A.高温固相法　　　　B.喷雾热解法　　　　C.溶胶–凝胶法　　　　D.共沉淀法

2.(   )制备工艺流程简单，原料易得，易于工业化生产。但是，该法原料混合均匀性差，焙烧温度高，焙烧时间长；产品中各元素分布不均一，粒度和形貌难以控制；材料电化学容量有限，性能稳定性不好，批次与批次之间质量一致性差。

A.高温固相法　　　　B.喷雾热解法　　　　C.溶胶–凝胶法　　　　D.共沉淀法

三、判断题

1.锂离子电池正极材料制备中，其原料性能和合成工艺条件都会对最终结构和电化学性能产生影响。(   )

2.溶胶–凝胶法在液相化学合成粉体材料中应用最为广泛，采用该工艺可根据实验条件对产物的粒度、形貌进行调控，产物中有效组分可达到原子、分子级别的均匀混合，设备简单，操作容易。(   )

任务三：准备原料

学习目标

【素质目标】

1. 要拥有过硬的职业技能，提升自己的核心竞争力；

2. 培养爱岗敬业、精益求精的工匠精神。

【能力目标】

1. 能说出生产 NCA 前驱体所需的原料种类；

2. 能说出 NCA 前驱体生产的工艺流程及关键控制参数。

【知识目标】

1. 掌握生产 NCA 前驱体所需的原料种类以及原料标准；

2. 掌握 NCA 前驱体生产的工艺流程及关键控制参数。

12.3.1 NCA 前驱体生产原料及标准

镍钴铝前驱体可以是镍钴铝的氢氧化物、氧化物或碳酸盐，目前最常用的是氢氧化物前驱体，而制备氢氧化镍钴铝前驱体的主要的原料是硫酸镍、硫酸钴、硫酸铝或硝酸铝。

合成 NCA 前驱体主要采用的铝盐为硫酸铝和硝酸铝。

工业硫酸铝分为固体和液体两类。固体分三种型号，固体Ⅰ型主要用于工业废水和生活污水的处理及造纸、木材防腐等；固体Ⅱ型为低铁产品，用于钛白粉后处理、高档脂的生产和催化剂载体的生产；固体Ⅲ型为高铝低铁的精致产品，固体产品为白色、淡绿色或淡黄色片状或块状液体，工业硫酸铝为浅绿色或浅黄色液体。镍钴铝合成用硫酸铝一般为固体Ⅲ型精制产品。化工标准 HG/T 2225—2018 对硫酸铝的品质要求见表 12-1。

表 12-1　工业硫酸铝化工标准（HG/T 2225—2018）

项目	指标					
	Ⅰ类		Ⅱ类			
	固体	液体	固体		液体	
			一等品	合格品	一等品	合格品
$w(Al_2O_3)/\%$，≥	16.0	7.0	15.8	15.6	6.0	6.0
$w(Fe)/\%$，≤	0.0050	0.0025	0.30	0.50	0.25	0.50
$w(水不溶物)/\%$，≤	0.10	0.05	0.10	0.20	0.05	0.10
pH	≥3.0	2.0~4.0	≥3.0		2.0~4.0	

硝酸铝一般为九水合硝酸铝，分子式为 $Al(NO_3)_3 \cdot 9H_2O$，相对分子质量为 375.13，白色透明晶体，有潮解性，易溶于水、醇，具有强氧化能力。前驱体制备过程中一般采用化学纯硝酸铝。表 12-2 列出了硝酸铝品质要求。

表 12-2　硝酸铝品质要求（T/CSTM 00069—2019）

项目	分析纯	化学纯
$Al(NO_3)_3 \cdot 9H_2O$（质量分数）/%	99.0~101.0	98.0~102.0
澄清度测试	合格	合格
不溶物（质量分数）/%，≤	0.01	0.02
Cl^-（质量分数）/%，≤	0.001	0.005
SO_4^{2-}（质量分数）/%，≤	0.003	0.01
Fe（质量分数）/%，≤	0.002	0.005
Pb 计重金属（质量分数）/%，≤	0.0005	0.002

12.3.2　NCA 前驱体生产工艺流程

NCA 前驱体制备工艺技术难度高，镍钴元素与铝元素的沉淀 pH 差异较大，其溶度积常数（K_{sp}）：氢氧化镍 $Ni(OH)_2$ 为 10^{-16}，氢氧化钴 $Co(OH)_2$ 为 $10^{-14.9}$，氢氧化铝 $Al(OH)_3$ 为 10^{-33}。同时 Al^{3+} 很难与氨水发生络合反应，因此采用常规的共沉淀法，Al^{3+} 极易生成絮状产物，且 $Al(OH)_3$ 为两性氢氧化物，在较高的 pH 下又分解为 AlO_2^-，导致镍钴铝沉淀产物元素分布不均匀，粒度难以长大，松装密度低，同时出现较难处理的杂质。针对 Al^{3+} 易水解的问题，比较常用的方法是铝盐单独配成稳定的络合溶液，以并流加料的形式和镍钴盐溶液、氢氧化钠溶液、氨溶液泵入反应釜进行反应。通过控制温度、pH、氨浓度、固含量、搅拌速度等条件，可制备出振实密度在 1.8~2.0 g/cm³ 的球形镍钴铝前驱体。

NCA 前驱体生产工艺流程如图 12-1 所示。

前驱体合成流程概述为：将金属盐分别溶解成一定浓度的水溶液，并按照一定的配比，调制成一定浓度的混合镍钴盐溶液和铝盐溶液。混合盐溶液、铝盐溶液、碱溶液和氨溶液经过净化处理后，通过计量泵以一定的速度并流加入反应釜中进行连续反应。反应过程中控制合成温度、pH、络合剂浓度等，以获得球形多元前驱体。图 12-2 为某公司合成的球形镍钴铝前驱体的扫描电镜图。合成的前驱体经过陈化处理、洗涤、过滤、干燥、混合、筛分及除铁后，可得到符合锂离子电池材料用的前驱体材料。

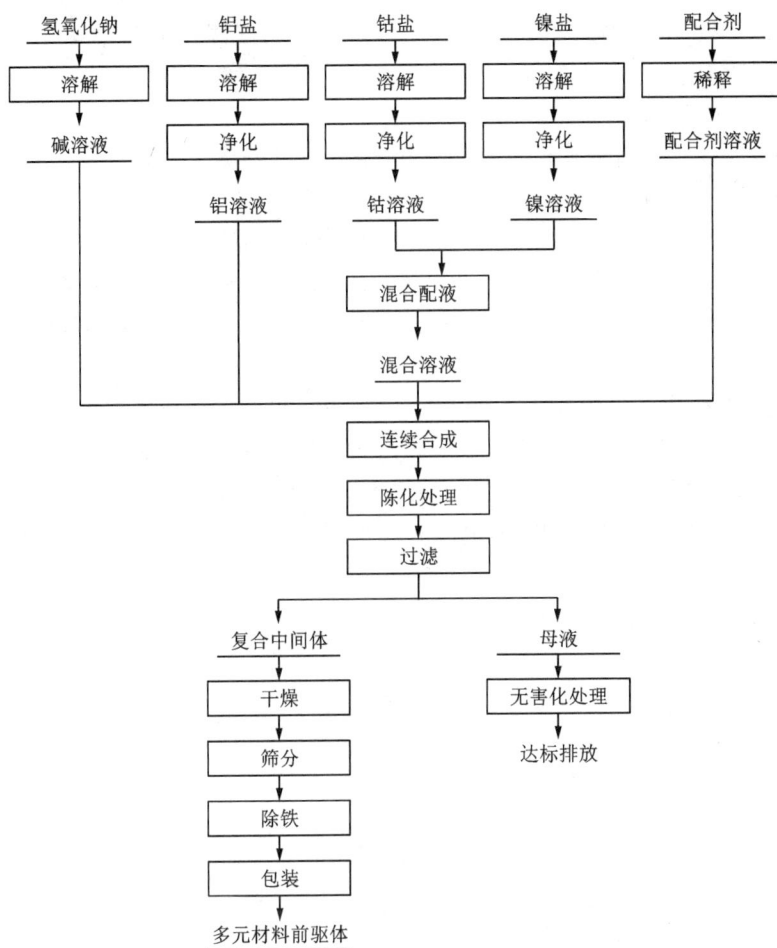

图 12-1 NCA 前驱体生产工艺流程

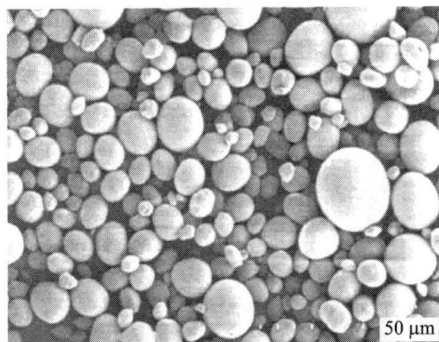

图 12-2 某公司合成的球形镍钴铝前驱体的扫描电镜图

✎ 随堂练习

一、判断题

1.镍钴铝前驱体可以是镍钴铝的氢氧化物、氧化物或碳酸盐，目前最常用的是氢氧化物前驱体。（　　）

2.一般来讲，制备前驱体使用的镍盐可以是硫酸镍、硝酸镍或氯化镍。但是，因为硫酸根离子、氯离子在前期体制的过程中易发生腐蚀反应，腐储槽等不锈钢设备前驱体中带有部分硫酸根离子、氯离子，在烧结工段会释放出有害气体，并且腐蚀窑炉设备，几乎没有厂家用其制备前驱体。（　　）

3.NCA 前驱体制备工艺技术难度一般，采用常规的共沉淀法即可进行制备。（　　）

4.针对铝离子易水解的问题，比较常用的方法是铝盐单独配成稳定的络合溶液，以并流加料的形式和镍钴盐溶液、氢氧化钠溶液、氨溶液泵入反应组进行反应，通过控制温度、pH、氨浓度、固含量、搅拌速度等条件，可制备出振实密度在 $1.8 \sim 2.0$ g/cm³ 的球形 NCA 前驱体。（　　）

二、多选题

制备氢氧化镍钴铝前驱体的最主要的原料是（　　）。

A.硫酸镍　　　　B.硝酸镍　　　　C.硫酸钴　　　　D.氯化镍
E.硝酸铝　　　　F.硝酸钴

任务四：NCA 生产工艺

✎ 学习目标

【素质目标】
1.培养一切行动听指挥，顾全大局，勇挑重担，爱岗敬业的精神；
2.培养奉献精神，努力实现个人价值。

【能力目标】
1.能说出生产 NCA 正极材料所需的原料种类；
2.能说出 NCA 正极材料生产的工艺流程和关键控制参数。

【知识目标】
1.掌握生产 NCA 正极材料所需的原料种类；
2.掌握 NCA 正极材料生产的工艺流程和关键控制参数。

12.4.1　NCA 材料烧结原料及标准

作为高镍材料制备的主要锂源，NCA 烧结对锂盐的要求比较高，主要包括锂含量、粒度分布及杂质含量。国标 GB/T 26008—2020 中对电池级单水氢氧化锂的品质要求和检测方法规定见表2-3。标准中将电池级氢氧化锂分为 $LiOH \cdot H_2O$-Dl、$LiOH$-H_2O-D2、$LiOH \cdot H_2O$-D3 三种规格。

目前，国内市场上的镍钴铝材料并没有明确的国家标准或化工标准出台，表12-3为国内某厂家 NCA 前驱体的产品标准。

表 12-3　国内某厂家 NCA 前驱体的产品标准

项目	结果	项目	结果
Ni(质量分数)/%	50.00	Ca(质量分数)/%	0.0030
Co(质量分数)/%	9.33	SO_4^{2-}(质量分数)/%	0.14
Al(质量分数)/%	0.97	湿度/%	1.42
Zn(质量分数)/%	0.0015	外形	球形
Cd(质量分数)/%	0.0001	松装密度/(g·cm⁻³)	1.42
Fe(质量分数)/%	0.0040	振实密度/(g·cm⁻³)	1.81
Mn(质量分数)/%	0.0040	中粒径 D_{50}/μm	11.64
Cu(质量分数)/%	0.0008	比表面积/(m²·g⁻¹)	25.09
Mg(质量分数)/%	0.0060		

12.4.2　NCA 材料烧结工艺

NCA 生产工艺与 NCM 三元材料生产工艺相似，也经过计量配料、混合、烧结、粉碎分级、合批、除铁、包装等工序，本节着重探讨 NCA 烧结工艺。

由于关键材料及电池技术上的限制，国内外厂商对 NCA 材料的开发和应用，还只局限于少量厂家，目前国内外主要 NCA 生产企业通常采用的技术路线有如下3种，如图12-3所示。

①先制备 $Ni_{1-x}Co_x(OH)_2$，然后在 $Ni_{1-x}Co_x(OH)_2$ 表面包覆 $Al(OH)_3$，最后与 Li 盐混合烧结制备 NCA 正极材料；

②直接采用 Ni、Co、Al 盐共沉淀制备 $Ni_{1-x-y}Co_xAl_y(OH)_2$，然后与 Li 盐混合烧结制备 NCA 正极材料；

③先制备 $Ni_{1-x}Co_x(OH)_2$，然后将 $Ni_{1-x}Co_x(OH)_2$ 与 $Al(OH)_3$、Li 盐一起混合烧结制备 NCA 正极材料。

上述3种路线中，①和③路线 Al 元素在后续烧结或包覆工艺中加入，故 Al 元素分布不均匀，表层 Al 含量偏高，形成惰性层，降低最终产品容量，同时其工艺复杂，增加生产成本。②路线 Al 元素可以均匀分布，产品性能更加优异，生产流程简单、成本低，但前驱体的制备技术难度更大。目前，最主流的技术路线是②，即 $Ni_{1-x-y}Co_xAl_y(OH)_2$ 制备工艺路线，且已进入量产阶段。该方法一般以硫酸盐为原料，通过氢氧化钠和络合剂制成 Ni、Co、Al 共沉淀的前驱体 $Ni_{1-x-y}Co_xAl_y(OH)_2$，再经过滤、洗涤、干燥等手段制成产品。这种工艺的优点在于生产成本低、流程简单，更适于大规模工业化生产。目前特斯拉动力电池的正极材料供应商日

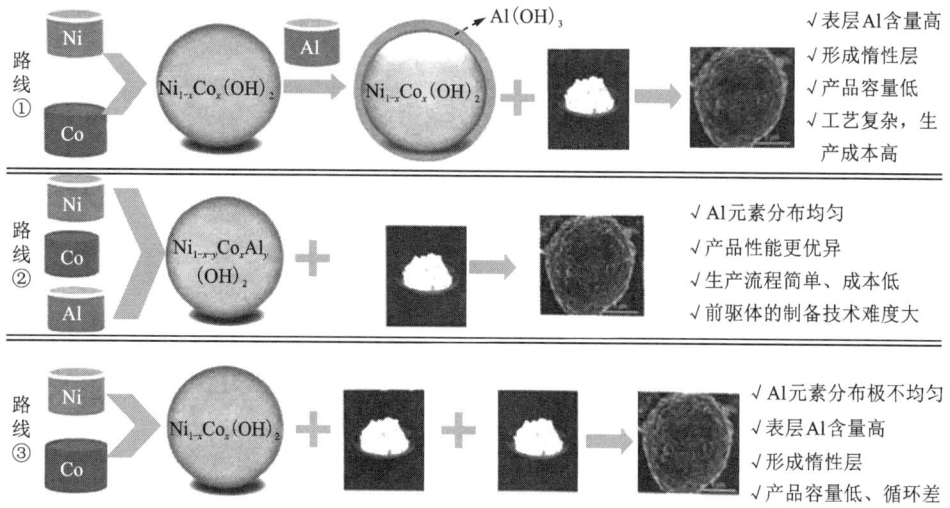

图 12-3　国内外常见的 NCA 生产工艺路线

本住友已完成了 Ni 含量为 85%~88% 的新组分 NCA 的开发，较常规的 Ni 含量为 80%~85% 的 NCA 材料，其能量密度提升了 5%。而韩国企业主要采用的是 $Ni_{1-x}Co_x(OH)_2$ 工艺路线，在火法阶段将 Al 源和 Li 源一起混合烧结制备 NCA 正极材料。国内企业在镍钴铝前驱体材料的技术和装备水平上与国外较为接近，不管是 $Ni_{1-x}Co_x(OH)_2$ 还是 $Ni_{1-x-y}Co_xAl_y(OH)_2$ 组成的前驱体的制备，都已初步具备量产能力，并且已经开始批量供应国际 NCA 材料企业，但主要集中在小型电池应用上，尚未进入车用动力电池领域。

　　NCA 的原料锂源通常采用氢氧化锂，由于 NCA 烧结温度不能太高，一般不超过 800 ℃，采用碳酸锂为原料时，碳酸锂热分解不完全，造成 NCA 表面残留碳酸锂太多，使 NCA 表面碱性太强，对湿度敏感性增强；同时，氢氧化锂的熔点比碳酸锂低，对 NCA 的低温烧结更有利。但由于氢氧化锂挥发性较强，刺激气味较大，所以要求通风良好的生产环境。NCA 的烧结只有在纯氧气气氛下进行，才能保证 Ni^{2+} 氧化成 Ni^{3+}。

　　材料烧结过程包括多种物理化学变化，例如脱水、多相反应、熔融、重结晶等。跟 NCM 三元材料一样，NCA 的烧结也指在一定的温度下使前驱体和锂源发生固相反应，生成最终产物，经过一定时间的煅烧，得到完整晶型的层状结构产品。

　　NCA 通常采用氧气气氛密封连续式辊道窑生产，产品出窑后要迅速转移至相对湿度在 10% 以下的干燥环境下进行破碎、粉碎、分级、合批、包装处理。

12.4.3　镍钴铝酸锂的产品标准

　　目前为止，NCA 材料在国内还未发行国家标准和化工标准，行业内根据所需性能要求对不同类型的 NCA 材料规定了技术指标要求。

　　表 12-4、表 12-5 中列出了不同厂家不同型号 NCA 材料的主要技术指标。

表 12-4　某公司不同类型 NCA 材料主要技术指标

项目		NAT-7150	NAT-9152	NAT-7051	NAT-7050
组分：Ni-Co-Al		0.81-0.15-0.04	0.81-0.15-0.04	0.81-0.15-0.04	0.81-0.15-0.04
应用类型		能量型	能量 & 抗湿度敏感型	能量 & 寿命型	能量型
粉末特性	BET/$(m^2 \cdot g^{-1})$	0.16	0.16	0.47	0.41
	D_{50}/μm	13.7	14	6.2	6.3
	PD/$(g \cdot cm^{-3})$	3.5	3.5	3.4	3.4
	pH	11.5	10.8	11.9	11.6
	LiOH(质量分数)/%	0.49	0.13	0.88	0.64
	Li_2CO_3(质量分数)/%	0.28	0.05	0.3	0.26
电池参数 (3.0~4.3 V, O/C)	首次充电比容量/$(mA \cdot h \cdot g^{-1})$	215	216	213	213
	首次放电比容量/$(mA \cdot h \cdot g^{-1})$	189	188	187	192
	首次效率/$(mA \cdot h \cdot g^{-1})$	88	87	88	90

表 12-5　国内 A、B 厂家 NCA 产品技术指标

项目	A 厂家	B 厂家
D_{10}/μm	5.60	5.94
D_{50}/μm	11.55	11.84
D_{90}/μm	24.83	22.53
D_{max}/μm	32.37	35.68
TD/$(g \cdot cm^{-3})$	2.41	2.42
BET/$(m^2 \cdot g^{-1})$	0.52	0.31
Li_2CO_3/10^{-6}	6500	1120
LiOH/10^{-6}	3300	1610
0.1C 首次充电比容量/$(mA \cdot h \cdot g^{-1})$	218.6	220.9
0.1C 首次放电比容量$(mA \cdot h \cdot g^{-1})$	199.9	204.3
首次效率/%	89.4	92.5

✎ 随堂练习

一、单选题

1. NCA 的原料锂源通常采用(　　)。

A. 六氟磷酸锂　　　　B. 氢氧化锂　　　　C. 碳酸锂　　　　D. 硝酸锂

2. NCA 的烧结需要在(　　)气氛下采用密封连续式辊道窑生产。

A. 纯氧气　　　　B. 氮气　　　　C. 氢气　　　　D. 空气

二、判断题

1. NCA 生产工艺与 NCM 三元材料生产工艺相似，也经过计量配料、混合、烧结、粉碎分级、合批、除铁、包装等工序。（　　　）

2. 作为高镍材料制备的主要锂源，NCA 烧结对锂盐的要求比较高，主要包括锂含量、粒度分布及杂质含量。（　　　）

任务五：NCA 的改性

学习目标

【素质目标】

1. 促进学生全面发展，增强行业自信；

2. 树立人类命运共同体思想，发展日益全球化。

【能力目标】

1. 能搜索资料，分析 NCA 材料缺陷产生的原因；

2. 能分析 NCA 材料的改性方法及今后发展方向。

【知识目标】

1. 了解 NCA 材料热稳定性及储存性能差的主要原因；

2. 知道 NCA 正极材料的改性方法。

$LiNi_xCo_yAl_{1-x-y}O_2(x \approx 0.8)$ 正极材料的实际容量为 $190 \sim 210\ mA \cdot h/g$，比 $LiCoO_2$ 成本低，无环境污染，可与多种电解液相容，是一种很有前途的锂离子电池正极材料。相对于钴系正极材料而言，$LiNi_xCo_yAl_{1-x-y}O_2$ 正极材料因其容量更高、成本更低、无环境污染而被人们看作 $LiCoO_2$ 最有希望的替代者。但是 $LiNi_xCo_yAl_{1-x-y}O_2$ 材料仍然面临 $LiNiO_2$ 基材料存在的热稳定性差和储存性能差等缺陷。其原因主要在于：

①Ni^{2+} 氧化成为 Ni^{3+} 存在较大的能垒，其氧化难以完全，残余的 Ni^{2+} 势必要取代 Ni^{3+} 的 (3b) 位置，使得阳离子电荷降低，为了保持电荷平衡，相应地，部分 Ni^{2+} 要占据 Li^+ 的 (3a) 位置，形成非计量比的 $Li_{1-x}Ni_{1+x}O_2$；

②高温下，锂源的挥发亦促使非化学计量比化合物 $Li_{1-x}Ni_{1+x}O_2$ 的形成；

③高温下，六方相的 $LiNiO_2$ 材料容易发生相变与分解，生成电化学惰性的立方岩盐相；

④在非计量比 $Li_{1-x}Ni_{1+x}O_2$ 中，Ni^{2+} 的半径（$0.070\ nm$）小于 Li^+ 的半径（$0.076\ nm$），且在脱锂过程中被氧化为半径更小的 Ni^{3+}（$0.056\ nm$）或 Ni^{4+}（$0.048\ nm$），导致层间局部结构塌陷，使得 Li^+ 很难再嵌入塌陷的位置，致使材料的容量损失，循环性能下降；

⑤$Li_{1-x}Ni_{1+x}O_2$ 在充电过程中，会经历六方相（H1）→单斜相（M）→六方相（H2）→六方相（H3）的相变，其中 H2→H3 是不可逆的，对材料的电化学性能影响很大；

⑥充电状态下 Ni^{4+} 具有强氧化性，与电解液反应放出热量与氧气，导致材料的热稳定性和安全性能差；

⑦高温焙烧后，残留在材料表面的 LiOH 或 Li_2O 很容易吸收空气中的水分或二氧化碳，而且 Ni^{3+} 容易自发还原成 Ni^{2+}，使得材料的储存性能变差。

富镍 $LiNiO_2$ 基正极材料均不同程度地存在上述缺陷，对此人们提出了各种各样的解决措施，归纳起来主要有两个方面，即体相掺杂改性和表相修饰改性。

12.5.1　体相掺杂改性

基于成本与性能的考虑，$LiNi_{1-x}Co_xO_2$ 固溶体中 Ni 的比例为 70% ~ 90%，其余为 Co 或其他掺杂元素。其他元素的掺入，从不同角度进一步地改善了 $LiNi_{1-x}Co_xO_2$ 固溶体材料的结构特性、提高了其电化学性能和热稳定性，一般根据不同掺杂位可以分为氧位掺杂、3a 位掺杂和 3b 位掺杂。F^- 由于具有更高的电负性，掺入后能够增强材料的二维层状特性，提高材料的结构稳定性，并减弱金属阳离子的混排，从而提高材料的循环性能。

12.5.2　表相修饰改性

NCA 材料是高镍系正极材料中能量密度和稳定性兼顾的材料，是电动汽车应用项目中很具有应用前景的正极材料，然而，NCA 材料在循环过程中表现出快速容量衰减、阻抗增大、稳定性恶化等问题。相关的研究表明，适当的表相修饰及体相掺杂一方面改善了材料电子/离子传输动力学，另一方面抑制了以上负面反应的发生，提高了电池寿命及稳定性。

此外，锂离子电池富镍系 $LiNiO_2$ 基正极材料($LiNi_{1-x-y}Co_xM_yO_2$，$1-x-y \geqslant 0.8$)的储存性能受到了人们的极大关注。研究资料表明，有以下几条改善镍基正极材料储存性能的途径：其一，降低材料中镍的含量，提高钴或其他元素的含量；其二，将镍基正极材料与其他正极材料混合使用；其三，将材料隔绝空气进行储存；其四，在材料表面包覆能除去 LiOH 和 Li_2CO_3 杂质的材料；其五，用水洗涤除去镍基正极材料表面的杂质。

表相修饰改性是另一种提高锂离子电池正极材料性能的有效方法。表相改性层的存在，避免了基体材料与电解液的直接接触，抑制或减少了与 HF 之间副反应的发生，从而提高了基体材料的电化学性能和安全性能。纵观国内外参考文献，用于正极材料表相改性的物质可分为电化学惰性和电化学活性两大类。

(1)电化学惰性物质表相改性

用于锂离子电池 $LiNiO_2$ 基正极材料表相改性的电化学惰性物质主要包括单质、氧化物、氟化物和磷酸盐等。其中，氧化物是研究最多的一类，主要有 Al_2O_3、TiO_2、MgO、SiO_2、La_2O_3 和 CeO_2 等；其次是磷酸盐，包括 $AlPO_4$、$Ni_3(PO_4)_2$、$FePO_4$、$CePO_4$ 和 $SrHPO_4$ 等；此外，还有氟化物(如 AlF_3)和单质(如 C)等。实际上，采用电化学惰性物质对锂离子电池 $LiNiO_2$ 基正极材料进行改性，虽然提高了基体材料的循环性能和安全性能，但是牺牲了基体材料的放电比容量或能量密度。

(2)电化学活性物质表相改性

所谓电化学活性物质表相改性是指一种锂离子电池正极材料或嵌锂化合物对另一种锂离子电池正极材料或嵌锂化合物进行表相改性，以形成包覆型、核壳型或梯度型材料。这些电化学活性物质表相改性材料在保持体相正极材料自身优势性能的同时，吸收了表相材料的优点，已成为近年来的研究热点。

人们对 NCA 的衰减机理、改性方法等进行了较广泛的研究。但是 NCA 目前在国内尚无大规模的应用，主要问题首先在于其在循环过程中尤其是在高温下的容量衰减较大和安全性能不理想。其次，NCA 材料的制备技术难度较大，主要与 Ni 的性质有关，材料中 Ni 为+3 价，合成的前驱体原料为+2 价，Ni^{2+} 很难氧化成 Ni^{3+}，需要在纯氧条件下才能完全转化，由于 Ni 的热力学不稳定性，NCA 的烧结温度不能太低也不能太高，温度太低 Ni^{2+} 难以氧化成 Ni^{3+}，温度太高 Ni^{3+} 又会分解为 Ni^{2+}。再次，因为 NCA 需要纯氧气气氛，对生产设备的密封性要求较高，同时对窑炉设备内部元件的抗氧化性要求很高，生产普通多元材料的窑炉不能满足要求，而国内设备厂商适合高镍正极材料的专业窑炉的设计和制造经验不足，品质可靠性不高。由于 NCA 生产需要纯氧气气氛，纯氧的成本较高，同时 NCA 对湿度敏感性较强，需要将生产环境湿度控制在 10% 以下，加大了生产和管理的成本。最后，高镍材料荷电状态下的热稳定性较差，导致电池的安全性下降，需要从电芯设计、电源系统设计、电源使用等环节进行系统可靠的安全设计，使得电池生产企业和终端产品用户对 NCA 电池的安全性心存顾虑；另外，充放电过程中严重的产气，导致电池鼓胀变形，循环及搁置寿命下降，给电池带来安全隐患，所以通常采用 NCA 正极材料制作 18650 型圆柱电池，以缓解电池鼓胀变形的问题。Tesla Model S 采用与 Panasonic 共同研发的高容量 3.1 A·h NCA 锂离子电池组，由 7000 颗 18650 圆柱电池组成。NCA 材料的表面碱性较高，电极浆料黏度不稳定，容易出现黏度增加，甚至产生果冻现象，导致电池极板制作过程中的涂覆性能较差；NCA 材料对湿度敏感，容易吸潮，并且材料中的 Li_2O 持续与 CO_2 反应，导致材料性能劣化甚至失效，因此在电池生产过程中，电极浆料、极板、卷芯等对水分非常敏感，整个生产环境对湿度的要求比较苛刻，导致设备投入和生产成本较高。因此，国内电池生产厂家正在积极开发 NCA 电池体系，但大多处于跟踪研究和技术探索阶段，距离工业化应用还有一定的差距。

随堂练习

一、多选题

1. 富镍 $LiNiO_2$ 基正极材料均不同程度地存在缺陷，对此，人们提出了各种各样的措施予以解决，归纳起来主要有（　　）。

　　A. 体相掺杂改性　　B. 表相修饰改性　　C. 化学改性　　　　D. 表面包覆

2. 人们对 NCA 的衰减机理、改性方法等进行了较广泛的研究，但是 NCA 目前在国内尚无大规模的应用，主要问题在于（　　）。

　　A. 循环过程中尤其是在高温下的容量衰减较大和安全性能不理想

　　B. NCA 材料的制备技术难度较大

　　C. NCA 需要纯氧气气氛，对生产设备的密封性要求较高

　　D. 高镍材料荷电状态下的热稳定较低，导致电池的安全性下降

二、判断题

1. 降低材料中镍的含量，提高钴或其他元素的含量可以提高镍基正极材料储存性能。（　　）

2. 电化学活性物质表相改性是指一种锂离子电池正极材料或嵌锂化合物对另一种锂离子电池正极材料或嵌锂化合物进行表相改性，以形成包覆型、核壳型或梯度型材料。（　　）

项目十三 生产锰酸锂

任务一：锰酸锂的应用

✎ 学习目标

【素质目标】

1. 培养学生的市场竞争意识；

2. 培养学生的安全生产意识。

【能力目标】

1. 能解释锰酸锂的市场应用方向；

2. 能说出锰酸锂的主要优缺点。

【知识目标】

1. 理解锰酸锂的主要应用市场；

2. 知道锰酸锂的主要优缺点。

13.1.1 初识锰酸锂

锂离子正极材料用锰酸锂一般为尖晶石 $LiMn_2O_4$，一般意义上的锰酸锂还包括层状结构的 $LiMnO_2$ 和 Li_2MnO_3、尖晶石结构的 $Li_4Mn_5O_{12}$ 和 $LiNi_{0.5}Mn_{1.5}O_4$。

13.1.1.1 尖晶石 $LiMn_2O_4$

锂离子正极材料用锰酸锂（$LiMn_2O_4$）属于立方尖晶石结构（$Fd\overline{3}m$），其结构如图 13-1 所示。该结构中，氧原子为面心立方堆积，占据晶格中 32e 的位置，锂原子占据四面体位置，处于 1/8 的四面体晶格 8a 位置，Mn 原子占据八面体空隙位置，处于 1/2 的八面体 16d 位置，其余 7/8 的四面体晶格（8b 及 48f）以及 1/2 的八面体晶格 16c 为全空，故其结构式可以表示为 $Li_{8a}[Mn_2]_{16d}O_4$，空的四面体和八面体通过共边与共面相互连接，形成三维锂离子扩散通道。

在脱锂状态下，有足够的 Mn 存在于每一层中以保持 O 原子理想的立方密堆积状态，构成一个有利于 Li^+ 扩散的 Mn_2O_4 骨架。四面体晶格 8a 和 48f 及八面体晶格 16c 共面而构成互通的三维离子通道，Li^+ 通过 8a—16c—8a 的路径进行嵌入和脱出，$LiMn_2O_4$ 中 Li^+ 的扩散系数为 $10^{-14} \sim 10^{-12}\,m^2/s$。充电时，$Li^+$ 从 8a 位置脱出，Mn^{3+} 氧化为 Mn^{4+}，$LiMn_2O_4$ 的晶格发生各向同性收缩，晶格常数从 8.24 Å 逐渐收缩到 8.05 Å（2.5%），放电则反之，整个过程中尖晶石

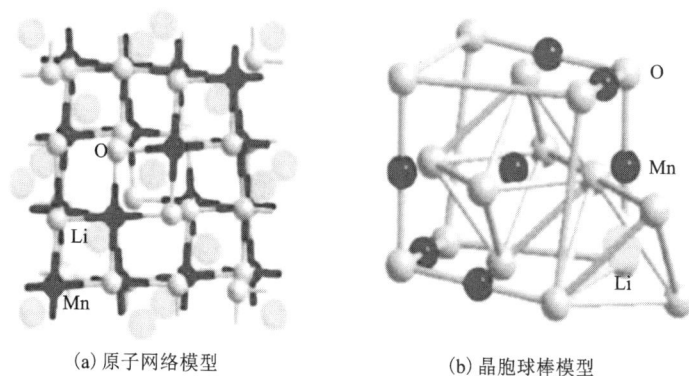

(a) 原子网络模型　　　　　　　　　(b) 晶胞球棒模型

图 13-1　尖晶石结构锰酸锂结构示意图

结构保持立方对称，没有明显的体积膨胀或收缩。

13.1.1.2　层状 LiMnO₂

化合物 $LiMnO_2$ 以两种晶体结构形式存在：单斜 $m-LiMnO_2$ 和正交 $o-LiMnO_2$。单斜 $m-LiMnO_2$ 具有 $\alpha-NaFeO_2$ 型结构，$C/2m$ 空间群。该层状结构为离子脱嵌提供隧道，相对尖晶石结构脱嵌更容易，扩散系数也大，理论容量达 285 mA·h/g，约为尖晶石的 2 倍。但 $m-LiMnO_2$ 为热力学亚稳态结构，在首次充电过程中层状结构会发生向尖晶石相转变的结构变化，从而导致循环容量衰减较快。正交 $o-LiMnO_2$ 具有层状岩盐结构，$Pmnm$ 空间群，在 $o-LiMnO_2$ 中，氧原子呈扭曲的立方密堆排列，锂离子和锰离子占据八面体的空隙形成交替的 $[LiO_6]$ 和 $[MnO_6]$ 褶皱层，阳离子层并不与密堆积氧平面平行。$o-LiMnO_2$ 在脱出后不稳定，由于 Mn^{3+} 发生 Jahn-Teller 效应，使 MnO_6 八面体结构被拉长约 14%，其理论容量也为 285 mA·h/g。

层状 $LiMnO_2$ 的制备方法有很多，如离子交换法、固相合成法、溶胶-凝胶法水热法等。通过掺入少量金属元素，可以抑制晶体结构的畸变效应，理顺多维空间隧道结构，为锂离子迁移提供良好的脱嵌平台。在层状 $LiMnO_2$ 中掺入金属元素后，晶格结构上会发生阳离子位置序列的重排，抑制了 Mn^{3+} 的 Jahn-Teller 畸变效应，稳定了材料的结构，从而提高了材料的电化学性能。

13.1.1.3　层状 Li₂MnO₃

Li_2MnO_3 也可表示为 $Li[Li_{1/3}Mn_{2/3}]O_2$，与 $LiCoO_2$ 都是理想的层状结构材料，它是由单独的锂层，1/3 锂与 2/3 锰混合层和氧层构成。当 Li 从层状结构 $Li[Li_{1/3}Mn_{2/3}]O_2$ 晶格中脱出时，Mn^{4+} 不能被氧化成高于 +4 价的氧化态，因此 $Li[Li_{1/3}Mn_{2/3}]O_2$ 是非电化学活性材料。使用酸处理的方式，可以将 Li_2MnO_3 中的 Li_2O 移出，或者将 Li_2MnO_3 转变为 $LiMn_2O_4$。

近年来，一些研究者尝试着以 Li_2MnO_3 和 $LiMO_2$（M = Cr、Ni、Co）合成层状固溶体体系，从而研究该系列的合成、结构及电化学性能。虽然 $LiMO_2$ 在电化学过程中为非活性物质，但其可以稳定固溶体体系的结构。

13.1.1.4　尖晶石结构 Li₄Mn₅O₁₂

$Li_4Mn_5O_{12}$ 为化学计量的尖晶石结构，其中 Mn 的价态为 +4 价，因此 Li 不能够从中脱出，但是在3V电压平台可以进行锂离子的嵌入,因此可以作为3V锂二次电池的正极材料。$Li_4Mn_5O_{12}$的理论容量为163 mA·h/g,实际容量为130~140 mA·h/g。$Li_4Mn_5O_{12}$中Mn为+4价,氧化性较强,合成时热处理温度宜在500℃左右,过高易发生歧化分解,反应产生部分Mn^{3+}。

如同尖晶石$LiMn_2O_4$一样,也可以通过掺杂来提高电化学性能。例如,Co掺杂尖晶石$Li_{4-x}Mn_{5-2x}Co_{3x}O_2(0 \leq x \leq 1)$中,$x=0.25$时具有最佳效果,在25 mA/g电流密度下的可逆容量为150 mA·h/g,而且没有明显的容量衰减。其中掺杂Co位于四面体8a位置,对应将Li换到16d位置,从而防止充放电过程中离子无序度的增加。

13.1.1.5　尖晶石结构5V正极材料

5V正极材料是相对于前面所说的放电平台为3V及4V附近的材料而言的,其放电平台在5V左右。目前发现的5V材料主要有两种:尖晶石结构的$LiM_xMn_{2-x}O_4$和反尖晶石结构的$V[LiM]O_4$(M为Ni,Co)。对于尖晶石结构的$LiM_xMn_{2-x}O_4$(M=Ni,Co,Cr,Fe,Cu,V等)体系而言,4V区域的电压平台对应的是Mn^{3+}/Mn^{4+}电对的氧化还原过程,而4.5V以上的电压平台对应的是过渡金属电对的氧化还原过程。而$LiM_xMn_{2-x}O_4$材料的容量和平台取决于掺杂过渡金属M的种类和含量x。表13-1列出了尖晶石$LiMn_2O_4$不同掺杂元素在5V区域对应的氧化还原电位。

表13-1　尖晶石$LiMn_2O_4$不同掺杂元素后在5V区的氧化还原电位

组成	$LiNi_xMn_{2-x}O_4$	$LiVMnO_4$	$LiCrMn_{2-x}O_4$	$LiCu_xMn_{2-x}O_4$	$LiCoMnO_4$	$LiFe_xMn_{2-x}O_4$
电位/V	4.7	4.8	4.8	4.9	>5.0	4.9

比较几种5V正极材料,发现只有$LiM_{0.5}Mn_{1.5}O_4$具有较好的稳定性能,$LiCr_{0.5}Mn_{1.5}O_4$在循环过程中容量衰减非常快,$LiCo_{0.5}Mn_{1.5}O_4$循环后放电电压从5.0V下降至4.8V,$LiFe_{0.5}Mn_{1.5}O_4$在4.0V和4.8V处的实际容量与理论容量有很大的差距。$LiNi_{0.5}Mn_{1.5}O_4$的实际首次放电容量在140 mA·h/g左右,接近理论容量,充放电平台在4.7V左右,对应Ni^{2+}/Ni^{4+}的氧化还原过程,4.0V左右没有平台,即Mn不发生氧化还原反应,充放电50次后容量保持率在96%以上。此外,$LiNi_{0.5}Mn_{1.5}O_4$合成简单,因此成为目前研究较多的5V正极材料之一。

5V正极材料从能量密度的角度而言很有吸引力,但是它们会带来严重的安全问题:在高电压下电解质易发生氧化,电池体系会遭到破坏。更为严重的是,金属3d价带与氧的2p价带在Mn的较高氧化态下发生重叠,从而易发生失氧反应,产生安全问题。此外,5V高压电解质、锂离子的扩散和迁移机理、极化和容量衰减等方面也需要进行进一步研究。

13.1.2　锰酸锂的应用

我国已成为电池行业最大的生产国和消费国。近年来,我国在电池应用领域发生了翻天覆地的变化,从20世纪60年代的手电筒到20世纪70年代的半导体收音机,从20世纪80年代的小家电到20世纪90年代的通信和电脑,锰酸锂的应用已经迅速扩展到21世纪的电力、交通等新能源领域,成为高科技产业之一,其应用及市场前景十分广阔。锂离子电池的市场,随着镉镍电池市场的逐渐萎缩,手机、数码相机和游戏机对电池的需求,以及3G移动电话服务推出，再加上手提电脑、数码相机及其他个人数码电子设备日渐普及，在未来几年仍将保持快速增长，其市场潜力将更庞大。锰酸锂锂离子电池因具有价格低、电位高、环境友好、安全性能高等优点而备受欢迎，其主要应用领域有：

①便携式电子设备，如笔记本电脑、摄像机、照相机、游戏机、小型医疗设备等。

②通信设备，如手机、无绳电话、卫星通信、对讲机等。我国移动通信业的高速增长有目共睹，尤其是手机市场的爆炸式增长，使得以锂离子电池为主流的手机电池越来越多地受到业内各方的关注。手机电池是消耗品，其保用循环寿命为 300~500 次，比手机使用寿命短许多。因此，手机电池的市场不但是巨大的，而且是既长期又稳定，极具持久力和潜力的。

③军事设备，如导弹点火系统、大炮发射设备、潜艇、鱼雷等。在国防军事领域，锂离子电池的应用覆盖了陆地(单兵系统、陆军战车、军用通信设备)、海洋(潜艇、水下机器人)以及太空(卫星、飞船)等领域，成为现代和未来军事装备不可缺少的重要能源。

④交通设备，如电动汽车、摩托车、自行车、小型休闲车等。锂离子电池产业向动力型电源领域迅速发展，成为电动车的主导型产业。电动汽车中的锂离子电池的使用率正在明显上升，2022 年，锂电在新能源汽车领域以及风光储能、通信储能、家用储能等储能领域迅速兴起，并迎来增长窗口期，2022 年全国新能源汽车动力电池装车量约 295 GW·h。

⑤装配荷载平衡和不间断电源。与太阳能、风能发电等配套开发，能提高新能源使用率，储存多余电力在高峰时段使用，这使新能源的综合开发更加完善。

经过多年政策鼓励，我国锂电池产业快速发展，目前中国已成为全球主要的锂电池产地之一。

近年来，各国政府纷纷加大对新能源汽车的支持力度，国家发展改革委、科技部也都出台了新能源汽车规划，这对于锰酸锂动力电池来说无疑是一个很好的发展机遇和挑战。锰酸锂动力电池在成本和安全性能方面有很大的优势，其高温循环性能是拟解决的关键问题之一。除了对锰酸锂材料本身进行优化外，在电解液等方面都有一些配套的工作需要改进，相信通过不断改性及采用一些先进的合成方法，锰酸锂的电化学性能可以在一定程度上得到提高，其高温循环性能问题可以得到很好的解决。锰酸锂成为动力电池正极材料的发展趋势可以说是不可阻挡的，锂离子动力电池的发展必将上一个新台阶。

随堂练习

一、单选题

锂离子正极材料用锰酸锂结构一般为(　　)。

A. 层状结构
B. 尖晶石结构
C. 正交晶系橄榄石型结构
D. 六方晶体结构

二、多选题

1. 锰酸锂锂离子电池具有(　　)特点，在诸多领域应用广泛。

A. 价格低　　　B. 电位高　　　C. 环境友好　　　D. 安全性能高

2. 锰酸锂高温下(55℃以上)比容量衰减较大的原因主要是(　　)。

A. Mn 溶解　　　　B. 电解液分解　　　C. Jahn-Teller 效应

D. 氧缺陷　　　　　E. 两相共存

3. 锰酸锂锂离子电池的主要应用领域有(　　　)。

A. 便携式电子设备　B. 交通设备　　　　C. 军事设备　　　　D. 通信设备

E. 装配荷载平衡和不间断电源

任务二：锰酸锂制备方法的选择

✎ 学习目标

【素质目标】

1. 培养学生的生产整体意识；

2. 培养学生的产品质量意识。

【能力目标】

1. 能说出锰酸锂正极材料制备的主要方法；

2. 能描述锂离子电池正极材料主要制备方法的过程及特点。

【知识目标】

1. 了解锂离子电池正极材料的主要制备方法；

2. 了解锂离子电池正极材料不同制备方法的特点及区别。

目前，人们已采用各种常规和非常规方法成功合成了尖晶石锰酸锂($LiMn_2O_4$)正极材料。根据尖晶石锰酸锂的制备过程，可以将锰酸锂的制备方法大体分为固相法和软化学法。

13.2.1　固相法

①高温固相法。高温固相法是将锂化合物($LiOH$、Li_2CO_3 或 $LiNO_3$)与锰化合物(EMD、CMD、硝酸锰、醋酸锰等)按一定比例混合均匀，在高温下煅烧，进行固相反应合成。该法是锂离子电池正极材料制备的常用方法，其合成过程简单，易于工业化生产；但其反应温度较高，一般在 750~800 ℃；反应时间较长，煅烧时间为 20 h 左右；存在产物颗粒较大、不均匀等现象。为了保证混合的均一，一般还需进行多次研磨和烧结工艺，可借助机械力的作用使颗粒破碎，使反应物质晶格产生各种缺陷(位错、空位、晶格畸变等)，增加反应界面和反应活性点，促进固相反应的顺利进行。合成中锂源和锰源的性质、形貌以及合成温度等条件对材料的电化学性能影响较大。

②微波法。微波法是将微波直接作用于原材料转化为热能，从材料内部开始对其进行加热，实现快速升温，大大缩短了合成时间。该法易于实现工业化生产，但产物形貌通常较差，产物的物相受微波加热功率和加热时间影响很大。

③熔盐浸渍法。熔盐浸渍法利用锂盐熔点较低的特点，先将反应混合物在锂盐熔点处加热几小时，使锂盐渗入到锰盐材料的孔隙中，极大地增加了反应物间的接触面积，提高了反应速率，可在较低的温度和较短的时间得到均匀性较好的产物。实验证明，该法制备的材料

电化学性能十分优异，但是由于操作繁杂、条件较为苛刻，因而不利于产业化。

④低热固相法。低热固相法是在室温或近室温的条件下先制备出可在较低温度下分解的固相金属配合物，然后将固相金属配合物在一定温度下进行热分解，得到最终产物。该法的特点是制备前驱体时不需要水或其他溶剂作介质，具有高温固相反应操作简便的优点，同时具有合成温度低、反应时间短的优点。

13.2.2 软化学法

为了克服传统高温固相反应烧结温度高、时间长及掺杂相在产品中分布不均匀的缺点，软化学法引起了研究者的广泛关注。软化学法可以使原料达到分子级混合，降低反应温度和减少反应时间，主要包括溶胶-凝胶法、共沉淀法、水热法、燃烧法、离子交换法、喷雾热解法、化学气相沉积法、磁控溅射法、乳胶干燥法、模板法和微乳法等。

①溶胶-凝胶法。基于金属离子与有机酸能形成螯合物，把锰离子和锂离子同时螯合在大分子上，再进一步酯化形成均相固态高聚物前驱体，然后烧结前驱体制得锰酸锂。该法比高温固相法合成温度低，反应时间短，产物颗粒均匀，但原料价格较贵，合成工艺相对复杂，不宜工业化生产。

②共沉淀法。将两种或两种以上的化合物溶解后加入过量沉淀剂，使各组分溶质尽量按比例同时沉淀，然后用焙烧干燥后的共沉淀物来制备材料。该法混合均匀，合成温度低，生成物质的颗粒小，过程简单，易于大规模生产，目前该法多用于 $Li[Ni_{1/3}Co_{1/3}Mn_{1/3}]O_2$ 的研究，且已逐渐趋于成熟。但由于各组分的沉淀速度和溶度积存在差异，不可避免地会出现组成的偏离和均匀性的部分丧失等情况。另外，沉淀物中混入的杂质还需反复洗涤以除去。

③喷雾热解法。直接用 Li^+ 和锰离子合成，不需添加其他试剂和附加的合成过程。其过程是将原料溶于去离子水中，在 0.2 MPa 大气压下，通过喷射器进行雾化形成前驱体，然后进行干化（进口温度为 220 ℃，出口温度为 110 ℃），最后煅烧制得材料。

④微乳法。利用两种互不相溶的溶剂在表面活性剂的作用下形成均匀的微乳液，从微乳液液滴中析出固体，这样可使成核、生长、聚结、团聚等过程局限在一个微小的球形液滴内，从而形成球形颗粒，又避免颗粒之间进一步团聚。该法具有粒度分布较窄且容易控制等特点。

⑤燃烧法。直接将溶液燃烧合成。Fey 等将 $LiNO_3$ 与 $Mn(NO_3)_2$ 以适当比例与 NH_4NO_3 混合，采用乌洛托品（环六亚甲基四胺，HMTA）作为助燃剂，500 ℃加热 15 min 后，得到黑色粉末，再在不同温度下保温得到尖晶 $LiMn_2O_4$ 样品。样品颗粒大小为 30 nm 左右，比表面积为 1.28 m^2/g，初始放电容量为 120 mA·h/g，循环 200 次后衰减率为 20%。

⑥水热法。通过高温（通常是 100~350 ℃）高压条件，在水溶液或水蒸气等流体中进行化学反应制备材料，该法在电池正极材料制备方面的应用已经有较多报道。Kang 等将含锂化合物溶于一种含氧化剂和沉淀剂的混合溶液中，然后在强力搅拌下，将上述混合溶液加入到一种含锰的化合物溶液中，使其发生原位氧化还原反应，制得前驱体，然后将其转入内衬聚四氟乙烯的不锈钢高压釜中，在 120~260 ℃和自生压力下进行水热晶化 6~72 h。水热样品在 400~850 ℃热处理 2~48 h，即得 $Li_xMn_{2-y}M_yO_4$ 产品。

⑦离子交换法。锰氧化物对锂离子有较强的选择性和较强的亲和力，可通过固体锰氧化物中阳离子与锂盐溶液中锂离子发生交换反应制备锰酸锂。离子交换法制备过程复杂，消耗

大量的锂，容易引入杂质，不适合工业化生产。

⑧模板法。以有机分子或其自组装的体系为模板剂，通过离子键、氢键和范德华力等作用力，在溶剂存在的条件下使模板剂对游离状态下的无机或有机前驱体进行引导，从而生成具有特定结构的粒子或薄膜。其优点是可以利用模板的空间限域和调控作用，控制合成材料的粒径、形貌和结构等性质。

随堂练习

一、单选题

1.（　　）是锂离子电池正极材料制备的常用方法，其合成过程简单，易于工业化生产。
A.高温固相法　　　B.喷雾热解法　　　C.溶胶–凝胶法　　　D.共沉淀法
2.根据尖晶石锰酸锂的制备过程，可以将锰酸锂的制备方法大体分为固相法和（　　）。
A.喷雾热解法　　　B.软化学法　　　C.溶胶–凝胶法　　　D.共沉淀法

二、判断题

1.将两种或两种以上的化合物溶解后加入过量沉淀剂，使各组分溶质尽量按比例同时沉淀出来，然后用焙烧干燥后的共沉淀物来制备材料，这种方法叫共沉淀法。（　　）
2.软化学法可以使原料达到分子级混合，降低反应温度和反应时间。（　　）

任务三：锰酸锂的生产

学习目标

【素质目标】
1.培养学生精益求精的意识；
2.培养学生的产品质量意识。
【能力目标】
1.能解释锰酸锂的生产工艺流程和工序的关键点；
2.能利用锰酸锂的产品标准。
【知识目标】
1.掌握锰酸锂的生产工艺流程和工序的关键点；
2.理解锰酸锂的产品标准。

13.3.1　准备原料

合成锰酸锂的主要原料中，锂的化合物主要有 $LiOH$、Li_2CO_3、$LiNO_3$ 等，锰的化合物主要有 MnO_2、Mn_3O_4、$MnCO_3$、$Mn(NO_3)_2$ 等。不同合成条件下锂锰氧正极材料的容量见表 13–2。

表 13-2　不同合成条件下锂锰氧正极材料的容量

化学式	电压范围/V	循环容量/(mA·h·g^{-1})	合成条件
$LiMn_2O_4$	3.5~4.5	113	$LiOH+\gamma-MnO_2$，650 ℃，空气
$LiMn_2O_4$	3.5~4.5	110	$Li_2CO_3+MnO_2$，800 ℃，空气
$LiMn_2O_4$	3.5~4.5	120	$Li_2CO_3+MnO_2$，750 ℃，空气
$LiMn_2O_4$	3.0~4.3	125	$LiNO_3+CMD$，750 ℃，空气
$LiMn_2O_4$	3.5~4.5	125	$LiNO_3+EMD$，650 ℃，氮气
$LiMn_2O_4$	3.5~4.5	127	$LiNO_3+CMD$，650 ℃，氮气

表 13-2 为不同研究者用不同方法合成锂锰氧正极材料的放电性能。由表可知，不同的原料，在不同的条件下合成的锂锰氧的循环容量有较大的差别。实际上，锰化合物具有结构和性质多样性，即使是同一类型的锰化合物，其稳定性、晶体结构、化学组成、杂质含量、颗粒大小、形貌、比表面积及粒度分布等的差异对最终产品锰酸锂的物理和化学性质都有很大的影响。对此，人们也开展了积极的研究，以期通过锰前驱体的优化提高尖晶石锰酸锂的性能。

13.3.1.1　锂源

就锂源而言，虽然硝酸锂合成的锂锰氧具有较优异的循环容量，但 $LiNO_3$ 在分解的时候，分解产物中含有大量的有毒气体 NO_2，对环境造成较大污染。而且 $LiNO_3$ 中含有结晶水，其含量不稳定，极易随环境改变，因此在配料时对原料的配比难以掌握，所以硝酸锂在大规模工业生产锰酸锂时不宜用作锂源。而氢氧化锂和碳酸锂比较，对锂锰氧材料的循环容量影响不大，但碳酸锂不含结晶水，性能比较稳定，容易精确控制原料的配比，得到符合化学组成的锂锰氧材料。而且，碳酸锂可以根据要求预粉碎到所需要的颗粒直径，易实现材料的均匀混合，同时碳酸锂分解时，仅有少量的二氧化碳气体产生，不会对环境构成污染，因此从大规模工业生产出发考虑，碳酸锂是比较合适的锂源材料。

13.3.1.2　锰源

实际上，锰化合物具有结构和性质多样性，即使是同一类型的锰化合物，其稳定性、晶体结构、化学组成、杂质含量、颗粒大小、形貌、比表面积及粒度分布等的差异对最终产品锰酸锂的物理和化学性质都有很大的影响。对此，人们也开展了积极的研究，以期通过锰前驱体的优化改善尖晶石锰酸锂的性能。

(1)电解二氧化锰

二氧化锰原料易得，本身也具有电化学活性，在碱锰电池方面已经有很成熟的应用，很自然成为高温固相合成锰酸锂的首选材料。但在碱性电池中，二氧化锰的电化学活性与质子的嵌入有关；而在用于锂离子电池正极材料锰酸锂的制备时，则主要是期望其有利于锂离子嵌脱。

二氧化锰的组成和晶体结构多种多样，存在 5 种主晶和 30 余种次晶。其基本结构单元是由 1 个锰原子与 6 个氧原子配位形成的六方密堆积结构和立方密堆积结构。二氧化锰按照结构的不同大体上可分为 3 大类，即一维隧道结构、二维层状结构和三维网状结构。在众多的二氧化锰同素异形体中，一般选用 $\gamma\text{-}MnO_2$ 来制备尖晶石锰酸锂，表 13-3 总结了几种常见二氧化锰的结构特征及主要性质。

表 13-3 几种常见二氧化锰的结构特征及主要性能

项目	化合物	晶系	结构特征	性质
一维隧道结构	$\alpha\text{-}MnO_2$ 类	单斜/四方	$T[1\times1]/T[2\times2]$	大隧道结构有利于吸附
	$\beta\text{-}MnO_2$	四方	$T[1\times1]$	结构稳定，但小隧道不利于嵌锂
	$R\text{-}MnO_2$	正交	$T[1\times2]$	热力学上不稳定
	$\gamma\text{-}MnO_2$	六方	$T[1\times1]/T[1\times2]$	晶体缺陷多，有利于嵌钾
	$\varepsilon\text{-}MnO_2$	六方	$T[1\times1]/T[1\times2]$	晶体缺陷多，无序度大，易于转变为尖晶石结构
	$\gamma\text{-}MnOOH$	正交	与 $\beta\text{-}MnO_2$ 接近	制备的尖晶石锰酸钾由立方和四方晶系结构混合组成
二维层状结构	$\delta\text{-}MnO_2$ 类	正交/六方/菱形	$T[1\times1]$ 二维无限片层隧道互联的三维网络	热稳定性差
三维网状结构	$\lambda\text{-}MnO_2$	立方		由 $LiMn_2O_4$ 制得

就颗粒形貌而言，电解二氧化锰为参差不齐的尖锐棱角颗粒，而化学二氧化锰一般呈现出"云状"粒，化学二氧化锰平均粒径比电解二氧化锰小，比表面积比电解二氧化锰大，内部孔隙率也比电解二氧化锰大。目前用于电池方面的锰氧化物多数采用 EMD。实际上，目前商品化的电解二氧化锰和化学二氧化锰通常形貌不规则、密度低、比表面积大，不适于直接制备高性能锰酸锂。因此，很多研究致力于如何制备得到高密度、低比表面积、形貌规整的二氧化锰，或对现有的 EMD 或 CMD 进行改性研究，以期得到有利于锂离子嵌脱的锰前驱体。

电解条件对 EMD 的晶体结构有很大的影响，在远离平衡条件下，如高电流密度时可得到 $\varepsilon\text{-}MnO_2$。$\varepsilon\text{-}MnO_2$ 与 $\gamma\text{-}MnO_2$ 结构相似但不相同，$\varepsilon\text{-}MnO_2$ 中原子高度无序分布在六方密堆积氧原子的八面体空隙中，隧道形状不规则。这种晶体的缺陷、晶格点的高度无序，故被认为更容易转变为尖晶石结构。

除了 EMD 的主要化学组成外，EMD 的钠、锂等杂质含量也逐步引起人们的重视，众多研究发现电解后 EMD 的中和洗涤步骤对最终产品锰酸锂的性能也有很大的影响。

日本三井金属矿业和松下电器对电解二氧化锰的中和条件做了研究，认为将粉碎的 $EMD(5\sim30\ \mu m)$ 在一定的条件下用氢氧化钠或碳酸钠中和，其中少量的残留钠对制备的尖晶石锰酸锂的循环性能有积极影响，中和的 pH 越高，在高温下锰的溶解量就越少，但初始放电容量也会降低，优选的 pH 为 2~4。进一步研究发现，用氢氧化锂、碳酸锂或氢氧化锂来中和粉碎的 EMD，再与材料混合烧结，得到的锰酸锂在高温下的保存性能和循环性能都有较大的提高。

杜拉寒尔公司先将 EMD 用硫酸洗涤，除去其中夹杂的痕量钠离子或其他可离子交换的阳离子，再漂洗，并向悬浮液中加入氢氧化锂直至 pH 为 7~11，形成化学计量式 Li_xMnO_2（0.015>r>0.070）预锂化的二氧化，随后干燥并热处理使其转变为 $LiMn_2O_3$。最后与碳酸锂混合烧，得到化学计量式为 $LiMn_2O_{4+\delta}$ 的尖晶石锰酸锂。据推测，预锂化过程至少构成了一部分尖晶石晶体结构的晶格骨架，使得生成的尖晶石锰酸锂的晶体结构具有较少裂纹，从而提高了其电化学性能。

（2）化学二氧化锰

CMD 的合成方法有碳酸锰热解法、硝酸锰热解法、硫酸锰碱式氧化法和高锰酸锂还原法等。不同方法合成的 CMD 的结构、化学组成和杂质含量都不同，而这些因素对锂锰氧化物的性能同样具有重大的影响。国内外化学二氧化锰主要采用碳酸锰热解法制备，全世界生产 CMD 最大的比利时 Sedema 公司采用的就是碳酸锰热解法。我国几十年来对碳酸锰热解等制备方法进行过比较系统的研究，但一直没有工业化生产，主要原因是产品密度低，电化学性能不好。传统 CMD 密度低，比表面积大，掺锂后得到的锰酸锂产品也继承此特点，造成电极片制片困难，并且电池的体积比能量低。因此，制备高密度 CMD 成为研究重点。

二氧化锰纳米晶一直是研究的热点。众多研究表明，二氧化锰的结构多样性决定了其性质的多样性，并且同样晶体结构的二氧化锰的性质也会与其形貌、粒度、密度、化学组成、杂质含量等因素有关。目前 EMD 的市场份额较大，但是生产成本高、能耗大，且杂质含量较高，用于制备高性能锰酸锂还需要进一步改性；CMD 是将来重点发展的方向，目前主要研究了晶体结构、密度、粒径、形貌等对锰酸锂的制备和性能的影响，其中二氧化锰纳米晶或胶体作锰前驱体，反应活性高，在制备纳米锰酸锂时具有独特的优势。

（3）四氧化三锰

锂离子电池正极材料的电化学性能与前驱体的纯度、颗粒大小、形貌息息相关。为提高 $LiMn_2O_4$ 的循环性能，很多研究转向以 Mn_3O_4、$MnCO_3$、Mn_2O_3、MnO_x、$MnOOH$ 等为锰源。四氧化三锰是一种黑色四方结晶，别名辉锰、黑锰矿、活性氧化锰，经灼烧成结晶，属于尖晶石类，离子结构为 $Mn^{2+}(Mn^{3+})_2O_4$ 氧离子为立方紧密堆积，Mn^{2+} 和 Mn^{3+} 分别占据四面体和八面体空隙，由于 Mn_3O_4 和 $LiMn_2O_4$ 同为尖晶石结构，因此以其源制备 $LiMn_2O_4$ 过程中结构上变化相对较小，引起的内应力更小，材料结构更加稳定，容量和循环性能相比其他锰源都有所提高，由 Mn_3O_4 制备 $LiMn_2O_4$ 正逐步成为研究热点。但目前商品化的 Mn_3O_4 主要应用于磁性材料行业，对于锂离子电池正极材料而言，此种 Mn_3O_4 存在铁含量高、粒度小、比表面积大、振实密度小、形貌不规则等缺点，因而研发适应于锂离子电池正极材料酸锂专用的 Mn_3O_4 成为急需解决的问题。

13.3.2　生产锰酸锂

目前，规模生产锂离子电池正极材料锂锰氧的最普遍的方法是高温固相法，即将分别含锂和锰的两种固体原料均匀混合后在一定温度和时间内煅烧制成。研究表明，高温固相合成锂锰氧尖晶石的适宜合成温度为 650～850 ℃，最佳合成温度为 750 ℃。当热处理温度高于 780 ℃时，锂锰氧开始失氧，而且随着淬火温度的升高和冷却速度加快，缺氧现象越来越严重。在 840 ℃的空气中，$LiMn_2O_4$ 可由立方相变为四方相。

13.3.2.1　锰酸锂生产工艺流程

中南大学胡国荣教授课题组系统研究了高温固相法合成锂锰氧尖晶石材料的合成条件，并进行了规模生产锂锰氧材料的研究，解决了规模生产锂锰氧正极材料的一些关键因素，包括原料选择及原料的预处理、设备的选型、工艺条件的优化等。其工艺流程如图 13-2 所示，所生产的批量产品放电比容量达到 125 mA·h/g，循环 500 次后，容量衰减小于 15%，同时具有比较优良的高温性能。

（1）配料

将原料二氧化锰和碳酸锂检测入库后按比例分别称取所需的量，送入混料车间。

（2）混料

采用干法工艺混合物料。干混的主要设备为高效混合机。把二氧化锰和碳酸锂加入高效混合机内，混合 20 min。混合料送烧结工序。

图 13-2 高温固相法合成锂锰氧尖晶石材料的工艺流程图

（3）烧结

采用隧道窑炉烧结产品，首先按照烧结工艺要求设置好各温区烧结温度，然后采用陶瓷坩埚装料放置于隧道窑炉推板上，随推板前进的同时完成烧结。二氧化锰和碳酸锂在高温下合成锰酸锂产品，将产品装好送至破碎车间。

（4）粉碎分级

烧结后的产品一般都会结块，为了方便粉碎和分级，在破碎阶段采用对辊机破碎物料，以便于粉碎分级。为了使产品的粒度粒径得到较好的控制，将破碎好的物料送粉碎分级。物料的分级主要通过旋风分级来实现，调节引风量和粉碎力度，严格控制各项参数，获得符合粒度要求的产品。

（5）包装

将最后制备的产品送入成品库，按照要求包装。表 13-4 列出了主要设备计算参数及选型。

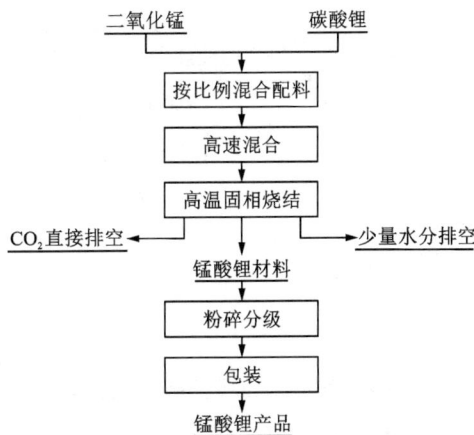

表 13-4 主要设备计算参数及选型

设备名称	每台的处理量/$(kg \cdot d^{-1})$	计算参数	选择设备规格
电子台秤	5000	操作周期：3 min	TCS-50
高效混合机	5000	操作周期：20 min	GH-200
深度混合机	5000	操作周期：20 min	MF200
辊道窑	1000	操作周期：24 h	TZLSQ-Ⅲ
原料破碎机	5000	操作周期：8 h	GP-230 辊式破碎机
原料粉碎机	5000	操作周期：8 h	CJM-400
原料分级机	5000	操作周期：8 h	BF-200
产品破碎机	5000	操作周期：8 h	GP-230 辊式破碎机
产品粉碎机	5000	操作周期：8 h	CJM-400

设备名称	每台的处理量/(kg·d⁻¹)	计算参数	选择设备规格
产品分级机	5000	操作周期：8 h	BF-200
磁选机	5000	操作周期：8 h	JP-20000
混合机	5000	操作周期：2 h	DSH-5 双螺杆锥形混合机
振动筛	5000	操作周期：1 h	ZS-1000 振动筛
包装机	5000	操作周期：1 h	

13.3.2.2 锰酸锂生产工艺参数的影响

对于高温固相反应来说，热处理制度包括升温速率、保温时间、热处理温度及冷却时间等关键的因素。但其他因素如原料的种类和形态、原料的配比等也对合成材料的电化学性能具有重大影响。

（1）不同 Li/Mn（物质的量之比）的影响

为了得到化学计量的 $LiMn_2O_4$ 化合物，原料中锂锰元素的物质的量之比一般选取 1：2，但为了提高锂锰氧的电化学性能，在合成锂锰氧时，人们常将锂过量添加。表 13-5 为以碳酸锂和电解二氧化锰为原料，按照图 13-2 所述工艺流程，在不同锂锰比例下合成锂锰氧材料的电化学容量。

表 13-5　具有不同锂锰比例的锂锰氧试样的锂锰含量及电化学容量

Li/Mn（物质的量之比）	Li（实测，质量分数）/%	Mn（实测，质量分数）/%	锰平均价态	比容量/(mA·h·g⁻¹)
1.15/2	4.32	59.8	3.515	119.2
1.1/2	4.12	60.3	3.508	120.4
1.05/2	3.95	60.8	3.502	121.5
1.00/2	3.80	61.0	3.495	119.7
0.95/2	3.62	61.5	3.484	117.2
0.9/2	3.51	61.8	3.475	115.2

由表 13-5 可知，随着 Li/Mn（物质的量之比）的增加，合成锂锰氧正极材料的电化学比容量先增大，当 Li/Mn（物质的量之比）为 1.05/2 时，所合成的锂锰氧正极材料具有较佳的电化学可逆容量，然后，随着 Li/Mn（物质的量之比）的增加，合成锂锰氧正极材料的比容量却慢慢减小。而锰的平均价态随着锂的增加不减小反而是增大，这说明锂锰在高温下反应时并不是生成所谓的贫锂或富锂化合物 $Li_{1-x}Mn_2O_4$ 或 $Li_{1+x}Mn_2O_4$，而是有新相生成。由图 13-3 可知，锂锰氧的化合物很多，在不同的条件下可以相互转化，而且可相互转化的化合物 $Li_2Mn_4O_9$、$Li_4Mn_5O_{12}$、Li_2MnO_3、$Li_2Mn_2O_5$ 等，其化合价均大于 3.5，因此要得均相，无杂相存在的正尖晶石锂锰氧化合物，须严格控制锂锰的物质的量之比。实验表明，只有当 Li/Mn =（0.98~1.05)/2 时，才能得到无杂相的具有标准尖晶石结构的锂锰氧化合物。

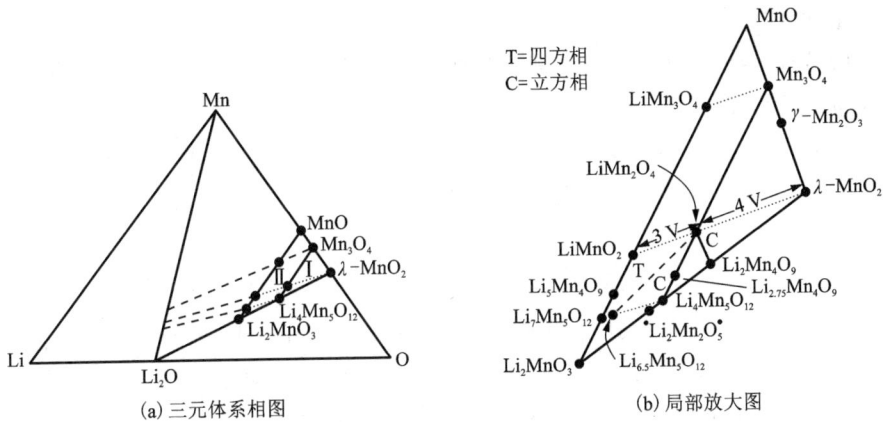

图 13-3　Li-Mn-O 相图

同时，由不同 Li/Mn（物质的量之比）合成锂锰氧材料的 XRD 图亦可知，当 Li/Mn = 1.15/2 和 Li/Mn = 0.9/2 时，所合成锂锰氧正极材料的 XRD 图谱上明显出现了其他相的衍射峰。当 Li/Mn = 1.15/2，杂相为 Li_2MnO_3，当 Li/Mn = 0.9/2 时，杂相为 Mn_2O_3。这也正说明了随着 Li/Mn（物质的量之比）的增加，所合成锂锰氧化物中锰的平均价态不降反升，因为形成的 Li_2MnO_3 中锰的价态为 +4 价，而 Mn_2O_3 中，锰的价态为 +3 价。

（2）不同热处理制度的影响

不同的热处理制度对合成锂锰氧正极材料的性能有着重大影响。

图 13-4 是 Li_2CO_3 和 EMD 合成 LiM_2O_4 的 TG/DTA 曲线，由图可知，在温度低于 300 ℃ 时，热重曲线变化平稳，而差热曲线则变化缓慢，在 48.1 ℃ 时的吸热峰表现为失水过程，在 450.1 ℃ 左右时有一个明显的吸放热峰，这可能是在机械液相活化过程中，有机物与锂或锰形成有络合物，在此时开始氧化分解，同时开始形成尖晶石相的 $LiMn_2O_4$。在 556.1 ℃ 左右，又出现一小的吸热峰，这是碳酸锂继续分解和尖晶石相继续形成共同作用所致。当温度大于 650 ℃ 后，差热曲线和热重曲线都趋于稳定。

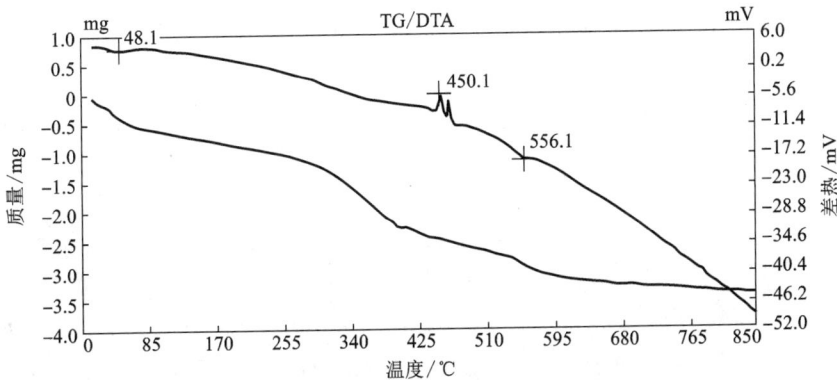

图 13-4　Li_2CO_3 和 EMD 合成 $LiMn_2O_4$ 的 TG/DTA 曲线

由以上分析可知，在温度大于450℃时，尖晶石已基本形成，而当温度大于650℃时，一系列反应也已基本完成。在 $T=480$ ℃，650℃和750℃三个温度下合成的锂锰氧正极材料都具有标准的尖晶石结构，只是随着温度的升高，晶面间距略有增大，不断接近标准的晶面间距值。随着温度的升高，合成的锂锰氧的结构越来越完整，而且晶粒越来越大。

当 $T=850$ ℃时，尽管合成的锂锰氧具有标准的尖晶石结构，而且其晶石间距值也基本与标准卡片一致，但材料中出现了杂相 Li_2MnO_3 和 Mn_2O_3，这是由于高温下合成的锂锰氧开始分解，发生如下反应：

$$4LiMn_2O_4 \longrightarrow 4LiMnO_2 + 2Mn_2O_3 + O_2$$

$LiMnO_2$ 在低温下不稳定，在冷却过程中分解为 $LiMn_2O_4$ 和 Li_2MnO_3。

$$3LiMnO_2 + 0.5O_2 \longrightarrow LiMn_2O_4 + Li_2MnO_3$$

同时，由于所生成的 Li_2MnO_3 和 Mn_2O_3 又可发生如下反应：

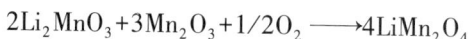

$$2Li_2MnO_3 + 3Mn_2O_3 + 1/2O_2 \longrightarrow 4LiMn_2O_4$$

因此在合成锂锰氧正极材料时，为得到具有标准尖晶石结构且均匀无杂相的锂锰氧，最高热处理温度不要超过850℃，同时降温时要严格控制降温速率，特别是在刚开始降温的时候。

13.3.3 锰酸锂产品标准

如今市场上锰酸锂产品主要分为容量型（B类）和循环型（A类）两种。A类材料的主要指标为：可逆容量在 $100\sim115$ mA·h/g，循环500次以上仍保持80%的容量（1C充放）；B类材料容量较高，一般要求在120 mA·h/g 左右，但对于循环性相对要求较低，$300\sim500$ 次不等，容量保持率为60%以上即可。当然，A类的价格与B类的价格有一定的距离。两类材料主要指标见表13-6。

表13-6 不同种类锰酸锂的主要指标

项目		循环型	容量型
粒度	$D_{min}/\mu m$	>2	>1
	$D_{10}/\mu m$	$7.5\sim9.5$	$2.0\sim6.0$
	$D_{50}/\mu m$	$17.5\sim21.5$	$14\sim22$
	$D_{90}/\mu m$	$30\sim40$	$28\sim45$
	$D_{max}/\mu m$	<50	<55
振实密度/$(g\cdot cm^{-3})$		$1.9\sim2.5$	$1.8\sim2.5$
比表面积/$(m^2\cdot g^{-1})$		$0.3\sim0.8$	$0.5\sim1.2$
水分/%		$\leqslant0.08$	$\leqslant0.08$
Mn质量分数/%		$58.0\sim60.5$	$58.0\sim60.0$
Li质量分数/%		$3.8\sim4.5$	$3.8\sim4.2$
pH		$8.0\sim11.0$	$8.0\sim11.0$

续表13-6

项目	循环型	容量型
Fe 质量分数/%	<0.05	<0.05
Ni 质量分数/%	<0.01	<0.01
Na 质量分数/%	<0.05	<0.5
Ca 质量分数/%	<0.05	<0.02
比容量/$(mA \cdot h \cdot g^{-1})$	100~115	>120
循环寿命/次	>1000	>500

✏️ **随堂练习**

一、单选题

1. 规模生产锂离子电池正极材料锂锰氧最普遍的方法是(　　　)。

A. 微波法　　　　　　B. 高温固相法　　　　C. 共沉淀法　　　　D. 溶胶-凝胶法

2. 高温固相法制备锰酸锂时,其反应温度一般为(　　　)较为合适。

A. 900~1000 ℃　　　B. 950~1000 ℃　　　C. 750~800 ℃　　　D. 700 ℃

二、多选题

1. 锰酸锂生产使用的锂源为(　　　),还需要使用(　　　)。

A. 碳酸锂　　　　　　B. 氢氧化锂　　　　　C. 四氧化三锰　　　D. 二氧化锰

2. 尖晶石锰酸锂制备方法大体分为(　　　)。

A. 高温固相法　　　B. 固相法　　　　　　C. 共沉淀法　　　　D. 软化学法

三、判断题

1. 高温固相法是制备锂离子正极材料的常用方法,合成过程简单,时间短,易于工业化生产。(　　　)

2. 在合成锂锰氧正极材料时,为得到具有标准尖晶石结构且均匀无杂相的锂锰氧,最高热处理温度不要超过750 ℃。(　　　)

任务四：锰酸锂的改性

✏️ **学习目标**

【素质目标】

1. 促进学生问题分析能力全面发展,增强行业自信;

2. 树立人类命运共同体思想,发展日益全球化。

【能力目标】

1. 能搜索资料，分析尖晶石锰酸锂正极材料缺陷产生导致容量衰减的原因；
2. 能分析锰酸锂正极材料的改性方法及今后发展方向。

【知识目标】

1. 了解锰酸锂正极材料高温循环性能差的主要原因；
2. 知道锰酸锂正极材料的改性方法。

13.4.1　锰酸锂的不足

尖晶石锰酸锂正极材料在应用过程中还存在高温循环性能差等缺陷。研究认为，导致容量衰减的原因主要有以下几点。

(1) 锰的溶解

锰的化合价很多，在尖晶石锰酸锂中，锰的平均价态为+3.5价，一部分的 Mn 以+3价形式存在，而 Mn^{3+} 很不稳定，容易发生歧化反应，反应式如下：

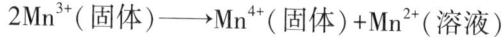

$$2Mn^{3+}(固体)\longrightarrow Mn^{4+}(固体)+Mn^{2+}(溶液)$$

生成的 Mn^{2+} 溶解在电解液中，使得材料的骨架 Mn_2O_4 结构遭到破坏，循环过程中材料结构不稳定，最终导致循环性能下降。同时，锂离子电池电解液中含有少量的水分，这些水分与电解液主要成分 $LiPF_6$ 反应生成 HF，其反应式如下：

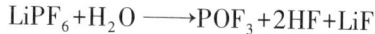

$$LiPF_6+H_2O\longrightarrow POF_3+2HF+LiF$$

$$4H^++2LiMn_2O_4\longrightarrow 3\lambda-MnO_2+Mn^{2+}+2Li^++2H_2O$$

从以上反应可以看出，HF 的存在不但导致了锰溶解，而且生成了 H_2O，从而进一步促进了 HF 的形成，如此形成了一个恶性循环，高温环境条件下这种现象更加明显。因此，锰溶解是导致 $LiMn_2O_4$ 循环性能特别是高温循环性能变差的主要原因之一。

(2) Jahn-Teller 效应

Jahn-Teller 效应是指对称非线性分子中，电子级轨道中高能级轨道发生畸变而降低轨道能量，消除简并性。Jahn-Teller 畸变导致晶胞做非对称性膨胀与收缩引起尖晶石结构由立方对称向四方对称转变，材料的循环性能恶化。

(3) 电解液的分解

电解液是锂离子电池四大主要组成部分之一，其溶剂主要为有机酸酯。在 $LiMn_2O_4$ 充电过程中，高氧化性的 Mn^{4+} 会导致有机溶剂发生分解反应，分解产物与 Li^+ 发生反应生成 Li_2CO_3 膜附在活性物质表面，导致了体系中具有电化学活性的 Li 元素量减少和电池内部阻抗增加，最终造成 $LiMn_2O_4$ 正极材料循环容量衰减。

(4) 氧缺陷

Yoshio 等认为尖晶石 $LiMn_2O_4$ 循环性能差、高温容量衰减快等问题与材料的氧缺陷有很大关系。氧缺陷主要来自两个方面：合成条件的影响使氧相对于标准化学计量比不足，如合成时温度过高或氧气不足得到缺氧型 $LiMn_2O_{4-\delta}$；循环过程中 $LiMn_2O_4$ 与电解液相互作用，引起电解液的催化氧化，而其本身发生被还原而失去氧。

(5) 两相共存

Xia 等研究发现，$LiMn_2O_4$ 在低温(小于 50 ℃)循环过程中的容量衰减主要发生在 4.12～

4.5 V，而导致这一衰减的主要原因是两个立方相共存。这两个晶格常数不同的立方相在循环过程中势必对晶格产生微应力，从而对材料的电性能造成影响。研究者通过多种研究手段证实了这种两相共存的现象，并且认为通过 Ni 等元素掺杂或者制备富氧 $LiMn_2O_{4+\delta}$ 材料能有效抑制这种两相共存，从而提高 $LiMn_2O_4$ 的循环性能。

13.4.2　锰酸锂的掺杂改性

根据影响尖晶石 $LiMn_2O_4$ 材料性能的几大主要原因，提高尖晶石锰酸锂材料性能的主要原理是抑制锰溶解、稳定材料的结构以及开发 $LiMn_2O_4$ 电池专用电解液。目前提高尖晶石 $LiMn_2O_4$ 材料性能的主要手段主要集中在掺杂、表面包覆以及制备具有特殊形貌的材料。

表面和体相掺杂是提高尖晶石 $LiMn_2O_4$ 正极材料性能最简单直接有效的方法。根据掺杂离子种类的不同，大致分为阳离子掺杂、阴离子掺杂和复合掺杂。

阳离子掺杂。研究认为，少量阳离子取代部分 Mn^{3+} 进入八面体的 16d 位可以明显提高尖晶石 $LiMn_2O_4$ 的循环性能，原因主要有三：①根据化学价平衡原理，通过低价阳离子掺杂可以提高尖晶石 $LiMn_2O_4$ 中锰的平均价态，从而抑制 Jahn-Teller 效应的发生；②离子半径较小的阳离子掺杂可以减小尖晶石 $LiMn_2O_4$ 的晶胞参数，稳定循环过程中材料的结构；③阳离子掺杂可以减少尖晶石 $LiMn_2O_4$ 中三价锰的含量，自然抑制了歧化反应的发生，最终抑制了锰的溶解。目前几乎所有的阳离子都被研究过，但研究主要集中在 Co、Al、Mg、Cr、Ni 等及一些稀土元素 La、Ce、Nd、Sm、Gd、Er 等上。研究认为，大部分阳离子掺杂都能成功取代锰位，提高材料的循环性能，只有少量的金属元素 Zn、Fe 取代锂位，造成阳离子混排，导致材料的循环性能有所下降。

少量阳离子掺杂可以有效减少尖晶石 $LiMn_2O_4$ 中三价锰的含量，从而提高其循环性能，但是电化学活性离子 Mn^{3+} 含量的降低，导致了尖晶石 $LiMn_2O_4$ 容量的降低。研究还表明，阳离子掺杂对材料的放电平台也有影响。

阴离子掺杂。F、S、I 等阴离子掺杂取代部分氧原子也能改善 $LiMn_2O_4$ 的循环性能，其改善原理主要有：F 的电负性较 O 强，因此其吸引电子的能力更强，可以抑制 Mn 溶解，提高了材料的稳定性，最终提高了材料的容量和提高了材料循环性能；I、S 的原子半径比 O 大，增加了材料的晶胞大小，锂离子的脱/嵌对材料的结构影响更小，从而提高了循环过程中材料结构的稳定性，提高了 $LiMn_2O_4$ 的循环性能。

复合掺杂。复合掺杂对尖晶石 $LiMn_2O_4$ 的电化学性能的提高效果往往好于单元素掺杂，这是因为不同离子之间的协同效应对材料结构起到了稳定作用。复合掺杂包括多种阳离子复合掺杂或阴阳离子复合掺杂，学术界对阴阳离子复合掺杂的研究居多。Li 等通过 F、Al 阴阳离子复合掺杂制备 $LiAl_{0.1}Mn_{1.9}O_{3.9}F_{0.1}$ 材料，该材料具有结构稳定、电导率高、结晶度强等特点，并且材料具有较好的循环性能，常温循环 20 次容量保持率为 96.27%，高温循环 30 次容量保持率为 95.64%。Li 认为阴阳离子复合掺杂使 $LiMn_2O_4$ 达到完全固溶，提高了材料成分的均匀性和结构的稳定性，从而提高了 $LiMn_2O_4$ 的循环性能。

13.4.3　锰酸锂的表面包覆

尖晶石 $LiMn_2O_4$ 在充放电过程中，电解液与电极界面会发生一系列副反应，导致锰溶解。通过表面包覆可以直接减少尖晶石 $LiMn_2O_4$ 与电解液的接触，避免副反应的发生，抑制循环过程中锰的溶解，最终提高尖晶石锰酸锂的循环性能。文献报道较多的包覆物有：氧化物、磷酸盐、金属、其他锂离子电池正极材料、碳、氟化物以及其他新型材料。

（1）氧化物

氧化物包覆能有效抑制锰的高温溶解反应，明显提高其循环性能。这些氧化物包括：纳米 SiO_2、ZnO、MgO、ZrO_2、Al_2O_3、CeO_2 以及钴铝混合金属氧化物。

（2）磷酸盐

磷酸盐具有较好的化学稳定性，包覆在尖晶石表面形成一层保护伞，能有效提高材料的热稳定性以及材料的循环性能。Liu 等通过 $AlPO_4$ 包覆尖晶石锰酸锂，发现包覆后的 $LiMn_2O_4$ 循环 50 次，常温（30 ℃）和高温（55 ℃）容量保持率分别由原始的 82.1% 和 67.1% 提高到 97.4% 和 92.4%，循环性能得到明显提高。

（3）金属

金和银电阻小，是非常好的导体，因此将其包覆在 $LiMn_2O_4$ 电极表面能提高材料的导电性，从而提高材料的电化学性能。Tu 等通过离子喷溅技术成功在 $LiMn_2O_4$ 表面包覆一层纳米金薄膜，包覆减少了 $LiMn_2O_4$ 与电解液的直接接触面积，抑制了锰溶解，提高了材料常温容量保持率。Zhou 等报道 Ag 包覆降低了 $LiMn_2O_4$ 的容量，改善了材料的循环性能，当包覆质量分数为 0.1% 的 Ag 时，40 次循环后容量最高，达到 108 mA·h/g。Sona 等同样报道了金属 Ag 包覆纳米锰酸锂，结果表明包覆 3.2% 的 Ag 材料在 2C 的倍率下表现出优越的循环性能。

（4）其他锂离子电池正极材料

通过溶胶－凝胶或微乳法在 $LiMn_2O_4$ 表面包覆高温稳定、无催化效应的电极材料 $LiNi_{0.8}Co_{0.2}O_2$、$Li_5Ti_5O_{12}$、$LiNi_{0.05}Mn_{1.95}O_4$ 以及 $LiCu_xMn_{2-x}O_4$，可以抑制锰溶解的电解液分解，最终提高材料的电化学性能。

Park 等通过改进的 Pechini 法和溶胶－凝胶法成功在 $LiMn_2O_4$ 表面包覆了一层 $LiCoO_2$ 和 $LiNi_{0.8}Co_{0.2}O_2$，未包覆的 $LiMn_2O_4$ 在 65 ℃ 储存 80 h，表面由于锰溶解形成很多微孔，而 $LiCoO_2$ 包覆后的 $LiMn_2O_4$ 表面完好无损，高温（65 ℃）储存 300 h，容量没有衰减，而未包覆的容量下降了 19%。材料的电化学阻抗高温储存后都有所上升，但是包覆后的阻抗由 13 Ω 增加到 19 Ω 左右，而未包覆的由 15 Ω 增加到 28 Ω。$LiCoO_2$ 包覆 $LiMn_2O_4$ 初始容量相对未包覆的下降了 5 mA·h/g，但每次高温循环容量衰减率只有 0.08%。同时，包覆的 $LiCoO_2$ 材料电子电导率为 10^{-2} S/cm，远远高于 $LiMn_2O_4$ 的电子电导率 10^{-6} S/cm，导致其倍率性能得到大大的提高，20C 容量保持初始容量的 85%。$LiCoO_2$ 包覆大大降低了材料的阻抗，提高了材料的倍率性能、高温储存性能和高温循环性能。$LiNi_{0.8}Co_{0.2}O_2$ 包覆尽管会使初始容量降低 2~3 mA·h/g，但是高温容量保持率远远优于未包覆的 $LiMn_2O_4$ 中锂离子的电子电导率。

（5）碳

碳的导电性好、比表面积大，因此碳包覆不但能提高材料的电导率而且能提高材料对有机溶剂的吸附能力，同时碳包覆层还能防止金属氧化物受到化学腐蚀。

Han 等研究认为非晶和多环芳香经碳层能改变立方尖晶石 $LiMn_2O_4$ 中锂的排列，碳包覆层提供了一个良好的导电网，将颗粒很好地连接起来，同时为 $LiMn_2O_4$ 表面提供一层保护伞，避免了化学腐蚀。

Patey 等报道 LMO/C 纳米复合材料具有良好的大倍率放电能力，以 LMO/C 纳米复合材料为正极，碳为负极的全电池在 50 C 的倍率下，能量密度可以达到 78 W·h/kg。

（6）氟化物

根据同离子效应，即使在 HF 体系中氟化物也非常稳定，因此氟化物包覆在 $LiMn_2O_4$ 正极材料表面可以抑制锰的溶解，提高 $LiMn_2O_4$ 的循环性能。

Li 等通过 SrF_2 包覆研究发现，SrF_2 包覆可以明显提高 $LiMn_2O_4$ 的高温循环性能，当摩尔包覆量为 2.0%，高温 20 次循环容量保持率高达 97%。

Lee 等通过 BiOF 包覆 $Li_{1.1}Al_{0.05}Mn_{1.85}O_4$，将材料高温 100 次循环容量保持率由 84.4% 提高到 96.1%。

（7）其他新型材料

熔融 $Li_2O-2B_2O_3$（LBO）固溶体具有良好的润湿性、流动性，同时具有非常好的离子电导率，在锂离子电池工作电压平台（约 4 V），LBO 抗氧化能力非常强。通过在 $LiMn_2O_4$ 表面包覆一层玻璃相 LBO 可以明显抑制充放电过程中发生的副反应和锰溶解。Chan 等通过固相法合成 LBO 包覆 $LiMn_2O_4$，材料显示出良好的循环性能，但是在 0.1C 循环 10 次，容量损失率依然达到 2.63%。Sahan 等通过固相和液相法包覆对比发现，液相法合成的 LBO 包覆 $LiMn_2O_4$ 常温 1C 循环 30 次，容量几乎没衰减。

聚合物拥有非常好的抗氧化能力，且在电解液中扩散较慢，将其包覆在 $LiMn_2O_4$ 电极表面能提高材料的高温循环性能。Hu 等报道高分子功能材料包覆 $LiMn_2O_4$ 大大提高了材料的高温储存性能，高温 45 次循环容量由原始的 56.8 mA·h/g 提高到 81.4 mA·h/g。Arbizzani 等报道了 3，4-亚乙基二氧噻吩（PEDOT）和聚吡咯（PPy）代替碳作为电子导体，提高了非化学计量比 $Li_{1.03}Mn_{1.97}O_4$ 的可逆容量和容量保持率。

随堂练习

一、单选题

1. 锰酸锂在循环过程中出现氧缺陷的主要原因是（　　）。

A. 高温下锰酸锂对电解液有一定的催化作用，可以引起电解液的催化氧化，溶解失氧

B. 合成过程造成电极中氧相对于标准化学计量数不足

C. Jahn-Teller 效应

D. 两相共存

2. 为提高锰酸锂的高温性能，最常用的改性方法为（　　）。

A. 表面包覆　　　　B. 体相掺杂　　　　C. 复合掺杂　　　　D. 离子掺杂

二、多选题

尖晶石锰酸锂正极材料在应用过程中还存在高温循环性能差等缺陷，研究认为，导致容量衰减的原因主要有（　　）。

A. 锰溶解　　　　B. 体相掺杂　　　　C. Jahn-Teller 效应

D. 两相共存　　　　E. 氧缺陷

三、判断题

1. 目前提高尖晶石 $LiMn_2O_4$ 材料性能的主要手段主要集中在掺杂、表面包覆以及制备具有特殊形貌的材料。（   ）

2. 通过表面包覆可以直接减少尖晶石 $LiMn_2O_4$ 与电解液的接触，避免副反应的发生，抑制循环过程中锰的溶解，最终提高尖晶石锰酸锂的循环性能。（   ）

项目十四　生产钠离子电池正极材料

随着便携式电子设备、电动汽车和大规模储能等领域的快速发展，对可充电电池的需求日益增长，锂离子电池因资源有限在不远的将来必将受到限制。与锂同族的钠是地球上含量丰富且分布均匀的化学元素，因此，钠离子电池具有巨大的潜在成本优势，有望在新型储能领域中扮演重要角色。本章分别介绍了钠离子电池基本发展历程、工作原理、特点、正极材料、负极材料、电解质材料、隔膜材料。

任务一：认识钠离子电池

学习目标

【素质目标】

1. 知道中国同领先国家在电池材料及电池技术方面的差距，树立技能报国的理念；
2. 从电池材料发展的角度思考科技创新的重要性，树立创新意识。

【能力目标】

1. 能表述钠离子电池的性能特点，发展现状和未来趋势；
2. 能掌握钠离子电池的工作原理。

【知识目标】

1. 了解钠离子电池的性能特点，发展现状和未来趋势；
2. 理解钠离子电池的工作原理。

2010 年以来，钠离子电池再次受到国内外学术界和产业界的广泛关注。目前，钠离子电池已经逐步开始了从实验室走向实用化应用的阶段，国内外已有超过二十家企业正在进行钠离子电池产业化的相关布局，并取得了重要进展。全球主要的钠离子电池代表性企业有英国 FARADION 公司、法国 Tiamat、日本岸田化学、美国 Natron Energy 公司等，以及我国的中科海纳、钠创新能源和星空钠电等。

钠离子电池拥有原料资源丰富、成本低廉、环境友好、能量转换效率高、循环寿命长、维护费用低和安全性好等诸多优势，可广泛用于包括各类低速电动车(电动自行车、电动三轮车、观光车、四轮低速电动汽车和物流车等)、大规模储能(5G 通信基站、数据中心、后备电源、家庭储能等)等，可以预计，其在未来将首先取代铅酸蓄电池。

14.1.1　钠离子电池的介绍

钠离子电池(sodium-ion battery)是一种二次电池(充电电池)，主要依靠钠离子在正极和负极之间往返运动实现充放电，即钠离子从正极脱出，经过

扫码查看资源

电解质存储在负极，放电时刚好相反。其与锂离子电池工作原理相似，是 2022 年度化学领域十大新兴技术之一。

钠离子电池的负极材料主要使用碳材料、层状氧化物和合金类材料等，正极主要使用层状氧化物材料、普鲁士蓝类材料和聚阴离子型材料等，而在电解质方面，钠离子电池可使用的电解质类型比较多，如有机电解质、离子液体电解质、水系电解质和固体电解质等，都可以作为传导钠离子的载体。

根据电解质种类的不同，可以将钠离子电池分为液态钠离子电池和固态钠离子电池，其中，液态钠离子电池又包括水系钠离子电池和非水系钠离子电池。非水系钠离子电池的电解质由有机溶剂和钠盐组成，其优势在于电化学窗口宽、比能量高；与现有锂离子电池工艺一致，但仍具有溶剂易挥发、易燃等安全性问题。水系钠离子电池的电解质由水和钠盐组成，优点在于安全性好、绿色无污染、成本低廉等，但容易分解、电压窗口窄。而固态钠离子电池的电解质组成是固体电解质，具有无腐蚀、无泄漏、安全性好等优点，可简化电池外壳及冷却模块以提升必能，双极性电极设计，提升空间利用率，但其离子电导率较液体电解质低，常温及低温下工作困难，存在界面接触和兼容性问题，且电池工艺和现有工艺不一致，开发成本高。

对钠离子的深入研究发现，钠离子电池具有资源丰富、成本低廉、综合性能好、寿命长和高安全性等优点，可在一定程度上缓解锂资源短缺引发的储能电池发展受限问题，是锂离子电池的有益补充，同时可逐步替代铅酸蓄电池，有望在新型储能应用中扮演重要角色。

14.1.2 钠离子电池的发展历程

在 19 世纪 80 年代，一些美国和日本公司就成功研制了具有完整电池结构的 Na-Pb 合金材料。然而同时出现的锂离子电池具有更高的能量密度和更好的电化学性能，得到了快速发展，成功实现了商业化，占据了包括便携电子、交通动力、移动通信、大型储能等应用领域的电源市场。而由于电池理论容量有限，电极、电解质及手套箱的质量并不足以处理钠离子电池等原因，钠离子电池最初并未得到快速发展。

1870 年，法国作家 Jules Verne 在《海底两万里》中首次提出利用钠构建二次电池的想法。钠离子电池的研究最早可以追溯到碱金属离子在固体活性材料中的成功插层。1976 年，Winn 等利用 Na-Hg 合金对电极和碳酸丙烯酯液态电解质中 NaI 成功将 Na^+ 插层至 TiS_2 中。1979 年，法国 Armand 提出"摇椅式电池的概念"，开启了锂离子电池和钠离子电池的研究；1981 年，法国 Delmas 报道 Na_xCoO_2 层状氧化物正极材料脱嵌钠电化学特性，找到了钠离子电池正极材料；1987 年，Shacklette 等使用 $P2-NaCoO_2$ 作为正极，共轭聚合物作为负极，$NaPF_6$ 的二甲氧基乙烷溶液作为液态电解质，首次实现了"摇椅式"的钠离子电池。2000 年，Stevens 和 Dahn 等使用硬碳作为负极，制备的钠离子电池实现了 300 mA·h/g 的可逆比容量，十分接近使用石墨作为负极的锂离子电池的容量；而低电压、高容量的硬碳材料克服了长久以来负极的发展瓶颈，终于使钠离子电池有了商业化的可能性。2011 年，全球首家钠离子电池公司 Faradion 在英国首次成立。2013 年，美国 Goodenough 等提出普鲁士白正极材料。2015 年，中科院物理所胡勇胜等首次提出低成本煤基无定型碳负极材料。2017 年，中国首家专注钠离子电池研发与生产的公司——中科海纳成立；2018 年，中科海纳推出全球首辆钠离子电池电动汽车；2019 年，中科海纳推出首个全球首个 100 kW·h 钠离子储能电站；

2021 年, 中科海纳全球首套 1 MW·h 钠离子电池光储充智能微网系统成功投入运行。同时期, 钠创新能源发布全球首套钠离子电池-甲醇重整制氢综合能源系统, 而且宁德时代发布第一代钠离子电池, 其能量密度可达 160 W·h/kg。2022 年 4 月, 立方新能源发布了第一代钠离子电池, 同年 12 月 15 日, 亿纬锂能公布第一代大圆柱钠离子电池, 电芯内径为 40 mm, 高度 135 mm, 正极采用了层状氧化物材料, 能量密度为 135 W·h/kg, 循环次数达到 2500 次。2024 年 6 月 30 日, 由中科海纳提供钠离子电芯的大唐湖北 100 MW/200 MW·h 钠离子新型储能电站科技创新示范项目一期工程建成投运, 投产规模 50 MW/100 MW·h。自 2021 年开始, 随着储能市场的爆发, 钠电池又迎来了新的机遇。

扫码查看资源

14.1.3　钠离子电池的工作原理

与锂离子电池相同, 钠离子电池的构成主要包括正极、负极、隔膜、电解液和集流体。正负极之间由隔膜隔开以防止短路, 电解液(溶解在有机溶剂中的钠盐溶液)浸润正负极以确保离子导通, 集流体则起到收集和传输电子、承载活性物质的作用。充电时, Na^+ 从正极脱出, 经电解液穿过隔膜嵌入负极, 使正极处于高电势的贫钠态, 负极处于低电势的富钠态。放电过程则与之相反, Na^+ 从负极脱出, 经由电解液穿过隔膜嵌入正极材料中, 使正极材料恢复到富钠态。为保持电荷的平衡, 充放电过程中有相同数量的电子经外电路传递, 与 Na^+ 一起在正负极间迁移, 使正负极分别发生氧化和还原反应。钠离子电池工作原理图如图 14-1 所示。

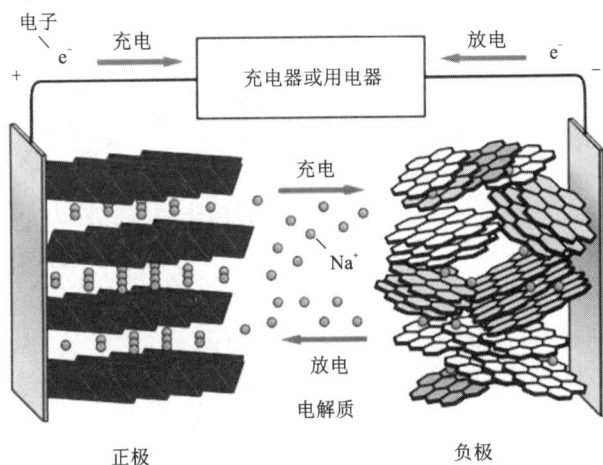

图 14-1　钠离子电池工作原理图

若以 Na_xMO_2 为正极材料, 硬碳为负极材料, 则电极和电池反应式可分别表示为:

正极反应:

$$Na_xMO_2 \Longrightarrow Na_{x-y}MO_2 + yNa^+ + ye^- \tag{14-1}$$

负极反应:

$$nC + yNa^+ + ye^- \Longrightarrow Na_yC_n \tag{14-2}$$

电池反应:

$$Na_xMO_2 + nC \Longrightarrow Na_{x-y}MO_2 + Na_yC_n \tag{14-3}$$

其中，正极反应为充电过程，负极反应为放电过程。理想的充放电情况下，Na^+在正负极材料间的嵌入和脱出不会破坏材料的晶体结构，充放电过程发生的电化学反应是高度可逆的。

钠离子电池的工作电压与构成电极的钠离子嵌入化合物的种类以及电极材料的钠含量有关。正极材料应该选择具有较高嵌钠电位且富含钠的化合物，该化合物既要提供充放电反应过程在正负极之间嵌入/脱出循环所需要的钠，又要在负极表面形成固体电解质所需要的钠。在理想情况下，电池能输出的最大有用功等于离子电池的电动势，电动势计算公式如下。

$$E = -\Delta G/(nF) = (\mu^- - \mu^+)/F \tag{14-4}$$

式中：μ^- 和 μ^+ 分别代表钠离子在负极和正极材料表面化学势；F 为法拉第常数（96485 C/mol）。

由此可见，要获得较高的电动势，就必须选择合适的正负极材料，提高钠离子在两电极间的化学势差。

14.1.4　钠离子电池的特点

作为极具潜力的新型储能电池，钠离子电池因其独具的特点，在未来市场竞争中将占有十分有利的地位，其特点具体如下：

①钠资源储量丰富、分布广泛、成本低廉，无发展瓶颈；

②钠离子电池与锂离子电池的工作原理相似，可兼容锂离子电池现有的生产设备；

③钠与铝不发生合金化反应，钠离子电池正极和负极的集流体均可使用廉价的铝箔，可以进一步降低成本且无过放电问题；

④可构造双极性钠离子电池，即在同一张铝箔两侧分别涂布正极和负极材料，将极片在固体电解质的隔离下进行周期性堆叠，可在单体电池中实现更高电压，同时节约其他非活性材料以提高能量密度；

⑤钠离子的溶剂化能比锂离子更低，具有良好界面去溶剂化能力；

⑥钠离子的斯托克斯直径比锂离子的小，低浓度的钠盐电解液具有较高的离子电导率，可以使用低盐浓度电解液；

⑦钠离子电池具有优异的倍率性能和高、低温性能；

⑧钠离子电池在安全性测试中不起火、不爆炸，安全性能好。

随堂练习

多选题

1. 钠离子电池是二次电池，主要依靠（　　）在正负极之间移动来工作。

A. 锂离子　　　　　　B. 锌离子　　　　　　C. 阴离子　　　　　　D. 钠离子

2. 以下关于钠离子电池特点说法错误的是（　　）

A. 钠资源储量丰富、分布广泛、成本低廉

B. 钠离子的斯托克斯直径比锂离子的大

C. 钠离子电池具有优异的倍率性能和高、低温性能

D. 钠离子电池在安全性测试中不起火、不爆炸，安全性能好

任务二：认识钠离子电池正极材料

学习目标

【素质目标】

1. 坚定行业发展自信，坚定新能源行业发展的强劲力量；
2. 会用发展的眼光看待材料的发展。

【能力目标】

1. 能表述钠离子电池正极材料选用要求；
2. 了解钠离子电池正极材料的分类、特点及其制备方法。

【知识目标】

1. 了解钠离子电池正极材料选用要求；
2. 理解钠离子电池正极材料的分类、特点及其制备方法。

正极材料作为钠离子电池的重要组成部分，对钠离子电池的可逆比容量、循环寿命、功率、比能量等电化学性能有着显著的影响，因此，钠离子电池的正极材料是当前的研究热点之一。

理想的钠离子电池正极材料一般应该具有以下几个特点：

①具有较高的电极电势，可以获得较高的输出电压；

②允许大量的钠离子进行可逆嵌入和脱嵌，可以获得较高的可逆容量；

③钠离子的嵌入和脱出可逆性好，并且在循环过程中结构稳定，使得电池具有较长的循环寿命，较高的库仑效率和能量效率；

④具有较高的电子电导率和离子电导率，以减少极化、降低电池内阻，满足大电流充放电的要求；

⑤稳定性好，不与电解质等发生化学反应，不溶于电解液；

⑥氧化还原点位随嵌入量变化要小，以使电池电压不会发生明显变化，能保持充电和放电平衡；

⑦空气中结构稳定，可以避免存放导致的性质恶化问题；

⑧安全无毒，原料成本低廉，容易制得。

目前，被发现的可用作钠离子电池正极材料的有：层状过渡金属氧化物、隧道型氧化物、聚阴离子型化合物、普鲁士蓝类材料及其衍生物、有机类化合物等。其中，层状过渡金属氧化物具有周期性层状结构、制备方法简单、比容量高和电压较高等优势，是钠离子电池的主要正极材料，而聚阴离子型化合物大多具有开放的三维骨架、较好的倍率性能及较好的循环性能等优势，是当前研究较多的钠离子电池正极材料。此外，普鲁士蓝类材料也是近年来发展起来具有较大潜力的新型钠离子电池正极材料，因其开放型三维通道，使得 Na^+ 在通道中可以快速迁移，因此具有较好的结构稳定性和倍率性能。

本节主要介绍层状过渡金属氧化物、聚阴离子型化合物、普鲁士蓝类材料及其衍生物这三大类钠离子电池正极材料。

14.2.1 层状过渡金属氧化物

层状过渡金属氧化物(layered transition metal oxides ,TMO)作为锂离子电池正极材料,取得了巨大的成功,因此也是最早用于钠离子电池的正极材料。常见的层状 TMO 为 Na_xMO_2(M 为 Co、Mn、Fe、Ni 等),因具有较高的氧化还原电位和能量密度而引起研究者的关注。

Na_xMO_2 化合物由八面体结构的 MO_6 组成,Na^+ 可以在这些边缘共享的 MO_6 形成的 $(MO_2)_n$ 层间可逆地嵌入和脱出。根据 Na 的配位环境和 O 的堆叠方式,Na_xMO_2 可以分为 O3(ABCABC)、P2(ABBA)和 P3(ABBCCA)。其中,字母代表的是 Na^+ 所处的配位环境为八面体(octahedral,O)或棱柱(prismatic,P),数字代表的是晶胞内金属氧化物重复出现的层数,如图 14-2 所示。不同的结构导致材料具有不同的电化学特性。通常 O3 相正极材料可以提供更高的可逆比容量,但它们的空气稳定性及循环稳定性相对较差。相比之下,P2 相化合物由于较大的三棱柱形位点被 Na^+ 占据,因此具有更好的循环稳定性和空气稳定性,有利于 Na^+ 的传输。

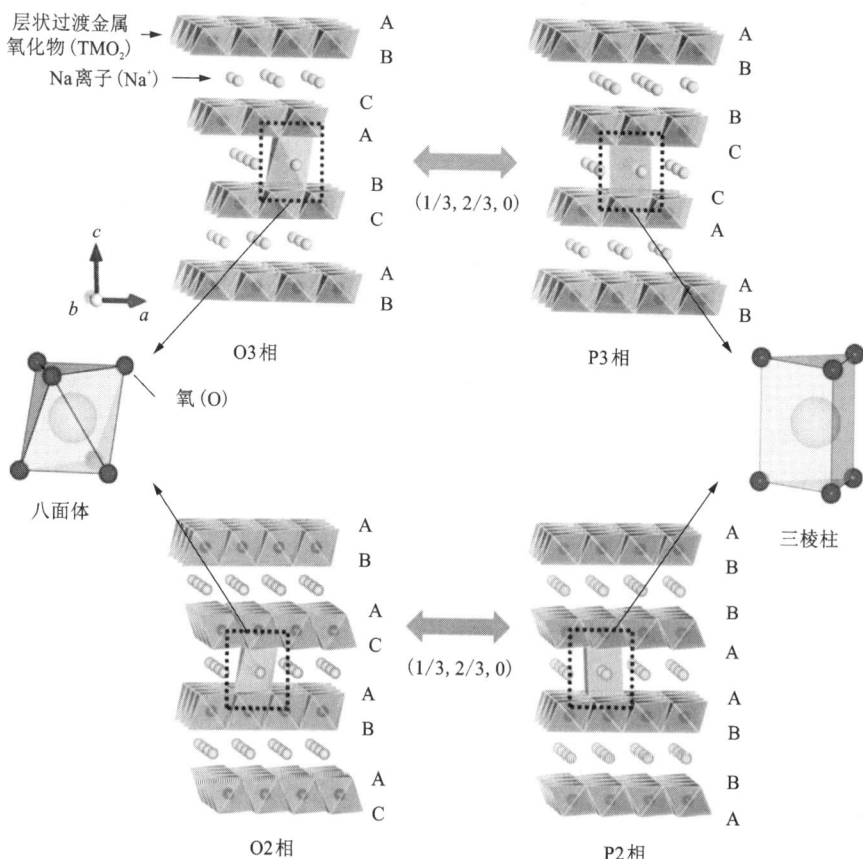

图 14-2 层状过渡金属氧化物的结构示意图

目前,层状 TMO 可以分为单金属氧化物(如 Na_xCoO_2、$NaFeO_2$、Na_xMnO_2 和 Na_xCrO_2 等)、双金属氧化物(如 $NaNi_{1/2}Mn_{1/2}O_2$、$Na_{2/3}Fe_{1/2}Mn_{1/2}O_2$ 等)和多金属氧化物(如

$NaNi_{0.4}Mn_{0.4}Fe_{0.2}O_2$、$NaNi_{1/3}Fe_{1/3}Mn_{1/3}O_2$ 等），层状过渡金属氧化物结构示意图如图14-2所示。由于 $LiCoO_2$ 在锂离子电池中的成功应用，一系列 Na_xCoO_2 得到发展，包括 O3 相（$0.83<x<1.0$）和 P2 相（$0.67<x<0.80$）。相比 P2 相，O3 相具有更高的离子扩散系数，然而，Na^+ 较大的尺寸限制了其在钠离子电池中的应用，仅能得到 70~100 mA·h/g 的实际比容量，此外，Co 的使用不能满足大规模电池对成本和环境友好的要求。因此相比于 Na_xCoO_2，具有更高理论容量，以及资源更为丰富、成本低廉的 Na_xMnO_2 具备更强的竞争力。

Na_xMnO_2 含有高活性的 Mn^{4+}/Mn^{3+} 对，当 $x>0.5$ 时为二维层状结构。$Na_{0.7}MnO_2$ 单晶主要暴露（100）面，该晶面具有良好的活性，可以促进 Na^+ 的快速嵌入/脱出，在 20 mA/g 的条件表现出 163 mA·h/g 的高可逆比容量和高倍率性能。然而由连续应变和变形引起的结构坍塌和非晶化，使 Na_xMnO_2 循环性能较差。例如，P2-$Na_{0.6}MnO_2$ 在最初的几个循环中可以提供 140 mA·h/g 的比容量，但衰减很快。$NaMn_3O_5$ 在循环 20 次后容量衰减高达 30%。当 Na 含量较高时，Na_xMnO_2 的相稳定性主要取决于温度，α-Na_xMnO_2（空间群：C2/m）是低温形式，β-Na_xMnO_2 是高温形式。其中，高温 β-Na_xMnO_2 具有锯齿形层状结构，由两个共享边缘的 MnO_6 八面体堆叠而成。在 Na^+ 脱嵌过程中形成的丰富的平面缺陷允许少量的 Na^+ 存在 β 环境而更多的 Na^+ 存在对堆垛层错的环境，从而导致良好的倍率稳定性和循环稳定性。

此外，α-Na_xFeO_2 具有 242 mA·h/g（Fe^{3+}/Fe^{4+}）的理论比容量，优异的热稳定性，大多数 $NaFeO_2$ 材料只能获得 85 mA·h/g 的容量，并且当施加 3.5 V 以上的充电电压时，由 Jahn-Teller 效应引起的畸变和极化会导致性能严重退化。通常可以采用降低材料维度或尺寸，以及与聚合物和碳材料结合的方式提高 $NaFeO_2$ 性能。例如聚吡咯涂布的 $NaFeO_2$ 在循环 100 次（C/10）后容量仍能保持 120 mA·h/g。由于存在多个电子过程，层状 Na_2MO_3 材料代表了一种提高比容量可行方式，Na_2RuO_3 显示出可逆的 Na^+ 嵌入/脱出过程，具有 147 mA·h/g 的容量，并且在 20 次循环期间没有明显容量损失。除此之外，包括 Na_xNiO_2、Na_xCrO_2、Na_xVO_2 等化合物在内的其他单金属氧化物也得到了广泛的研究，以实现钠离子电池正极的高性能。例如，Yuan 等报道的单晶体 $Na_{1.1}V_3O_{7.9}$ 纳米带作为正极材料具有 173 mA·h/g 的比容量，良好的循环稳定性、倍率性能和库仑效率。

由于 Na^+ 嵌入/脱出过程中结构变化和相变，单金属氧化物通常容量较低，并且性能衰减较快。金属掺杂或者替代策略，以及制备多金属氧化物，将不同的金属引入 Na_xMO_2 骨架，利用各种金属的独特特性和协同效应，可以有效稳定层间空间，减少相变，不仅可以提高层状氧化物的电化学性能，而且可以提高其循环稳定性。

多金属氧化物通常采用具有多个氧化对的单金属氧化物 $Ni^{2+}/Ni^{3+}/Ni^{4+}$、Co^{3+}/Co^{4+}、Fe^{3+}/Fe^{4+} 作为活性电对提供高比容量，而采用一些氧化还原惰性元素，如 Mn^{4+}，用于稳定晶体结构。例如，通过溶胶-凝胶法制备合成的 P2 相 $Na_{0.67}Co_{0.5}Mn_{0.5}O_2$ 结构稳定，在 1C 倍率下循环 100 次后容量几乎没有衰减。使用前驱体 Na_2O_2、Fe_2O_3、Mn_2O_3 通过简单固态反应合成的 $Na_x(Fe_{0.5}Mn_{0.5})O_2$，具有 190 mA·h/g 的容量和高达 520 W·h/g 的能量密度。P2 相 $Na_{2/3}Ni_{1/3}Mn_{2/3}O_2$ 由活性 Ni^{2+} 和非活性 Mn^{4+} 组成，可逆比容量为 86 mA·h/g（0.1C）和 77 mA·h/g（1C），并且在长期循环后，P2 相晶相保持良好。除了 Mn^{4+} 之外，四价 Ti^{4+} 也是一种提高氧化物正极循环稳定性的理想掺杂剂。O3 相 $NaTi_{0.5}Ni_{0.5}O_2$ 在 0.2C 下可以提供 121 mA·h/g 的可逆比容量和平滑的充放电曲线，同时具备优秀的倍率性能和循环性能。

P2 相 $Na_{2/3}Mn_{0.8}Fe_{0.1}Ti_{0.1}O_2$ 二次充放电容量为 146 mA·h/g 或 144 mA·h/g, 并且在 2.0 V 至 4.0 V 的电压范围内, 循环 50 次后容量保持在 95% 以上。

尽管用于钠离子电池的层状氧化物电极取得了显著成就和巨大进展, 但是仍有一些不利因素限制了其实际应用, 如对空气的敏感性和低电子电导率, 有待提升的循环稳定性, 以及全电池结构中较低的能量密度等。需要对结构-性能关系、电化学机制和材料设计等问题进行深入研究, 进一步提升层状氧化物材料的电化学性能, 才能真正将这些材料推向电池市场。

14.2.2 聚阴离子型化合物

聚阴离子化合物包含一系列四面体单元 $(XO_4)^{n-}$, 其中 X = P、S、Si、B 等, 通过共享的角或边与多面体 MO_6(M 为过渡金属)相连。其结构通式随着不同的晶体结构而变化。常见的聚阴离子类化合物主要包括磷酸盐、硅酸盐、硫酸盐、硼酸盐等, 与层状氧化物相比, 聚阴离子型化合物具有以下优点: ①由于 X 原子的高电负性, XO_4^{3-} 具有坚固的共价键, 从而可稳定氧晶格, 实现较高的工作电压; ②稳定的开放式 X-O 框架可以带来良好的结构稳定性和热稳定性, 并且诱导效应使其具有更高的氧化还原电位; ③框架中的空间间隙一方面有利于离子快速传导, 另一方面可以缓解 Na^+ 嵌入/脱出过程中造成的体积膨胀; ④聚阴离子型化合物通常含有多个 Na^+, 并且过渡金属通常也具有多个中间价态, 有利于实现多个电子的转移, 获得较高的容量。

然而, 聚阴离子基团的存在以及没有直接的 M-OM 电子离域, 导致聚阴离子型化合物本征电子电导率较低。通常需要通过使用各种导电材料包覆、构建特殊的微纳结构及晶格掺杂等方式来提高聚阴离子类正极材料的电导率及其电化学性能。

14.2.2.1 橄榄石结构 $NaMPO_4$(M=Fe、Mn)

由于橄榄石 $LiFePO_4$ 在锂离子电池领域的巨大成功, 与之对应的 $NaFePO_4$ 成为钠离子电池领域研究最早和最广泛的聚阴离子型化合物。$NaFePO_4$ 具有两种主要结构: 橄榄石相和磷铁钠矿相。而橄榄石相只能在 480 ℃ 以下稳定存在, 在 480 ℃ 以上则转变为磷铁钠矿相。因此, 橄榄石结构 $NaFePO_4$ 不能通过常规的高温固相转变合成, 目前主要采用橄榄石 $LiFePO_4$ 脱锂后通过电化学钠化的方法合成获得。

橄榄石结构 $NaFePO_4$ 属于正交晶系(空间群: Pnma), 晶体由 FeO_6 八面体和 PO_4 四面体构成空间骨架, Na^+ 则占据共边八面体位并形成沿 b 轴方向的长链。其中一个 FeO_6 八面体与两个 NaO_6 八面体和一个 PO_4 四面体共边, 而 PO_4 四面体则与一个 FeO_6 八面体与两个 NaO_6 八面体共边。钠离子具有一维传输通道, 在充放电过程中, 钠离子能够在不破坏主体结构的前提下很容易脱出/嵌入。在磷铁钠矿相型结构中, Na^+ 和 Fe^{2+} 的位置与橄榄石结构的正好相反, 磷酸根的位置保持不变, 这样的转变使得结构中缺少 Na^+ 传输通道, 而不具有电化学活性。

在橄榄石结构 $NaFePO_4$ 中, 可以实现接近一个 Na^+ 的可逆脱出/嵌入, 放电电压平台在 2.75 V 左右。研究发现, 橄榄石结构 $NaFePO_4$ 与 $LiFePO_4$ 充放电机理不同, 其在充放电过程中并不是单一的两相反应, 而是存在一个中间相 $Na_{2/3}FePO_4$。由于 $Na_xFePO_4(x>2/3)$ 体系中 Na^+/空位具有较大的固溶度, 因此充放电过程中 $2/3<x<1$ 时发生的是固溶反应, 在 $0<x<2/3$ 时

是 $Na_{2/3}FePO_4$ 和的 $FePO_4$ 两相反应。两个阶段中体积形变分别为 3.62% 和 13.48%，总体积变化高于的 6.9%。两个反应过程中不同的体积形变和动力学条件，使得放电嵌钠过程中 $FePO_4$ 到 $Na_{2/3}FePO_4$ 的反应平台（较高动力学阻碍）与 $Na_{2/3}FePO_4$ 到 $NaFePO_4$ 的反应平台（较低动力学阻碍）重叠，形成电压平台。在充电过程中，动力学阻碍较大的过程位于高电压平台，因此跟第一个平台之间的电压差会变得更大，展现出两个电压平台的特征。

相比较于橄榄石结构 $NaFePO_4$，热力学更为稳定的磷铁钠矿型 $NaFePO_4$ 由于缺少 Na^+ 传输通道，一般被认为不具有电化学活性。然而，2015 年，Kim 等制备的纳米级磷铁钠矿相 $NaFePO_4$ 展现出 142 mA·h/g 的容量（C/20），并且在 200 次循环后容量保持率达到 95%。这可能是由于钠离子脱出时，纳米级 $NaFePO_4$ 同时发生了向无定形 $FePO_4$ 转变。第一性原理计算结果表明，能表现出良好的电化学活性的原因在于所生产的无定形 $FePO_4$ 中 Na^+ 的迁移率显著提高，活化势垒仅为原始材料的 1/4。

与 $NaFePO_4$ 类似，$NaMnPO_4$ 的热力学稳定相也是磷铁钠矿型且其电化学性能同样不理想，而橄榄石结构 $NaMnPO_4$ 同样需要通过离子交换或者软化学合成法合成。Lee 等以 $NH_4Mn_{1-x}Fe_xPO_4·H_2O$（$x=0$, 0.5 和 1）和 $CH_3COONa·3H_2O$ 为前驱体，在 100 ℃通过离子交换制备混合离子橄榄石结构 $NaMn_{1-x}Fe_xPO_4$（$x=0$, 0.5 和 1），但其电化学性能受限于它的颗粒大小。实验结果表明，纳米级的颗粒有利于提高橄榄石型脱钠相的成核速率，进而提高材料的可逆性。

14.2.2.2　钠超离子导体材料

钠超离子导体（Na^+-super ionic conductor, NASICON）型结构的聚阴离子型化合物因具有较高的离子电导，最初用作固体电解质材料，如果其中过渡金属离子具有电化学活性，也可以用来作为电极材料。NASICON 材料化学式为 $A_3MM'(XO_4)_3$，其中 A = Ca、K、Na、Mg 等，M、M' = Fe、V、Ti、Cr、Nb、Ni 等，X = P、S、Si、B 等。首个 NASICON 结构材料 $Na_{1+x}Zr_2P_{3-x}Si_xO_{12}$ 由 Goodenough 提出并应用在高温 Na–S 电池中。$Na_3V_2(PO_4)_3$ 是该类材料中最具代表性的化合物，属于六方晶系，空间群为 R3C。由孤立的 VO_6 八面体和 PO_4 四面体通过共享的氧相互连接，形成 $V_2(PO_4)_3$ 单元组成，Na^+ 在其中占据两个不同的位置：$V_2(PO_4)_3$ 单元之间的 6b（Na1）位点和位于两个 PO_4 四面体之间的 18e（Na2）位点。Na1 和 Na2 的占有率分别为 1 和 2/3，意味着结构中存在大量空位，为 Na^+ 的扩散提供了更便利的通道，其理论容量为 118 mA·h/g，能量密度为 401 W·h/kg。$Na_3V_2(PO_4)_3$ 具有的两组活性电对 V^{3+}/V^{4+} 和 V^{2+}/V^{3+}，分别对应 3.4 V 和 1.63 V 的电压平台，可以用作钠离子电池的正极和负极材料。由于金属与磷酸盐之间稳定的共价键，$Na_3V_2(PO_4)_3$ 展现出良好的电化学和热学稳定性。然而其本征电子电导率较低，并且在可逆性及循环稳定性方面仍然需要加强。

碳支撑、涂覆或嵌入技术可以有效促进反应动力学，提高其电导率，从而提高电化学性能。并且碳材料的形貌和尺寸对最终复合材料的电化学性能有较大影响。采用静电纺丝技术制备的 $Na_3V_2(PO_4)_3$/C 纳米纤维在 2C 电流密度下展现出 94 mA·h/g 的容量，并且在 66 次循环中表现出良好的稳定性。$Na_3V_2(PO_4)_3$/乙炔碳纳米球在 0.5C 时在 2.3~3.9 V（vs. Na/Na^+）表现出 117.5 mA·h/g 的初始放电容量，接近的理论容量，并且在 5C 下循环 200 次后容量保持率为 96.4%。$Na_3V_2(PO_4)_3$/C 的层级结构或者在碳基材料中掺杂原子如 N 等也可以进一步提高其电化学性能。在 $Na_3V_2(PO_4)_3$ 表面生长致密的类石墨烯涂层，可以促进电子传输并减小充放电过程中的体积变化，在 0.2C 的条件下表现出 115 mA·h/g 的可逆容量及超长的循环稳定性能。此外，在 Na、V 和 P 位点的杂原子掺杂也可以调节 $Na_3V_2(PO_4)_3$ 晶体结构、稳定性、离子扩散率和本征电导率等，从而提高电化学性能。例如，采用较小尺寸的 Mg^{2+} 掺杂的 $Na_3V_{2-x}Mg_x(PO_4)_3/C$ 缩短了 V—O 键和 P—O 键的平均长度，使 Na^+ 更易扩散，$Na_3V_{2-x}Mg_x(PO_4)_3/C$ 在 1C 时的放电容量达到 112.5 mA·h/g。

除磷酸盐外，硅酸盐、硫酸盐、硼酸盐等聚阴离子型化合物也是常见的钠离子电池正极材料。钠基硅酸盐 Na_2MSiO_4（M=Fe、Mn）由于成本低、储量丰富，因此作为正极材料得到了广泛研究。由于诱导效应较弱，硅酸盐的氧化还原电位低于硫酸盐或磷酸盐的氧化还原电位。此外，由于 SiO_4^{4-} 基团分子量较小，有利于获得较高的容量。作为第一个用于钠离子电池的此类材料，Na_2CoSiO_4 在 5 mA/g 的条件下展现出 100 mA·h/g 的可逆容量和 3.3 V 的工作电压。Na_2FeSiO_4/C 在 27.6 mA/g 的条件下可以提供 181 mA·h/g 的高放电容量，在 100 次循环后能够保持 88% 的初始容量。尽管具有令人满意的可逆容量，但这种材料的能量密度不高。受益于聚阴离子型化合物中聚阴离子基团的诱导作用，由于其较高的电负性，SO_4^{2-} 基团取代磷酸盐 PO_4^{3-} 形成的硫酸盐可以实现更高的工作电压和良好的导电性。硼酸盐是最轻的聚阴离子，可以大大降低正极材料的自重，从而增加比容量。另外，硼可以出现在不同的氧配位状态中，能够提供多种可用于阳离子插层的结构框架，然而目前的研究还相对较少。

14.2.3　普鲁士蓝类材料及其衍生物

普鲁士蓝（Prussian blue, PB）最初是在 Johann Conrad Dippel 的实验室意外获得的。直到 1724 年，John Woodward 才首度披露其合成过程中的细节，随后，普鲁士蓝在 18 世纪和 19 世纪被用作颜料和染料。近年来，研究者发现了普鲁士蓝在储能领域的潜力并进行了深入研究。普鲁士蓝可在不改变其整体框架结构的前提条件下，通过调节其组成中金属元素的种类进行改性，对普鲁士蓝进行取代和间隙改性所得到的一系列新化合物，通常称为普鲁士蓝类化合物（PBAs）。PBAs 具有开放的骨架结构，丰富的氧化还原活性位和良好的结构稳定性。由于其低廉的材料成本、结构稳定性和电化学特性，特别是基于 Fe 和 Mn 的 PB 可以作为商业化钠离子电池电极开发使用。

普鲁士蓝类化合物代表着一大批具有钙钛矿型、面心立方结构（空间群 Fmm）的六氰合铁酸盐金属，其通式为 $A_xM_1[M_2(CN)_6]_{1-y}\cdot H_2O$，其中 M_1、M_2 通常为过渡金属元素，A 通常为 Li、Na、K，应用在钠离子电池中时，A 一般为 Na。M_1 和 M_2 可以是相同的金属元素，但是 M_2 一般为 Fe，也有少数报道 M_2 为 Mn。普鲁士蓝类化合物 $Na_2M[Fe(CN)_6]$ 的晶体结构示意图如图 14-3 所示，晶格中金属 M 与铁氰根按 Fe—C≡N—M 排列形成三维骨架结构，Fe 离子和 M 离子按立方体排列位于顶点，C≡N 位于立方体棱上，嵌入离子 A^+ 和晶格 H_2O 分子则处于立方体空隙中。Fe—C≡N—M 框架独特的电子结构，保证了 Fe^{3+}/Fe^{2+} 氧化还原电对有较高的工作电势（2.7~3.8 V, vs. Na^+/Na）；利用 M^{3+}/M^{2+} 和 Fe^{3+}/Fe^{2+} 氧化还原电对，最多可以实现两个 Na^+ 的可逆脱出/嵌入，对应理论比容量（以 $Na_2Fe[Fe(CN)_6]$ 为例）；开放的三维离子通道有利于 Na^+ 的快速脱出/嵌入；Fe-CN 的配位稳定常数较高，可以维持三维框架的稳定，较大的框架结构还可以降低 Na^+ 脱出/嵌入时的结构应力带来的影响，因而具有较长的循环寿命；整个骨架中过渡金属离子环境友好、成本低廉、合成简便，通过简单的液相沉淀反应即可制备，生成成本低；且普鲁士蓝具有较低的溶度积常数，有效避免了水溶液体系中的溶解流失问题，因此还可以作为水溶液体系正极材料。

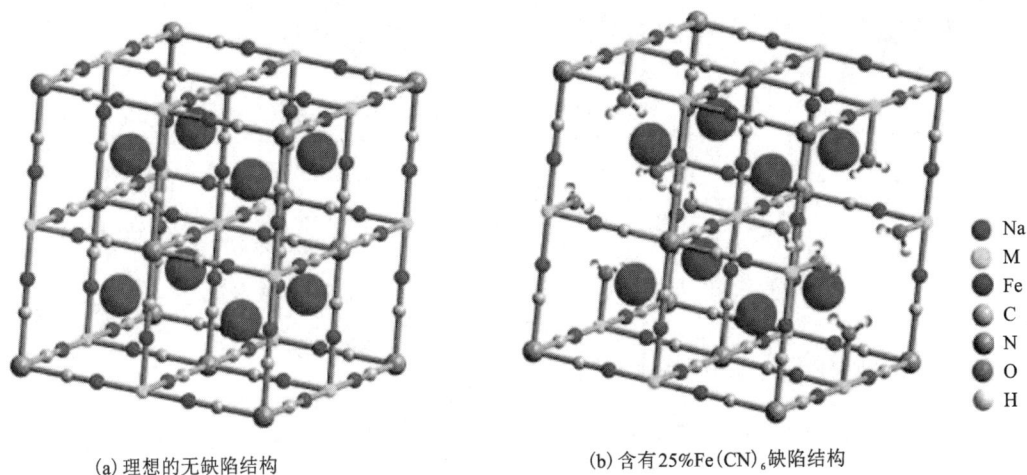

(a) 理想的无缺陷结构　　　　　　　　(b) 含有25%Fe(CN)$_6$缺陷结构

图14-3　普鲁士蓝类化合物 Na$_2$M[Fe(CN)$_6$]的晶体结构示意图

普鲁士蓝类正极材料虽然具有以上一系列优点，但在实际应用中普遍存在容量利用率低、效率低、倍率差和循环不稳定等缺点。这可能与普鲁士蓝结构的 Fe(CN)$_6$ 空位和晶格水分子有关，以 Na$_2$M[Fe(CN)$_6$] 为例说明：Na$_2$M[Fe(CN)$_6$] 一般由水溶液中的 M^{2+} 和 Na$_4$[Fe(CN)$_6$] 的快速沉淀反应制备而来，在快速的结晶过程中，普鲁士蓝晶格中会存在一定量的 Fe(CN)$_6$ 空位和晶格水分子，形成分子式为 Na$_{2-x}$M[Fe(CN)$_6$]$_{1-y}$·nH$_2$O 的化合物，这些 Fe(CN)$_6$ 空位和水分子会严重影响普鲁士蓝的电化学储钠性能。其具体表现为：①Fe(CN)$_6$ 空位减少了氧化还原活性中心，降低了晶格中的 Na 的含量，导致实际储钠比容量降低；②Fe(CN)$_6$ 空位增加了晶格中的水含量，而且部分水分子会脱出进入电解液中，导致首周效率和循环效率的降低；③晶格水分子占据了部分 Na$^+$ 的嵌入位点，导致实际容量比理论容量低；④Fe(CN)$_6$ 空位破坏了晶格的完整性，Na$^+$ 在脱出/嵌入时容易造成晶格扭曲甚至结构坍塌，导致循环性能的严重的衰减；⑤Na$_2$M[Fe(CN)$_6$] 前驱体制备时会涉及剧毒的 NaCN。

目前报道的普鲁士蓝类化合物主要包括贫钠类和富钠类两种。贫钠普鲁士蓝钠含量一般不超过1；富钠类普鲁士蓝钠含量一般不低于1，富钠材料不需要额外提供钠源，可以很好地与目前硬碳负极材料相匹配。随着晶格内钠含量的增加，晶格结构组件从立方结构向斜方六面体结构转化；晶体的颜色逐渐从柏林绿向普鲁士蓝再向普鲁士白转变，这主要是由氰基阴离子伸展模式频率改变导致的。通过控制前驱体比例和前驱体价态类型，可以合成不同钠含量的普鲁士蓝类化合物。普鲁士蓝储钠正极在有机电解液和水溶液体系中电化学行为均有研究，根据过渡金属离子 M^{n+} 种类的不同，主要分为：A$_x$Fe[Fe(CN)$_6$]、A$_x$Mn[Fe(CN)$_6$]、A$_x$Ni[Fe(CN)$_6$]、A$_x$Cu[Fe(CN)$_6$]、A$_x$Co[Fe(CN)$_6$] 和其他普鲁士蓝类材料。

14.2.4　钠离子电池正极材料合成方法

钠离子电池正极材料最常用的合成方法是固相法。该方法具有操作简单、易于控制、工艺流程短和易于工业化生产等优点，便于研究者迅速筛选开发出性能优异的电极材料。但是固相法得到的样品不能完全达到原子级别的均匀程度，有一定的局限性。其他合成方法，如溶胶-凝胶法、水热/溶剂热法、微波法、喷雾干燥法、离子交换法和共沉淀法等也能获得性能优异的样品。钠离子电池正极材料合成方法及其特点见表14-1。

表14-1 钠离子电池正极材料合成方法及其特点

合成方法	优点	缺点	适用条件
固相法	操作简单、易于控制、工艺流程短、成本低、易于生产等	烧结时间久、能耗较大、效率低、样品均匀性差和性能略差等	适用性强
共沉淀法	各元素混合均匀，形貌一般较好，易生产放大	需要控制的条件较多，成本较高，需处理废水	可溶性原料
溶胶-凝胶法	前驱体混合均匀，可降低煅烧温度和减少反应时间，降低生产成本，样品一致性较好、纯度高等	惰性气氛下易残留原位碳	可溶性原料、可原位包覆碳
喷雾干燥法	干燥过程迅速，前驱体形貌可控	设备一般较复杂，热消耗较大	原料可溶或不可溶均可
水热/溶剂热法	合成温度低、反应迅速、能耗少	反应条件不易控制、结晶性较差、产率低	原料可溶或不可溶均可
微波法	烧结时间短	形貌一般较难控制	

固相反应是固体间发生化学反应生成新固体产物的过程。固相法是制备电极材料和固体电解质材料较常采用的方法之一，具有工艺简单和成本低廉的优势。该法也属于多组分固相烧结法，即在多组分固相烧结过程中通过离子扩散形成固溶体或新的化合物。在该法中离子扩散的速度及其均匀性对产物的质量有着重要的影响。因此通过采取合适的方法提高材料离子扩散的性能，可促进多组分粉末体系烧结成相。要提高产物的纯度并缩短反应时间，可采用减小粉末粒径、提高粉末混合均匀性和适当提高烧结温度等方法。

固相法的合成条件，包括前驱体的选择、烧结程序、气氛和合成温度等，会对最后的产物产生影响，其中，合成温度的影响最为明显。一般而言，低钠含量时对应的热力学稳定相是P2相，高钠含量对应的热力学稳定相是O3相，但是在钠含量较低时，可能会形成热力学亚稳相的P3相或者O3相，这是因为最后影响成相结果的除了热力学因素，还包括动力学因素。

共沉淀法是指溶液中含有两种或多种阳离子，它们以均相存在于溶液中，加入沉淀剂，经沉淀反应后，可得到各种成分均一的沉淀，这是制备含有两种或两种以上金属元素化合物的重要方法。共沉淀法一般分为两种：第一种是一步共沉淀法，一般是向原料溶液中添加适当的共沉淀剂，使溶液中已经混合均匀的各离子按化学计量比共同沉淀出来，经抽滤干燥后即可得到所需样品；第二种是共沉淀法与高温固相法相结合获得目标产物的一种方法，即先通过共沉淀法获得前驱体，再通过煅烧分解结晶制得最终产物。共沉淀法制备的前驱体颗粒尺寸形貌可控，目标产物的颗粒均匀性可以得到有效保证，并且产物中有效组分可以达到原子或分子级别的混合程度，克服了固相法反应周期长和能耗大的缺点。

层状过渡金属氧化物拥有二维传输通道，钠离子传输快；压实密度较高，拥有较高能量密度；制备工艺和三元材料一致，可以直接使用现有设备，缩短产业化周期，降低研发成本。因此，层状过渡金属氧化物的制备工艺主要采用共沉淀法制备前驱体材料后，加入钠源，再采用高温固相法制备获得最终成品。

以 $NaNi_{1/3}Fe_{1/3}Mn_{1/3}O_2$ 为例，其制备工艺流程图如图 14-4 所示。通过将选用的镍盐、锰盐、铁盐按照 1：1：1 的物质的量之比进行配比，加入沉淀剂和 pH 调节剂，进行共沉淀反应，将反应得到的沉淀物进行过滤、洗涤、干燥，获得前驱体，然后加入一定量的钠源，采用机械球磨的方式，将两者混合均匀后，放入烧结炉中，进行高温烧结，最后得到 $NaNi_{1/3}Fe_{1/3}Mn_{1/3}O_2$ 正极材料。

其中，可用作镍盐的有硫酸镍、氯化镍、硝酸镍、乙酸镍和柠檬酸镍等；可用作锰盐的有硫酸锰、氯化锰、硝酸锰、乙酸锰和柠檬酸锰等；可用作铁盐的有硫酸铁、氯化铁、硝酸铁、乙酸铁和柠檬酸铁等；可用作沉淀剂溶液的有氢氧根沉淀溶液、碳酸根沉淀溶液和草酸根沉淀溶液等；可用作钠源的有碳酸钠、氢氧化钠、乙酸钠和醋酸钠等。

在工业生产中，高温煅烧后得到的 $NaNi_{1/3}Fe_{1/3}Mn_{1/3}O_2$ 正极材料，还需要经过粉碎、过筛、除铁、包装等步骤，以确保该材料的纯度、粒度大小等满足要求。

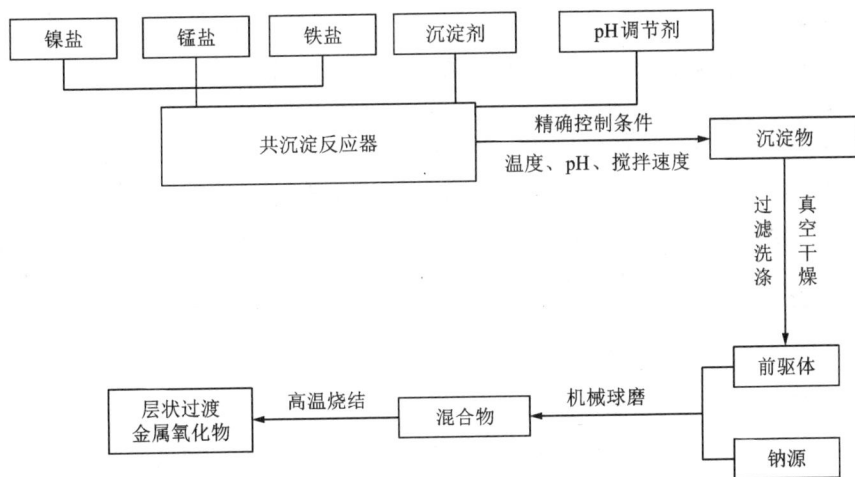

图 14-4　层状过渡金属氧化物制备工艺流程图

✎ **随堂练习**

多选题

1. 钠离子电池的正极材料有哪些？（　　　　）

A. 层状过渡金属氧化物　　　　　　　B. 聚阴离子型化合物

C. 普鲁士蓝及其衍生物　　　　　　　D. 软碳材料

2. 以下属于层状过渡金属氧化物优点的是（　　　　）。

A. 能量密度高　　　　　　　　　　　B. 倍率性能优异

C. 与锂电正极工艺、设备兼容性高　　　　D. 适合大规模量产

3. 以下属于普鲁士蓝及其衍生物优点的是(　　　)。

A. 成本低　　　　　B. 制作合成简单　　　　C. 压实密度高　　　　D. 放电比容量高

任务三：认识钠离子电池负极材料

🖊 学习目标

【素质目标】

1. 坚定行业发展自信，坚定新能源行业发展的强劲力量；

2. 会用发展的眼光看待材料的发展。

【能力目标】

1. 能掌握钠离子电池的负极材料选用要求；

2. 了解钠离子电池负极材料的分类及特点。

【知识目标】

1. 了解钠离子电池的负极材料选用要求；

2. 理解钠离子电池负极材料的分类及特点。

在实验室研究中，常以金属钠作为负极材料来评价一种电极材料的性能。在实际电池体系中，如果以金属钠作为负极材料，电池循环过程中容易在负极侧析出钠枝晶而刺破隔膜，导致电池内部短路。同时，由于金属钠的熔点低（97.9 ℃），反应活性高，在电池制造及使用过程中会产生安全隐患。在钠离子电池中很难以金属钠作为负极，所以迫切需要开发其他负极材料。近些年，钠离子电池负极材料的研究相继取得重要进展，目前已经报道的钠离子电池负极材料主要包括碳基、钛基、有机类、合金类及其他负极材料等。

作为钠离子电池负极材料应该满足以下要求：

①负极的氧化还原电势应尽可能低，但要高于钠的沉积电势，从而使电池的输出电压高且不析钠；

②随着钠离子的不断嵌入/脱出，氧化还原电势的变化应尽可能小，电池的电压不会发生显著变化，可以保持较平稳的电压输出；

③具有合适的比表面积，首周库仑效率高；

④储钠位点多，比容量高；

⑤在钠离子的嵌入/脱出过程中，结构没有或者很少发生变化，以确保好的循环性能；

⑥具有较高的电子电导率和离子电导率，可进行快速充放电；

⑦能够与电解质形成良好的 SEI，在宽的电压窗口下能够稳定循环；

⑧成本低廉，对环境无污染等。

14.3.1　碳基负极材料

碳基负极材料的研究主要集中于石墨类碳材料、无定形碳材料以及纳米碳材料。石墨作

为已实现商业化应用的锂离子电池负极材料，其理论比容量为 372 mA·h/g，储锂电位约为 0.1 V(vs. Li$^+$/Li)。然而，由于热力学原因，钠离子难以嵌入石墨层间，不容易与碳形成稳定的插层化合物，因此钠离子电池难以将石墨作为负极材料。无序度较大的无定形碳基负极材料具有较高的储钠比容量、较低的储钠电位和优异的循环稳定性，是最有应用前景的钠离子电池负极材料。纳米碳材料主要包括石墨烯和碳纳米管等，主要依靠表面吸附储钠，实现快速充放电，但是首周库仑效率低和循环性能差等问题使其难以获得实际应用。

石墨因具有较高的比容量和良好的循环性能，成为目前应用最为广泛的锂离子电池负极材料。虽然钠与锂的性质相近，但石墨的储钠容量十分有限。1958 年，Asher 等采用气相法将钠蒸气与石墨充分反应，发现仅有极少量的钠原子能嵌入石墨层中并形成 NaC$_{64}$ 化合物。1988 年，Ge 等对石墨电极的电化学行为进行了研究，其充放电曲线表现为一条倾斜曲线，对应着 NaC$_{64}$ 化合物的生成。

关于石墨储钠容量低，早期观点认为，石墨层间距过小，较大半径的钠离子嵌入石墨层间需要更大的能量，因此无法在有效的电压窗口内进行可逆嵌入/脱出。但是，半径比钠离子更大的同主族碱金属离子(K$^+$、Rb$^+$ 和 Cs$^+$)在石墨中有较高的可逆容量，这说明石墨储钠容量较低并不是钠离子半径大造成的。理论计算表明，石墨储钠容量低应归因于热力学因素。钠离子与石墨层之间的相互作用弱，钠离子难以与石墨形成稳定的插层化合物是石墨储钠容量低的原因。

由于石墨在碳酸酯类电解液中的储钠比容量低，研究者将研究重点主要集中在石墨化程度较低的各种无定形碳材料上。在无定形碳微观结构中，弯曲石墨层状结构排列零乱且不规则，存在缺陷，而且晶粒微小，含有少量杂原子。由于石墨层间的范德瓦耳斯力较弱，石墨碳层的随机平移、旋转和弯曲导致了不同程度的堆垛位错，大部分碳原子偏离了正常位置，周期性的堆垛也不再连续，碳原子层无规则地堆积在一起，形成湍层无序结构。在无定形碳材料中，石墨微晶区相对较少，结晶度比较低，L$_a$ 和 L$_c$ 值相对小，同时石墨微晶片层的组织结构不像石墨那样规整有序，所以宏观上没有表现出晶体的性质。

在碳材料领域，通常按照石墨化难易程度，将无定形碳材料划分为易石墨化碳和难石墨化碳两种。易石墨化碳又称为软碳，通常是指在 2800 ℃ 以上可以石墨化的碳材料，无序结构很容易被消除。难石墨化碳又称硬碳，通常是指在 2800 ℃ 以上难以完全石墨化的碳材料，在高温下其无序结构难以消除。这两种无定形碳材料的主要差别在于它们的碳层的排列方式不同。

14.3.2　钛基负极材料

除了碳材料外，嵌入型钛基负极材料也受到了研究者的广泛关注。由于 Ti^{4+}/Ti^{3+} 的氧化还原电势处于 0~2 V(vs. Na$^+$/Na)，氧化还原电势较低，钛在可变价的过渡金属元素中是一个比较合适的选择。四价钛元素在空气中可以稳定存在，在不同晶体结构中表现出不同的储钠电位。制备结构不同的含钛化合物以获得具有合适电位的负极材料对提高电池性能具有重要的意义。目前，可用作负极的钛基材料有 Na$_2$Ti$_3$O$_7$、Li$_4$Ti$_5$O$_{12}$ 和 Na$_{0.66}$[Li$_{0.22}$Ti$_{0.78}$]O$_2$ 等。

Na$_2$Ti$_3$O$_7$ 具有单斜层状结构，空间群为 P2$_1$/m。三条共边的 TiO$_6$ 八面体组成一个单元，这个单元再通过共边与其他相似上下单元组成一个整体，这样，沿着 b 轴方向形成 Zig-Zag 型链状结构，该链状结构再通过八面体顶角链接，在 a 轴方向形成层状结构。钠离子占据层间的位置，因此可以在层间迁移。然而，这种材料的导电性较差，需要添加 30% 的导电添加剂来提高电子电导率，大量的导电添加剂会导致首周库仑效率降低，且循环性能仍然不稳定。

$Li_4Ti_5O_{12}$ 属于尖晶石结构，空间群为 $Fd\bar{3}m$，其中 O^{2-} 位于 32e 位置，构成面心立方点阵，部分 Li^+ 位于四面体 8a 位置，剩余 Li^+ 和 Ti^{4+} 位于八面体 16d 空位中，因此，其结构式为 $[Li]_{8a}[Li_{1/3}Ti_{5/3}]_{16d}[O_4]_{32e}$，晶格常数 $a=0.836nm$。尖晶石结构的 $Li_4Ti_5O_{12}$ 在充放电过程中的体积形变小，锂离子迁移速度快，从而显示出优异的长循环寿命和倍率性能，成为锂离子电池重要的负极材料。胡勇胜等发现 Na^+ 能在尖晶石结构的 $Li_4Ti_5O_{12}$ 中实现可逆嵌入、脱出，并首次发现尖晶石结构能实现 Na^+ 的可逆存储。在 $0.5\sim3.0$ V，可逆比容量约为 150 mA·h/g，对应 3 个 Na^+ 的嵌入/脱出，其平均储钠电位为 0.91 V，比在锂离子电池中的储钠电位低 0.5 V。

借助于第一性原理计算和原位 XRD 表征，可以推断 Na^+ 嵌入 $Li_4Ti_5O_{12}$ 的晶格会导致新型的三相反应，这直接验证了球差校正透射电镜环形明场成像技术（ABF-STEM），并从原子级别观察到了 3 个相之间的界面结构。

14.3.3　有机类负极材料

有机化合物具有丰富的化学组成，原材料来源广泛，成本低廉，对环境友好，并具有可调节的电化学窗口，作为钠离子电池负极材料引起了研究者的极大兴趣。在容量和工作电压方面，羧酸类共轭有机分子可以提供相对较好的电化学性能，但是倍率性能和循环性能仍然有待提高。有机化合物的最大问题在于材料的电子电导率比较低并且易溶于电解液。提高材料的电子电导率是实现有机化合物实用化的关键。通过调控分子结构、表面包覆和聚合方式等提高钠离子电池有机类负极材料性能是这类材料的研究重点。

14.3.4　合金类负极材料

Na-M（M=Sn、Pb、P、Sb 和 Bi）合金类材料作为钠离子电池负极材料，具有较高的理论比容量，较低的储钠电位，良好的导电性，此外还可以避免由金属钠导致的枝晶问题，使其安全性得以提高。钠合金的出现在一定程度上消除了金属钠负极可能存在的安全隐患，但是钠合金在反复循环过程中会出现较大的体积变化，电极材料会逐渐粉化，电池比容量迅速衰减。因此对于合金类材料而言，提高其循环稳定性是研究的重点。

14.3.5　其他负极材料

其他负极材料包括金属氧化物（如 Fe_2O_3、CuO、CoO、MoO_3 和 $NiCo_2O_4$ 等）和硫化物（如 MoS_2、SnS 等）。金属氧化物类负极材料自身导电性较差，存在易团聚和转化反应不可逆等问题，在循环过程中会产生较大的体积膨胀，破坏电极材料的完整性，导致较差的循环稳定性和倍率性能。因此，需要设计一些新型的具备微纳结构的金属氧化物和硫化物等材料以提高其电化学性能。

✎ 随堂练习

多选题

1. 以下属于钠离子负极材料的是（　　　）。

A. 层状过渡金属氧化物　　　　　B. 碳基材料

C. 钛基材料　　　　　　　　　　D. 聚阴离子型材料

2. 以下关于负极材料选用说法正确的是(　　)。

A. 负极的氧化还原电势应尽可能高　　B. 具有较高的电子电导率

C. 能够与电解质形成良好的 SEI　　　　D. 储钠位点多,比容量高

任务四：认识钠离子电池其他材料

学习目标

【素质目标】

1. 坚定行业发展自信,坚定新能源行业发展的强劲力量;

2. 会用发展的眼光看待材料的发展。

【能力目标】

1. 能表述钠离子电池电解质的作用、分类和选用要求;

2. 能介绍钠离子电池隔膜的作用、分类和选用要求。

【知识目标】

1. 了解钠离子电池电解质的作用、分类和选用要求;

2. 理解钠离子电池隔膜的作用、分类和选用要求。

14.4.1 电解质

电解质作为连接正负极的桥梁,承担着在正负极之间传输离子的作用,是电池的重要组成部分,对电池的倍率、循环寿命、安全性和自放电等性能都起着至关重要的作用。钠离子电池电解质可分为液体电解质和固体电解质,其中,液体电解质又习惯性地被称为电解液。

14.4.1.1 液体电解质

液体电解质主要由溶剂、溶质和添加剂构成,三者共同决定了电解液的性质。在溶剂方面,目前应用于钠离子电池的溶剂主要为酯类溶剂和醚类溶剂。酯类溶剂是较为常用的一类溶剂,尤其以环状和链状碳酸酯较为常用,基于碳酸酯类溶剂的电解液往往具有离子电导率高和抗氧化性好的优点,其中,环状碳酸酯介电常数显著高于其他类溶剂,能够较好地溶解钠盐,但其黏度相对较高。酯类溶剂介电常数远低于环状碳酸酯,高于链状碳酸酯,黏度较低,抗氧化能力相对较差,在高电压下易分解,在实际应用中受到一定限制。醚类溶剂与金属钠等负极兼容性较好,且能够与钠离子共嵌入石墨并表现出良好的可逆性,使得在酯类溶剂中无法嵌钠的石墨在该类溶剂体系中也能作为负极使用。在实际使用过程中,将两种甚至多种溶剂混合使用是较为常见的一种方法,可以综合各种溶剂优点。一般来说,可以用作钠离子电池溶剂的有碳酸丙烯酯(propylene carbonate, PC)、碳酸乙烯酯(ethylene carbonate, EC)、碳酸二乙酯(diethyl carbonate, DEC)、碳酸二甲酯(dimethyl carbonate, DMC)和乙二醇二甲醚(1, 2-dimethoxyethane, DME)等。

在钠盐方面，拥有大半径阴离子且阴阳离子间缔合作用弱的钠盐是较好的选择，该特征能够保证钠盐在溶剂中较好地溶解，提供足够的离子电导率，从而获得良好的离子传输性能。常用的钠盐包含无机钠盐和有机钠盐两类，无机钠盐较为常用，但也存在氧化性较强和易分解等问题，有机钠盐热稳定性较好，但存在腐蚀集流体或成本相对较高等缺点。一般有使用钠盐作为电解质的溶质材料，而常用的钠盐有 $NaPF_6$、$NaClO_4$、$NaBF_4$、$NaSO_3CF_3$ 等。

添加剂的使用能够弥补上述溶剂或钠盐存在的一些缺点，将少量添加剂加入电解液中，就能起到在电极材料表面形成保护膜、降低有机电解液可燃性以及防止过充等某一个或某几个方面的作用，这也使得添加剂的研究愈发重要。按照添加剂的组成，钠离子电解液的添加剂可以分为无机添加剂和有机添加剂。无机添加剂以固体钠盐为主，包括 $NaBF_4$、$NaNO_3$ 和 $NaC_2O_4BF_2$ 等；有机添加剂则包括了碳酸亚乙烯酯（vinylene carbonate，VC）、氟代碳酸乙烯酯（fluoroethylene carbonate，FEC）、反式二氟代碳酸乙烯酯（trans-difluoroetyhene carbonate，DFEC）、亚硫酸乙烯酯（ethylene sulfite，ES）、1，3-丙烷磺酸内酯（1，3-propane sultone，1，3-PS）等。

含有大量有机溶剂的电解液通常具有很高的可燃性，具有安全性隐患。为了提升电解液的安全性，除了添加阻燃添加剂外，使用水系电解液、高盐浓度电解液以及离子液体电解液等新型电解液体系也能够增强电解液的阻燃性。除阻燃性外，这些新型电解液体系也具有其他的优势，例如：水系电解液成本相对较低，高盐浓度电解液具有良好的界面成膜性质，以及离子液体电解液电化学窗口较宽等。然而水系电解液电化学窗口较窄，高盐浓度电解液和离子液体电解液黏度较高且成本较高等劣势也使得这些新型电解液在实际应用中受到一定限制。

除了安全性问题的研究外，电解液与电极材料形成的固-液界面的研究也是电解液领域研究的热点。电解液与电极材料在首周充放电过程中会形成固-液界面膜，界面膜的存在可以阻止电解液持续接触电极材料而分解，从而使电解液的电化学窗口得以扩宽。总体而言，固-液界面膜的致密性、厚度和组分等因素对电池的循环性能有很大的影响，获得稳定的、具有保护作用与稳定传输 Na^+ 的界面膜一直是研究者追求的目标。

常用的电解液一般包含多种组分，组分的种类和含量对钠离子电池的工作电压上限、循环寿命以及工作温度范围等都有决定性的作用。然而目前电解液方面的理论知识对实验的指导不足，电解液的配方很大程度上来源于实践经验。由于锂离子电池与钠离子电池工作机理以及电解液体系相近，钠离子电池电解液的开发可以遵循和借鉴前者的经验和思路。但钠离子电池自身也具备诸多不同于锂离子电池的特点，锂离子电池电解液方面的很多研究结论在钠离子的电池体系中并不适用，对钠离子电池电解液的基础研究工作亟待进一步开展。

一般而言，理想的钠离子电池电解液应具备以下特征：

①溶点低、沸点高，即具有较宽的液程。电解液的溶、沸点主要由溶剂的性质决定，有机溶剂液态温度范围的上限和下限通常是同步变化的，高沸点的溶剂，其溶点也相对应较高。同时，高沸点的溶剂一般具有高介电常数、高极性、高钠盐溶解度以及低挥发性等优势；低溶点的溶剂一般黏度比较低，对电极材料的浸润性较好。两种或者多种溶剂混溶是实现电解液具备高沸点和低溶点的重要途径。

②离子电导率高，钠离子迁移数高，电子绝缘。离子电导率高意味着电解液能有效传输离子，钠离子迁移数高表明 Na^+ 相对于阴离子迁移更快；电导率低则代表电解液能减少自放

电。电解液的离子电导率主要与载流子数以及整体的黏度有关，有机电解液体系的离子电导率一般在 $10^{-3} \sim 10^{-2}$ S/cm，水系电解液的一般在 $10^{-2} \sim 10^{-1}$ S/cm。

③化学稳定性好。化学稳定性指的是电解液本身基本不与电池中其他材料发生化学反应的性质，电解液的化学稳定性决定了电解液与电池体系中其他材料的兼容性。

④电化学稳定性好。电化学稳定性指的是电解液在一定电压范围内不会因为电化学反应而被持续氧化或者还原的性质。这一性质主要表现在电化学窗口上，即电解液发生氧化反应和还原反应间的电势差，电化学窗口越宽，电解液的电化学稳定性越强。电池体系的能量密度由正负极材料的比容量和工作电压共同决定，而电解液的电化学窗口决定了电池工作电压上限。

⑤热稳定性好、可燃性低。有机电解液的溶剂一般都是以 C、H、O 三种元素为主，具有很高的可燃性，存在安全隐患。发展在较宽温度范围内稳定且不易燃易爆的电解液体系是必然趋势。

⑥成本低、毒性低。电解液的成本和毒性也是需要考虑的因素，是新型电解液开发的方向。

14.4.1.2　固体电解质

目前，钠离子电池的基础科学研究及性能评价多集中于有机液体电解质体系。然而，有机电解液中易挥发、易燃烧的有机溶剂在电池使用过程中存在安全隐患。固体电解质没有有机电解液的上述缺点，使用固体电解质同时代替电解液与隔膜，可进一步提升电池的安全性。值得一提的是，将固体电解质和双极性电极交替堆垛可以组装双极性固态电池，其中，双极性电极为正负极材料分别涂覆于铝箔集流体两侧的电极。双极性固态电池的设计形式可减少电池封装材料的使用，有效提升电池的能量密度。

固体电解质最初起源于 19 世纪末 Nernst 发现的氧离子导体-氧化锆发光体。通常，将在一定的温度范围内具有能与液体电解质相比拟的离子电导率和低的离子传导激活能的固体电解质称作快离子导体或超离子导体。首种钠离子固体电解质 Na-beta-Al_2O_3，是由 Yao 和 Kummer 于 1967 年发现的，并在之后的高温 Na-S 电池中得到应用。随后 Hong 和 Goodenough 于 1976 年提出 NASICON 型的 $Na_{1+x}Zr_2P_{3-x}Si_xO_{12}(0 \leqslant x \leqslant 3)$ 快离子导体。1992 年，Jansen 合成了四方相的硫化物固体电解质 Na_3PS_4 单晶。除了钠离子无机固体电解质，钠离子聚合物导体也是一类非常重要的固体电解质。1975 年，Wright 报道了 NaSCN/PEO 复合物具有传导离子的特性。之后，研究者将有机固体电解质柔软的机械性能与无机固体电解质高的离子电导率相结合，开发出了综合性能优异的有机-无机复合固体电解质。此外，作为从液态电池到全固态电池的过渡，固液混合电池中的凝胶类聚合物电解质兼具有机电解液较高的离子电导率和聚合物良好的机械性能，也是目前的研究开发的重点。

除了对固体电解质本身的特性进行研究以外，固体电解质与电极之间的界面问题也受到了广泛关注。固态电池中电解质与电极之间一般是点-点或点-面接触，这种接触方式的有效接触面积不足，会引起界面阻抗增加，造成电池内阻增大，极化增大，最后导致电池容量降低等问题。由于固体电解质本身的电化学窗口较窄，容易与高电压电极不匹配而引发副反应，或电极材料中过渡金属离子对电解质催化分解，造成电池循环性能变差等。因此，固态电池中的固体电解质与电极材料之间界面问题是目前阻碍固态电池发展的关键因素。

目前，固态钠电池还处于实验室研究阶段，所使用的负极主要为活性剂高的金属钠，因此，必须在惰性气氛手套箱中处理，这增加了固态电池制备的难度。此外，基于金属钠的固态电池，使用过程中如果意外破损，暴露的金属钠将引起严重的安全问题。因此，开发新型负极以取代金属钠也是重要的发展方向。

对于可实际应用于固态电池的固体电解质，需要满足以下要求：

①总的离子电导率在工作温度下尽可能高，且电子电导率可以忽略。

②与正负极不发生化学反应。

③电化学窗口宽，电池循环过程中正负极界面稳定。

④与正负极有良好的接触，能形成低阻抗界面。

⑤制备简单、成本低廉、环境友好。

14.4.2 隔膜

隔膜材料是液态钠离子电池中十分关键的组成部分，除物理分隔电池正负极而避免短路外，还能保证电解液溶剂分子的渗透、浸润以及溶剂钠离子的输运。在固态钠电池中，因固体电解质兼具电解液与物理隔离的功效，通常不需要隔膜这一组成部分。

而对于液态钠离子电池，隔膜的电学性能、力学稳定性、电化学稳定性热稳定性等会在一定程度上影响钠离子电池的电化学性能。因此，在选用隔膜材料时，应该满足以下条件：

①选用的隔膜材料需要是电子绝缘材料，同时离子电阻要尽可能小。

②隔膜的机械强度需要尽量高而且厚度要小。

③隔膜应不与电解液发生反应，也不能影响电解液的化学化学性质（对钠盐及溶剂惰性）。在高电压与低电压的操作条件下，电池中的隔膜材料不会失效。

④能耐受低温以及高温等恶劣温度条件的影响而保持其他性质没有大幅度的变化（缩小或膨胀），尤其高温的抗氧化表现应良好。

⑤应该具有较高的透气率、较小的接触角。高透气率有助于减小隔膜电阻，接触角越小，表明隔膜的浸润性越好。

⑥合适的孔径大小和孔隙率。孔径大小会影响隔膜的透气性，过大的孔径可能造成正负极微短路，并且枝晶也更容易穿透；孔隙率也会影响电解液的吸收。

⑦较强的耐腐蚀性和低的热收缩率。在较高环境下隔膜的收缩率低，尺寸稳定，否则正负极易接触造成短路。

综上所述，隔膜特性与电池性能甚较为复杂，例如：电池内阻的大小与隔膜厚度、孔径和孔隙率等均有关联，需要满足各个具体的要求。隔膜材料与实际电池器件的整体安全性有很大的关联，在满足隔膜材料基本安全性能的同时，如何使得隔膜材料变得更加轻薄也很重要。

在锂离子电池中所选用的隔膜体系通常是聚烯烃类的聚合物材料，如聚乙烯（PE），聚丙烯（PP）和 PP-PE-PP 复合膜；另外，玻璃纤维隔膜（其主要成分为二氧化硅和氧化铝等无机氧化物）也是实验室里使用较多的隔膜。玻璃纤维隔膜一般采用拉丝法制备，而聚烯烃类隔膜一般采用相分离法或延伸法制备。二者的共性是机械强度高、电绝缘性好且具备丰富的孔道。锂离子电池所选用的隔膜材料基本都可以移植到钠离子电池体系。

目前，常用的商业化隔膜有 Celgard 2400、Whatman GF/C 和 Whatman GF/D 等。其中，Celgard 2400 属于聚烯烃类，具有多孔的微观形貌，孔洞的尺寸约为 50 nm；而属于玻璃纤维的 Whatman GF/C 和 Whatman GF/D，其表面形貌为长条纤维状，直径大概为 3 μm，具有大的比表面积。三者的主要成分和性能指标见表 14-2。不论多孔结构还是纤维结构，中空的微观结构都有利于电解液的吸附以及离子的传输。

表 14-2 常见隔膜的主要成分和性能指标

品种	结构	成分	吸液率/%	厚度/μm
Celgard 2400	单层膜	PP	20~40	25
Whatman GF/C	多层膜	SiO_2，Al_2O_3，MgO 等	760	260
Whatman GF/D	多层膜	SiO_2，Al_2O_3，MgO 等	752	675

在同种有机电解液下测试这三种隔膜的性质，交流阻抗结构显示：相比于玻璃纤维隔膜，聚烯烃类隔膜的电荷转移阻抗较大，将影响电荷传输，而玻璃纤维隔膜的电荷转移阻抗比聚烯烃类隔膜的阻抗要小 2~3 个数量级。注意，不同厂家及类型的隔膜的基本指标常有较大出入，可根据需求选择不同种类的隔膜材料。

表 14-2 为三种隔膜的吸液率，相比于玻璃纤维隔膜超过 700% 的吸液率，聚烯烃类隔膜的吸液率只有 20%~40%。综上，实验室级别的扣式钠离子电池隔膜更适合选用玻璃纤维类材料。玻璃纤维隔膜存在的主要问题是较厚，不利于进一步提升钠离子电池的体积能量密度。为了进一步提升电池的能量密度，在实际电池中仍需使用更加轻薄的聚烯烃类薄膜。

传统隔膜的改性主要聚焦于界面。目前，在锂离子电池中，涂覆 Al_2O_3 的陶瓷隔膜已获得大规模的商用化应用。钠离子电池也可以借鉴此思路进行进一步改性。例如，在传统的聚烯烃 PE 隔膜上涂覆聚偏二氟乙烯-六氟丙烯（PVDF-HFP 共聚物）与 ZrO_2 纳米颗粒的聚合物涂层，均匀分散的 ZrO_2 纳米颗粒在聚合物涂层上诱导形成许多微孔，这些微孔使得隔膜结构更加开放，从而能够被电解液完全浸润，这种复合隔膜大幅度改善了电池内部的离子传导性质，循环 50 次后比容量保持率可达 95.8%。

✏️ **随堂练习**

多选题

1. 液体电解质的组成？（　　）

A. 溶剂　　　　　　B. 溶质　　　　　　C. 添加剂　　　　　　D. 导电剂

2. 关于固体电解质材料的选用，以下说法正确的是？（　　）

A. 与正负极不发生化学反应　　　　　　B. 制备简单、环境友好

C. 电化学窗口宽，电池循环过程中正负极界面稳定　　　D. 成本高

3. 关于隔膜材料选用，以下说法正确的是？（　　）

A. 需要是电子绝缘材料　　　　　　B. 隔膜的机械强度需要尽量高而且厚度要小

C. 合适的孔径大小和孔隙率　　　　　　D. 较强的耐腐蚀性

主要参考文献

［1］胡国荣，杜柯，彭忠东，等.锂离子电池正极材料-原理、性能与生产工艺［M］.北京：化学工业出版社，2017.

［2］杨军，解晶莹，王久林.化学电源测试原理与技术［M］.北京：化学工业出版社，2006.

［3］王伟东，仇卫华，丁倩倩，等.锂离子电池三元材料-工艺技术及生产应用［M］，北京：化学工业出版社，2015.

［4］Liu Z L, Yu A L, Lee J Y. Synthesis and characterization of $LiNi_{1-x-y}Co_xM_yO_2$ as the cathode materials of secondary lithium batteries［J］. Journal of Power Sources, 1999, 81-82: 416-419.

［5］Ohzuku T, Makimura Y. Layered lithium insertion material of $LiCo_{1/3}Ni_{1/3}Mn_{1/3}O_2$ for lithium-ion batteries ［J］. Chem Lett, 2001, 7: 642-643.

［6］Venkatraman S, Choi J, Manthiram A. Factors influencing the chemical lithium extraction rate from layered $LiNi_{1-y-z}Co_yMn_zO_2$ cathodes［J］. Electrochem Commun, 2004, 6: 832-837.

［7］Noh H J, Youn S, Yoon C S, et al. Comparison of the structural and electrochemical properties of layered Li$［Ni_xCo_yMn_z］O_2$ (x = 1/3, 0.5, 0.6, 0.7, 0.8 and 0.85) cathode material for lithium-ion batteries［J］. Journal of Power Sources, 2013, 233: 121-130.

［8］Kim H G, Myungb S T, Leed J K, et al. Effects of manganese and cobalt on the electrochemical and thermal properties of layered Li$［Ni_{0.52}Co_{0.16+x}Mn_{0.32-x}］O_2$ cathode materials Journal of Power Sources［J］. 2011, 196: 6710-6715.

［9］Yoshizawa H, Ohzuku T. An application of lithium cobalt nickel manganese oxide to high-power and high-energy density lithium-ion batteries［J］. Journal of Power Sources, 2007, 174: 813-817.

［10］Hiroaki Konishi, Masanori Yoshikawa, Tatsumi Hirano, et al. Evaluation of thermal stability in $Li_{0.2}Ni_xMn_{(1-x)/2}Co_{(1-x)/2}O_2$ (x = 1/3, 0.6 and 0.8) through X-ray absorption fine structure［J］. Journal of Power Sources, 2014, 254: 338-344.

［11］范瑾初，金兆丰.水质工程［M］.北京：中国建筑工业出版社，2009.

［12］江名喜，席莉.储能材料技术专业职业技能综合实训［M］.长沙：中南大学出版社，2023.

［13］王伟东，杨凯，关豪元，等.三元材料前驱体产线设计及生产应用［M］.北京：化学工业出版社，2021.

［14］沈泉飞，吴晓鹏，余绍华.关于PPH储罐挤出缠绕储罐相关问题的探析［J］.中国建材科技，2015(8)：295，299.

［15］周海鸰，龙秉文，王利生，工业结晶器模型研究进展［J］.化学工业与工程技术，2004，25 (2)：35-39.

［16］杨守志，孙德望，何方箴.固液分离［M］.北京：冶金工业出版社，2008.

［17］金国森.干燥设备［M］.北京：化学工业出版社，2002.

［18］李世华.锂离子电池正极材料制造设备大全(中册)设备操作篇［M］.北京：中国建筑工业出版社，2017.

［19］李争.磷酸铁锂烧结设备——全纤维材料气氛双推板窑的研制［J］.电子工业专用设备，2007(150)：

31-35.

[20] 孙桂章.电热辊道窑[J].陶瓷,1983(5):21-23.

[21] 魏唯,甘和明,刘杰.软磁铁氧体烧结专用设备——钟罩式气氛烧结炉的研制[J].磁性材料及器件,2004(8):27-29.

[22] 张国旺.超细粉碎设备及其应用[M].北京:冶金工业出版社,2005.

[23] 王绪然.振动电磁除铁器基本设计参数的选取[J].中国铸造装备与技术,1996(2):50-53.

[24] Li W, Reimers J N, Dahn J R. In situ X-ray diffraction and electrochemical studies of $Li_{1-x}NiO_2$ Solid State Ionics[J]. 1993, 67: 123-130.

[25] René H, Dirk B, Wolfram J. A surface science approach to cathode/electrolyte interfaces in Li-ion batteries: Contact properties, charge transfer and reactions[J]. Progress in Solid State Chemistry, 2014, 42(4): 175-183.

[26] Hwang S, Chang W, Kim S M, et al. Investigation of Changes in the Surface Structure of $Li_xNi_{0.8}Co_{0.15}Al_{0.05}O_2$ Cathode Materials Induced by the Initial Charge[J]. Chem Mater, 2014, 26(2): 1084-1092.

[27] Fu C Y, Zhou Z L, Liu Y H, et al. Synthesis and electrochemical properties of Mg-doped $LiNi_{0.6}Co_{0.2}Mn_{0.2}O_2$ cathode materials for Li-ion battery[J]. Wuhan Univ Technol, 2011, 26: 211-215.

[28] Zhou F, Zhao X M, Lu Z H, et al. The effect of Al substitution on the reactivity of delithiated $LiNi_{1/3}Mn_{1/3}Co_{(1/3-z)}Al_zO_2$ with non-aqueous electrolyte[J]. Electrochemistry Communications, 2008, 10: 1168-1171.

[29] Ding Y H, Zhang P, Long Z L, et al. Morphology and electrochemical properties of Al-doped $LiNi_{1/3}Co_{1/3}Mn_{1/3}O_2$ nanofibers prepared by electrospinning[J]. Journal of Alloys and Compounds, 2009, 487: 507-510.

[30] Riley L A, Atta S V, Cavanagh A S, et al. Electrochemical effects of ALD surface modification on combustion synthesized $LiNi_{1/3}Mn_{1/3}Co_{1/3}O_2$ as a layered-cathode material[J]. Power Sources, 2011, 196: 3317-3324.

[31] Kong J Z, Ren C, Tai G A, et al. Ultrathin ZnO coating for improved electrochemical performance of $LiNi_{0.5}Co_{0.2}Mn_{0.3}O_2$ cathode material[J]. Journal of Power Sources, 2014, 266: 433-439.

[32] Myung S T, Lee K S, Yoon C S, et al. Effect of AlF_3 Coating on Thermal Behavior of Chemically Delithiated $Li_{0.35}[Ni_{1/3}Co_{1/3}Mn_{1/3}]O_2$[J]. Phys Chem C, 2010, 114: 4710-4718.

[33] Seung T M, Kentarou I, Shinichi K, et al. Functionality of Oxide Coating for $Li[Li_{0.05}Ni_{0.4}Co_{0.15}Mn_{0.4}]O_2$ as Positive Electrode Materials for Lithium-Ion Secondary Batteries[J]. Phys Chem C, 2007, 111: 4061-4067.

[34] Song H G, Kim J Y, Kimb K T, et al. Enhanced electrochemical properties of $Li(Ni_{0.4}Co_{0.3}Mn_{0.3})O_2$ cathode by surface modification using Li_3PO_4-based materials[J]. Journal of Power Sources, 2011, 196: 6847-6855.

[35] Sun Y K, Kim D H, Jung H G, et al. High-voltage performance of concentration-gradient Li $[Ni_{0.67}Co_{0.15}Mn_{0.18}]O_2$ cathode material for lithium-ion batteries[J]. Electrochimica Acta, 2010, 55: 8621-8627.

[36] 钱斌,陶石.新型储能技术及其应用[M].北京:科学出版社.2023.

[37] 吴贤文,向延鸿.储能材料基础与应用[M].北京:化学工业出版社.2019.

[38] 江名喜,许国强,吴希桃,等.四氧化三钴工业化生产工艺的对比研究[J].湖南有色金属,2023,39(3):57-60.

[39] 李炳忠,戴熹,王亚萌,等.提高掺铝四氧化三钴小颗粒致密性的工艺研究[J].山东化工,2023,

52(3)：42-44

［40］Liu C, Neale Z G, Cao G. Understanding electrochemical potentialsof cathode materials in rechargeable batteries［J］. Today, 2016, 19：109-123.

［41］Murdock B E, Toghill K E, Tapia R N. A Perspective on the Sus-tainability of Cathode Materials used in Lithium-Ion Batteries［J］. Adv. Energy Mater. , 2021, 11：2102028.

［42］Qian G, Zhang J, Chu S Q, et al. Understanding the Mesoscale Deg-radation in Nickel-Rich Cathode Materials through Machine-Learning-Revealed Strain-Redox Decoupling［J］. ACS Energy Lett. , 2021, 6：687-693.

［43］Fallah N, Fitzpatrick C. Is shifting from Li-ion NMC to LFP in EV sbeneficial for second-life storages in electricity markets［J］. J. Energy Storage, 2023, 68：107740.

［44］Satyavani T V S L, Srinivas K A, Subba R P S V. Methods of synthesis and performance improvement of lithium iron phosphate for high rate Li-ion batteries：A review［J］. Engineering Science and Technology, an International Journal, 2016, 19：178-188.

［45］Padhi A K, Nanjundswamy K S, Goodenough J B. Phospho-olivines as positive-electrodematerials for rechargeable lithium batteries［J］. J. Electrochem. Soc, 1997, 144(4)：1188-1194.

［46］王秋明.不同铁源高温固相法合成的磷酸亚铁锂性能研究［D］.哈尔滨：哈尔滨工业大学, 2008.

［47］Yang S, Zavalij P Y, Whittingham M S. Hydrothermal synthesis of lithium ironphosphatecathodes［J］. Electrochem. Commun, 2001, 3(9)：505-508.

［48］Chen J, Vacchio M J, Wang S, et al. The hydrothermal synthesis and characterization ofolivines and related compounds for electrochemical applications［J］. Solid State Ionics, 2008, 178(31-32)：1676-1693.

［49］Pei B, Yao H, Zhang W, et al. Hydrothermal synthesis of morphology-controlled LiFePO$_4$ cathode material for lithium-ion batteries［J］. J. Power Sources, 2012, 220：317-323.

［50］Delacourt C, Poizot P, Levasseur S, et al. Size effects on carbon-free LiFePO$_4$ powders［J］. Electrochemical and Solid-State Letters, 2006, 9(7)：A352-A355.

［51］Liu Z, Xu B, Xing Y, et al. Determination of the relationship between particle size andelectrochemical performance of uncoated LiFePO$_4$ materials［J］. J. Nanopart. Res, 2015, 17(3)：1-12.

［52］Xie G, Zhu H J, Liu X M, et al. A core-shell LiFePO$_4$/C nanocomposite prepared via a sol-gel method assisted by citric acid［J］. J. Alloys Compd, 2013, 574：155-160.

［53］He L, Yang P, Zhang S, et al. Synthesis and the electrochemical performance of LiFePO$_4$/C cathode by glucose-assisted carbothermal reduction method［J］. Int. J. Electrochem. Sci, 2013, 8：7107-7114.

［54］Li D, Huang Y D, Sharma N, et al. Enhanced electrochemical properties of LiFePO$_4$ by Mo-substitution and graphitic carbon-coating via a facile and fast microwave-assisted solid-statereaction［J］. Phys. Chem. Chem. Phys, 2012, 14(10)：3634-3639.

［55］Huang Y, Wang L, Jia D, et al. Preparation and electrochemical properties of LiFePO$_4$/Cnanoparticles using different organic carbon sources［J］. Journal of Nanoparticle Research, 2013, 15(2)：1-5.

［56］王文华.碳热还原法制备磷酸铁锂及其改性研究［D］.长沙：长沙理工大学, 2014.

［57］Ojczyk W, Marzec J, Swierczek K, et al. Studies of selected synthesis procedures of theconductingLiFePO$_4$-based composite cathode materials for Li-ion batteries［J］. J. Power Sources, 2007, 173(2)：700-706.

［58］张婷, 林森, 于建国.磷酸铁锂正极材料的制备及性能强化研究进展［J］.无机盐工业, 2021(6)：31-40.

［59］Zhao B, Jiang Y, Zhang H J, et al. Morphology and electrical properties of carbon coated LiFePO$_4$ cathode materials［J］. Power Sources, 2009, 189(1), 462-466.

［60］Mai N K, Bhaumik A, Matsukata M. Syntheses of mesoporous hybrid iron oxophenyl phosphate eiron oxo phosphate and sulfonated oxophenyl phosphate[J]. Industrial Engineering Chemistry Research, 2006, 45 (23), 7748-7751.

[61] 叶焕英.纳米片磷酸铁和磷酸铁锂的制备与表征[D].南昌：南昌大学, 2012.

[62] 龚福忠，易均辉，周立亚，等.两种不同形貌 $FePO_4$ 的制备及其正电极材料 $LiFePO_4$ 的电化学性能 [J].广西大学学报, 2009, 34(6)：731-735.

[63] 武玉玲，蒲薇华，任建国，等.纳米 $FePO_4$ 的合成及其正极材料 $LiFePO_4/C$ 的电化学性能研究[J].无机 材料学报, 2012, 27(4)：422-426.

[64] PADH I A K, Nanjundaswamy K S, Goodenough J B. Effect of structure on the Fe^{3+}/Fe^{2+} redox couple in iron Phosphates[J]. Electochem, 1997, 144 (4)：1188-1194.

[65] ZHANG Y, FENG H, WU X B, et al. One step microwave synthesis and characterization of carbon modified nanocrystalline $LiFePO_4$[J]. Electrochimica Acta, 2009, 54(11)：3206-3210.

[66] Li Y, Xiang K, Shi C, et al. Frogegg-like $Li_3 V (2PO_4)_3$/carbon composite with three dimensional porous structure and its improved electrochemical performance in lithium ion batteries[J]. Materials Letters, 2017, 204：104-107.

[67] Yang C C, Kung S H, Lin S J, et al. $Li_3V_2 (PO_4)_3/C$ composite materials synthesized using the hydrothermal method with double-carbon sources[J]. Journal of Power Sources, 2014, 251：296-304.

[68] Wang Z, He W, Zhang X, et al. 3D porous $Li_3V (2PO_4)_3$/hard carbon composites for improving the rate performance of lithium ion batteries[J]. RSC Advances, 2017, 7(35)：21848-21855.

[69] Sun M, Han X, Chen S. Nano-$Li_3 V (2PO_4)_3/C$ particles embedded in reduced graphene oxide sheets as cathode materials for high-performance lithium-ion batteries[J]. Solid State Ionics, 2018, 323：166-171.

[70] Kim S, Song J, Sambandam B, et al. One step pyro-synthesis process of nanostructured $Li_3 V (2PO_4)_3$/ C cathode for rechargeable Li-ion batteries[J]. Materials Today Communication, 2017, 10：105-111.

[71] Chen Y, Xiang K, Zhu Y, et al. Porous, nitrogen-doped $Li_3V_2 (PO_4)_3/C$ cathode materials derived from oroxylum and their exceptional electrochemical properties in lithium-ion batteries[J]. Ceramics International, 2019, 45(4)：4980-4989.

[72] Li Y, Xiang K, Zhou W, et al. Seed-induced synthesis of flower-like a $Li_3V(2PO_4)_3$/carbon composite and its application in lithium-ion batteries[J]. Journal of Alloys and Compounds, 2018, 766：54-65.

[73] 陈亮，王远洪，刘恒，等.不同碳源对 $LiFePO_4/C$ 锂离子电池正极材料性能的影响[J].化学研究与应 用, 2011, 23(9)：1221-1225.

[74] 苏玉长，陈宏艳，胡泽星，等.不同维度草酸亚铁的合成及其组织结构[J].中南大学学报(自然科学 版), 2013, 44(6)：2237-2234.

[75] 卢阳，童庆松，翁秀燕，等.$LiFePO_4/C$ 的制备电化学性能研究[J].福建师范大学学报(自然科学版), 2009, 25(4)：67-71.

[76] 刘旭恒，赵中伟.碳源和铁源对 $LiFePO_4/C$ 材料的制备及性能的影响[J].中国有色金属学报, 2008, 18 (3)：541-545.

[77] Chen W M, QLE L, Yuan L X, et al. Insight into the improvement of rate capability and cyclability in $LiFePO_4$/polyaniline composite cathode[J]. Electrochimica Acta, 2011, 56 (6)：2689-2695.

[78] Konarova M, Taniguchi L. Synthesis of carbon-coated $LiFePO_4$ nanoparticles with high rate performance in lithium secondary batteries[J]. Journal of Power Sources, 2010, 195 (11)：3661-3667.

[79] 施尔畏，陈之战，元如林，等.水热结晶学[M].北京：科学出版社, 2004.

[80] Deng B, Nakamura H, Yoshio M. Capacity fading with oxygen loss for manganese spinels upon cycling at elevated temperatures [J]. Journal of Power Sources, 2008, 180 (2)：864-868.

[81] Xia Y Y, Yoshio M. An Investigation of Lithium on Insertion into Spinel Structure L−Mn−O Compounds [J]. Journal of The Electrochemical Society, 1996, 143: 825−833.

[82] Tu J, Zhao X B, Cao G S, et al. Improved performance of $LiMn_2O_4$ cathode materials for lithium-ion batteries by gold coating[J]. Materials Letters, 2006, 60: 3251−3254.

[83] Zhou W J, He B L, Li H L. Synthesis, structure and electrochemistry of Ag-modified $LiMn_2O_4$ cathode materials for lithium-ion batteries[J]. Materials Research Bulletin, 2008, 43: 2285−2294.

[84] Sona J T, Park K S, Kim H G, et al. Surface-modification of $LiMn_2O_4$ with a silver-metal coating[J]. Journal of Power Sources, 2004, 126: 182−185.

[85] Thackeray M M. Manganese oxides for lithium batteries[J]. Prog Solid St Chem, 1997, 25: 1−71.

[86] Patey T J, Büchel R, Ng S H, et al. Flame co-synthesis of $LiMn_2O_4$ and carbon nanocomposites for high power batteries[J]. Journal of Power Sources, 2009, 189: 149−154.

[87] Li J G, He X M, Zhao R S. Electrochemical performance of SrF_2−coated $LiMn_2O_4$ cathode material for Li-ion batteries[J]. Transactions of Nonferrous Metals Society of China, 2007, 17: 1324−1327.

[88] Lee K S, Myung S T, Amine K, et al. Dual functioned BiOF-cated Li[$Li_{0.1}Al_{0.05}Mn_{1.85}$]$O_4$ for lithium batteries[J]. Journal of Materials Chemistry, 2009, 19: 1995−2005.

[89] Chan H W, Duh J G, Sheen S R. Electrochemical performance of LBO-coated spinel lithium manganese oxide as cathode material for Li-ion battery[J]. Surface & Coatings Technology, 2004(188−189): 116−119.

[90] Sahan H, Goktepe H, Patat S, et al. The effect of LBO coating method on electrochemical performance of $LiMn_2O_4$ cathode material[J]. Solid State Ionics, 2008, 178: 1837−1842.

[91] Hu G H, Wang X B, Chen F, et al. Study of the electrochemical performance of spinel $LiMn_2O_4$ at high temperature based on the polymer modified electrode[J]. Electrochemistry Communications, 2005, 7: 383−388.

[92] Arbizzani C, Mastragostino M, Rossi M. Preparation and electrochemical characterization of a polymer $Li_{1.03}Mn_{1.97}O_4$/PEDOT composite electrode[J]. Electrochemistry Communications, 2002, 4: 545−549.

[93] 胡勇胜, 陆雅翔, 陈立泉. 钠离子电池科学与技术[M]. 北京: 科学出版社, 2022.

[94] 钱斌, 陶石. 新型储能技术及其应用[M]. 北京: 科学出版社, 2023.

[95] 解晶莹. 钠离子电池原理及关键材料[M]. 北京: 科学出版社, 2021.

[96] Bianchini M, Wang J, Clement R J, et al. The interp lay between thermodynamics and kinetics in the solid-state synthesisof layered oxides[J]. Nature Materials, 2020, 19(10): 10.

[97] Boucher F, Gaubicher J, Cuisinier M, et al. Elucidation of the $Na_{2/3}FePO_4$ and $Li_{2/3}FePO_4$ intermediate superstructure revealing a pseudouniform ordering in 2D[J]. Journal of the American Chemical Society, 2014, 136(25): 9144−9157.

[98] Tang W, Song X, Du Y, et al. High-performance $NaFePO_4$ formed by aqueous ion-exchange and its mechanism for advanced sodium ion batteries[J]. Journal of Materials Chemistry A, 2016, 4(13): 4882−4892.

[99] Kim J, Seo D H, Kim H, et al. Unexpected discovery of low-cost maricite $NaFePO_4$ as a high-performance electrode for Na-ion batteries[J]. Energy & Environmental Science, 2015, 8(2): 540−545.

[100] Lee K T, Ramesh T N, Nan F, et al. Topochemical synthesis of sodium metal phosphate olivines for sodium-ion batteries[J]. Chemistry of Materials, 2011, 23(16): 3593−3600.

[101] Qian J, Wu C, Cao Y, et al. Prussian blue cathode materials for sodium - ion batteries and other ion batteries[J]. Advanced Energy Materials, 2018, 8(17): 1702619.

[102] Che H Y, Chen S L, Xie Y Y, et al. Electrolyte design strategies and research progressforroom-temperature sodium-ion batteries[J]. Energy & Environmental Science, 2017, 10(5): 1075−1101.

[103] Dai Z F, Mani U, Tan H T, et al. Advanced cathode materials for sodium-ion batteries: what determines our choices? [J]. Small Methods, 2017, 1 (5): 1700098.

[104] Eshetu G G, Elia G A, Armand M, et al. Electrolytes and interphases in sodium-based rechargeable batteries: recent advances and perspectives[J]. Advanced Energy Materials, 2020, 10(20): 2000093.

[105] Fang C, Huang Y H, Zhang W X, et al. Routes to high energy cathodes of sodium-ion batteries[J]. Advanced Energy Materials, 2015, 6(5): 1501727.

[106] Goikolea E, Palomares V, Wang S J, et al. Na-ion batteries: approaching old and new challenges[J]. Advanced Energy Materialsr, 2020, 10 (44): 2002055.

[107] Han M H, Gonzalo E, Sing G, et al. A comprehensive review of sodium layered oxides: powerful cathodes for Na-ion batteries[J]. Energy & Environmental Science, 2015, 8 (1): 81-102.

[108] Hou H S, Qiu X Q, Wei W F, et al. Carbon anode materials for advanced sodium-ion batteries[J]. Advanced Energy Materials, 2017, 7 (24): 1602898.

[109] Hwang J Y, Myung S T, Sun Y K. Sodium-ion batteries: present and future[J]. Chemical Society Reviews, 2017, 46: 3529-3614.

[110] Jache B, Binder J O, Abe T, et al. A comparative study on the impact of different glymes and their derivatives as electrolyte solvents for graphite co-intercalation electrodes in lithium-ion and sodium-ion batteries[J]. Physical Chemistry Chemical Physics, 2016, 18(21): 14299-14316.

[111] Kim J J, Yoon K, Park I, et al. Progress in the Development of Sodium-Ion Solid Electrolytes[J]. Small Methods, 2017, 1(10): 1700219.

[112] Chayambuka K, Mulder G, Danilov D L, et al. Sodium-Ion Battery Materials and Electrochemical Properties Reviewed[J]. Advanced Energy Materials, 2018, 8(16): 1800079.

[113] Dipan, Kundu, Elahe, et al. The Emerging Chemistry of Sodium Ion Batteries for Electrochemical Energy Storage[J]. Angewandte Chemie International Edition, 2014, 54(11): 3431-3448.

[114] Li Mengya, et al. Materials and engineering endeavors towards practical sodium-ion batteries[J]. Energy Storage Materials, 2020, 25: 520-536.

[115] Lyu Y C, et al. Recent advances in high energy-density cathode materials for sodium-ion batteries[J]. Sustainable materials and technologies, 2019, 21 (1): e00098.

[116] Mukherjee S, et al. Electrode materials for high-performance sodium-ion batteries[J]. Materials. 2019, 12(12): 1952.

[117] Kim H, Kim H, Ding Z, et al. Recent progress in electrode materials for sodium-ion batteries[J]. Advanced Energy Materials, 2016, 6(19): 1600943.

[118] Pan H, Hu Y S, Chen L. Room-temperature stationary sodium-ion batteries for large-scale electric energy storage[J]. Energy & Environmental Science, 2013, 6(8): 2338-2360.

[119] Wang Q, Zhao C, Lu Y X, et al. Advanced nanostructured anode materials for sodium-ion batteries [J]. Small, 2017, 13(42): 1701835.

[120] Kang H, Liu Y, Cao K, et al. Update on anode materials for Na-ion batteries[J]. Journal of Materials Chemistry A, 2015, 3(35): 17899-17913.

[121] Asher R C, Wilson S A. Lamellar compound of sodium with graphite[J]. Nature, 1958, 181 (4606): 409-410.

[122] Ge P, Fouletier M. Electrochemical intercalation of sodium in graphite[J]. Solid State Ionics, 1988, 28: 1172-1175.

[123] Liu Y, Merinov B V, Goddard W A. Origin of low sodium capacity in graphite and generally weak substrate binding of Na and Mg among alkali and alkaline earth metals[J]. Proceedings of the National Academy of

Sciences of the United States of America, 2016, 113(14): 3735-3739.

[124] Dou X, Hasa I, Saurel D, et al. Hard carbons for sodium-ion batteries: structure, analysis, sustainability, and electrochemistry[J]. Materials Today, 2019, 23: 87-104.

[125] Irisarri E, Ponrouch A, Palacin M R. Review-hard carbon negative electrode materials for sodium-ion batteries[J]. Journal of the Electrochemical Society, 2015, 162(14): A2476-A2482.

[126] Pan H, Lu X, Yu X, et al. Sodium storage and transport properties in layered $Na_2Ti_3O_7$ for room-temperature sodium-ion batteries[J]. Advanced Energy Materials, 2013, 3(9): 1186-1194.

[127] Zhao L, Pan H L, Hu Y S, et al. Spinel lithium titanate ($Li_4Ti_5O_{12}$) as novel anode material for room-temperature sodium-ion battery[J]. Chinese Physics B, 2012, 21(2): 028201.

[128] Yao Y F Y, Kummer J T. Ion exchange properties of and rates of ionic diffusion in beta-alumina[J]. Journal of Inorganic and Nuclear Chemistry, 1967, 29(9): 2453-2475.

[129] Hong H Y P. Crystal structures and crystal chemistry in the system $Na_{1+x}Zr_2Si_xP_{3-x}O_{12}$ [J]. Materials Research Bulletin, 1976, 11(2): 173-182.

[130] Goodenough J B, Hong H Y P, Kafalas J A. Fast Na^+-ion transport in skeleton structures[J]. Materials Research Bulletin, 1976, 11(2): 203-220.

[131] Jansen M, Henseler U. Synthesis, structure determination, and ionic conductivity of sodium tetrathiophosphate[J]. Journal of Solid State Chemistry, 1992, 99(1): 110-119.

[132] Wright P V. Electrical conductivity in ionic complexes of poly(ethylene oxide)[J]. Polymer International. 1975, 7(5): 319-327.

[133] Thangadurai V. Engineering materials for progressive all-solid-state Na batteries[J]. ACS Energy Letters, 2018, 3(9): 2181-2198.

[134] Pintauro P N. Perspectives on membranes and separators for electrochemical energy conversion and storage devices[J]. Polymer Reviews, 2015, 55(2): 201-207.

[135] Pan Y, Chou S, Liu H K, et al. Functional membrane separators for next-generation high-energy rechargeable batteries[J]. National Science Review, 2017, 4(6): 917-933.

[136] Lee H, Yanilmaz M, Toprakci O, et al. A review of recent developments in membrane separators for rechargeable lithium-ion batteries[J]. Energy & Environmental Science, 2014, 7(12): 3857-3886.

[137] Zhang S S. A review on the separators of liquid electrolyte Li-ion batteries[J]. Journal of Power Sources, 2007, 164(1): 351-364.

[138] Wu F, Zhu N, Bai Y, et al. Highly safe ionic liquid electrolytes for sodium-ion battery: wide electrochemical window and good thermal stability[J]. ACS Applied Materials & Interfaces, 2016, 8(33): 21381-21386.

[139] Suharto Y, Lee Y, Yu J S, et al. Microporous ceramic coated separators with superior wettability for enhancing the electrochemical performance of sodium-ion batteries[J]. Journal of Power Sources, 2018, 376: 184-190.